개정판

Food Hygiene & Laws

식품위생학 및 법규

*머리말

식품위생이란 사전적으로는 '식중독 따위와 같은 음식으로 인한 피해를 미리 방지하기 위한 위생활동'이라고 정의한다. 그러나 식품위생은 간단히 예방을 위한 위생활동이라고 정의하기보다는 안전한 식품에 대한 이해와 급성으로 일어나는 식중독 외에도 암, 당뇨, 심장병과 같은 만성질환과 간접적으로 원인이 되는 모든 물질로부터 안전하게 하는 모든 활동을 의미한다. 따라서 최근에 가공식품의 발달로 인한 식품첨가물, 식재료인 농·수·축산물 오염, 외부에서 유입되거나 변질에 의해 생성되는 건강을 위협하는 비영양물질 등 다양한 원인으로부터 우리의 식탁을 안전하게 지키려면 식품위생학은 필수적인 학문이다.

식품위생학은 사회문제가 되는 집단식중독사고, 유전자변형식품, 멜라민 파동, 식품제조업체의 비위생식품의 판매 등의 사회여건과 환경변화에 각별히 연결되어 있는 학문으로 이를 토대로 모든 조치가 신속하게 이루어진다. 이 책에서는 식품위생학의 기본 지식뿐만 아니라 식품영양학과나 조리학과, 식품 취급 관련학과 학생들의 교재를 위한 내용은 물론, 현업에서 업무를 담당하고 있는 영양사, 조리사 및 식품관련 업계 종사자가 필요로 하는 식품위생법 및 위생관련 법규까지 이해하기 쉽게 정리하였다. 특히 위생사나 영양사 등 식품 관련 국가시험과 관련된 식품위생 관계 법규들을 수록하였으며, 학생들과 실무종사자에게 실질적인 도움을 주고자 식품위생 관계 법규와 시행령, 시행규칙 등을 서로 연계시켜 전체적으로 파악하기 쉽도록 구성하였다.

모쪼록 이 책이 식품위생에 한 발 더 가까이 다가갈 수 있는 토대가 되길 바란다.

저자 일동

*차례

CHAPTER 1 식품위생의 개요

CHAPTER 2 식품과 미생물

CHAPTER 3
세균성 및 바이러스성 식중독

CHAPTER 4
화학적 식중독

CHAPTER 8

식품첨가물

CHAPTER 9

식품의 방사선 조사와 유전자변형식품

CHAPTER 10
위해요소중점관리제도

CHAPTER 11
식품제조·가공시설의 위생

CHAPTER 12
식품위생법규

1

식품위생의 개요

1 | 식품위생의 정의
2 | 식품위생의 범위
3 | 식품의 위해요소
4 | 식품위생사고 발생 현황
5 | 식중독 예방관리

1

식품이란 의약으로 섭취하는 것을 제외한 모든 음식물로 인간은 건강을 유지하고 성장발육하기 위하여 음식을 섭취한다. 하지만 때로는 오염된 식품을 섭취함으로써 인간은 식중독 등의 해를 입기도 하므로 건강을 유지하고 증진하기 위해서는 기본적으로 위생적인 식품을 섭취해야 한다.

1 식품위생의 정의

식품이란 의약으로 섭취하는 것을 제외한 모든 음식물로 인간은 건강을 유지하고 성장, 발육하기 위하여 음식을 섭취한다. 하지만 때로는 오염된 식품을 섭취함으로써 인간은 식중독 등의 해를 입기도 하므로 건강을 유지하고 증진하기 위해서는 기본적으로 위생적인 식품을 섭취해야 한다.

- 세계보건기구WHO의 정의 : 식품위생이란 식품의 재배, 생산, 제조로부터 최종적으로 인간에게 섭취되기까지의 모든 단계에 걸친 식품의 안전성, 건전성 및 완전무결성을 확보하기 위한 모든 필요한 수단을 말한다.
- 「식품위생법」(제2조11항)의 정의 : 식품위생이란 식품, 식품첨가물, 기구 또는 용기·포장을 대상으로 하는 모든 음식에 관한 위생을 말한다.

한편 우리나라 「식품위생법」 제1조에서는 "식품위생법은 식품으로 인하여 생기는 위생상의 위해危害를 방지하고 식품영양의 질적 향상을 도모하며 식품에 관한 올바른 정보를 제공하여 국민 건강의 보호·증진에 이바지함을 목적으로 한다."라고 규정되어 있다. 이때 위해란 식품, 식품첨가물, 기구, 용기, 포장에 존재하는 위험요소로서 인체의 건강을 해치거나 해칠 우려가 있는 것을 말한다.

2 식품위생의 범위

광의적인 식품위생의 범위 안에는 식중독뿐 아니라 경구감염병, 인수공통감염병 등의 감염병이나 기생충증, 위생동물 및 유전자변형식품, 방사성 물질도 포함된다 그림 1-1.

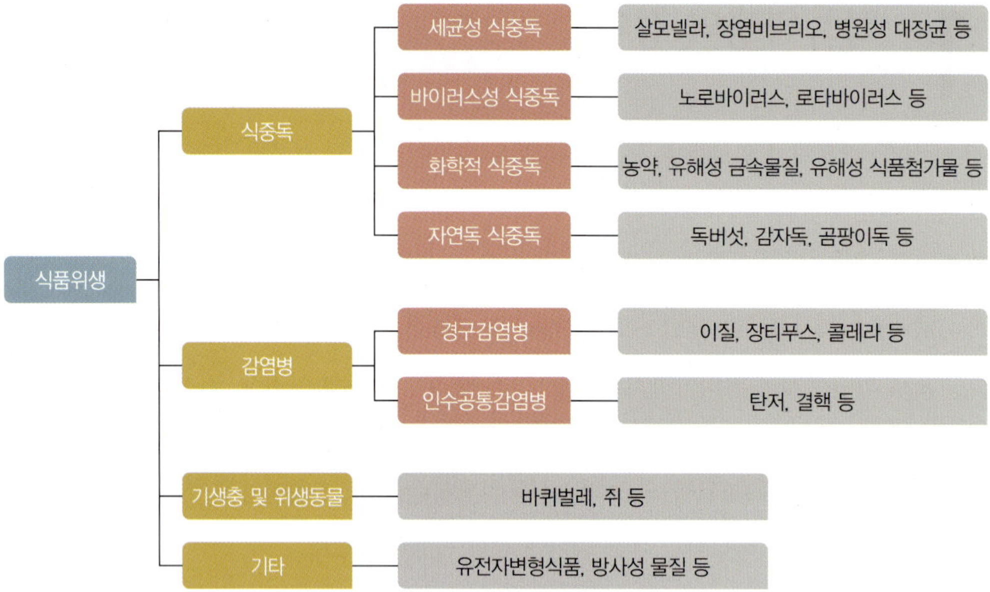

그림 1-1 | 식품위생의 범위

3 식품의 위해요소

위해요소는 인간의 건강을 해할 우려가 있는 인자로 식품과 관련된 대표적인 위해요소에는 살모넬라, 장염비브리오 등의 세균성 식중독 세균, 노로바이러스 등의 식중독 바이러스가 있으며, 이외에 경구감염병, 인수공통감염병 등이 있다. 식품의 위해요소는 식품으로 인한 건강장애의 생성 요소에 따라 일반적으로 내인성, 외인성, 유인성으로 분류된다 표 1-1.

- 내인성 위해요소 : 식품의 원재료 자체에 독성물질을 가지고 있는 것으로 식물성 자연독, 동물성 자연독 등이 있다.
- 외인성 위해요소 : 식품의 원재료에는 독성물질이 함유되어 있지 않지만 재배, 생산, 유통되는 과정에서 혼입되거나 오염된 것으로 식중독균, 곰팡이 독 등의 생물적 요소와 식품첨가물, 잔류농약 등의 인위적 요소가 있다.
- 유인성 위해요소 : 식품의 조리 및 가공과정에서 생기는 위해물질로 물리적 생성물, 화학적 생성물, 생물적 생성물에 의한 것이 있다.

표 1-1 식품의 위해요소 분류

생성 요인	병인물질의 종류			병인물질의 예
내인성	식품 고유성분		• 자연독(동물성)	복어독, 시구아테라독, 조개독
			(식물성)	독버섯, 시안 배당체
			• 식이성 알레르겐	히스타민
			• 물질변이원성 물질	사사프라스나무의 사프롤, 고사리의 프닥킬로사이드, 소철의 사이카신
			• 기타 생리작용 성분	항비타민성 물질, 항효소성 물질, 항갑상샘 물질
외인성	생물적		• 식중독균	감염형(장염비브리오, 살모넬라, 병원성대장균)
			• 경구전염병균	독소형(황색포도상구균, 보툴리누스균)
			• 기생충	이질균, 콜레라균, 장티푸스균
			• 곰팡이 독	회충, 십이지장충, 조충, 흡충, 아니사키스, 아플라톡신, 파툴린
	인위적	의도적 사용	• 부정 식품첨가물	불허용 인공감미료(둘신 등), 불허용 보존료(붕산 등)
			• 식품용기, 포장재료	주석, 납, 구리, 아연, 합성수지의 각종 단위체, 첨가제
		비의도적 사용	• 잔류농약	파라콰트, DDT, BHC 등
			• 환경오염물질	수은, 카드뮴 등
			• 방사성물질	핵분열 생성물 (^{90}Sr, ^{137}Cs, ^{131}I 등)
			• 제조·가공 중 혼입물	비소, PCB 등
			• 항생물질 등	니신, 티로신 등
			• 수질오염물질	트리할로메탄, 트리클로로에틸렌, 4염화에틸렌 등
유인성	물리적 생성물		변질유지 조리과정 생성물	유지 과산화물 등
	화학적 생성물		식품성분과 식품첨가물과의 상호반응 생성물	단백질, 아미노산의 가열분해물
	생물적 생성물		아질산염과 아민류와의 생체내 반응생성물	니트로소아민

출처 : 김덕웅 외, 2012 재구성

4 식품위생사고 발생 현황

1) 식중독의 정의 및 분류

식품위생사고를 일으키는 대표적인 식중독은 "식품 섭취로 인하여 인체에 유해한 미생물 또는 유독물질에 의하여 발생하였거나 발생한 것으로 판단되는 감염성 또는 독소형 질환(「식품위생법」 제2조제14호)"으로 설사, 복통, 구토 등을 수반한다. 식중

표 1-2 식중독의 분류

분류		종류	원인균 및 물질
미생물 식중독	세균성	감염형	살모넬라, 장염비브리오, 병원성 대장균, 캠필로박터균, 리스테리아균 등
		독소형	포도상구균, 보툴리누스균, 바실러스 세레우스균(구토형) 등
		중간형	클로스트리디움 퍼프린젠스, 바실러스 세레우스균(설사형) 등
	바이러스성	공기, 접촉, 물 등의 경로로 전염	노로바이러스, 로타바이러스, 이스트로바이러스, 장관아데노바이러스, 간염A바이러스, 사포바이러스 등
	원충성	-	이질아메바, 람블편모충, 작은와포자충, 원포자충
화학적 식중독		고의 또는 오용으로 첨가되는 유해물질	식품첨가물
		본의 아니게 잔류, 혼입되는 유해물질	잔류농약, 유해성 금속화합물
		제조·가공·저장 중에 생성되는 유해물질	지질의 산화생성물, 니트로소아민
		기타 물질에 의한 중독	메탄올 등
		조리기구 포장에 의한 중독	녹청(구리), 납, 비소 등
자연독 식중독		동물성 자연독에 의한 중독	복어독, 시가테라독
		식물성 자연독에 의한 중독	감자독, 버섯독
		곰팡이 독소에 의한 중독	황변미독, 맥가독, 아플라톡신 등

독은 세균성, 바이러스성, 원충성의 미생물 식중독, 화학적 식중독, 자연독 식중독으로 분류된다 표 1-2.

2) 식중독의 발생 현황

식중독의 발생 현황은 기후환경, 지역적 특성 등에 따라 차이가 있다. 대체적으로 2007년까지는 발생건수가 증가하다가 2007년을 기점으로 감소하였다 표 1-3. 대체적으로 2013년부터 2020년까지 발생건수는 증감이 크지 않았으나 2014년, 2016년, 2018년에는 환자수가 급증하였고, 2020년에는 발생건수와 환자수가 크게 감소하였다. 월별로는 8월에 가장 많은 식중독이 발생하였다.

표 1-3 2011~2020 연도별 식중독 발생 현황

연도	구분	1월	2월	3월	4월	5월	6월	7월	8월	9월	10월	11월	12월	합계
2011	발생건수	11	14	21	26	19	35	23	38	25	9	16	12	249
	환자수	137	351	690	827	1017	414	740	1482	809	194	267	177	7105
2012	발생건수	9	21	11	17	28	27	20	28	38	24	17	26	266
	환자수	294	392	296	387	680	503	300	590	1403	189	346	678	6058
2013	발생건수	22	4	19	24	20	24	26	15	18	15	21	27	235
	환자수	286	50	327	896	252	677	611	405	450	141	492	371	4958
2014	발생건수	9	14	24	22	35	36	33	43	27	24	32	50	349
	환자수	56	80	1063	371	1548	955	484	1429	261	257	342	620	7466
2015	발생건수	36	13	23	30	27	31	34	31	28	34	24	19	330
	환자수	322	149	412	402	493	752	527	1729	400	299	221	275	5981
2016	발생건수	14	9	25	39	43	36	22	62	39	41	37	32	399
	환자수	98	51	358	554	673	761	280	2388	425	731	446	397	7162
2017	발생건수	20	18	16	26	40	44	46	46	31	16	17	16	336
	환자수	121	89	146	409	605	916	429	1555	745	332	179	123	5649
2018	발생건수	17	15	37	25	31	28	35	36	56	45	23	15	363
	환자수	125	194	816	444	853	732	630	1536	5239	608	185	142	11504
2019	발생건수	21	16	19	31	35	37	28	25	22	16	18	18	286
	환자수	216	109	504	543	438	532	550	333	136	227	236	251	4075
2020	발생건수	28	9	3	8	5	19	30	18	16	11	10	7	164
	환자수	217	75	117	112	19	488	688	160	157	171	252	78	2534
합계	발생건수	293	245	378	463	566	675	589	693	616	396	377	373	5664
	환자수	4195	3477	11370	11195	17101	24477	10989	18487	19520	6187	6333	7725	141056

출처: 식품의약품안전처, 2020

2013년 이후 2020년까지, 발생원인물질로는 원인불명이 가장 많았으며, 다음으로 노로바이러스, 병원성 대장균 순으로 많았다. 하지만 환자 수 기준으로 살펴보면, 병원성 대장균으로 인한 환자수가 대체적으로 가장 많았다 표 1-4 표 1-5.

표 1-4 2013~2020년 원인시설별 식중독 발생현황

원인시설	구분	2011년	2012년	2013년	2014년	2015년	2016년	2017년	2018년	2019년	2020년
학교	발생건수	30	54	44	51	38	36	27	44	24	13
	환자수	2061	3185	2247	4135	1980	3039	2153	3136	1214	401
학교 외 집단급식	발생건수	10	9	14	15	26	32	23	38	29	25
	환자수	460	246	608	380	802	904	426	1875	620	1043
음식점	발생건수	117	95	134	213	199	251	222	202	175	108
	환자수	1753	1139	1297	1761	1506	2120	1994	2323	1409	797
가정집	발생건수	8	14	5	7	9	3	2	3	3	3
	환자수	51	54	22	28	34	16	6	10	7	13
기타	발생건수	33	22	24	50	54	73	52	67	48	15
	환자수	2217	758	502	1078	1641	974	776	4094	764	280
불명	발생건수	51	72	14	13	4	4	10	9	7	0
	환자수	563	676	282	84	18	109	294	66	61	0
합계	발생건수	249	266	235	349	330	399	336	363	286	164
	환자수	7105	6058	4958	7466	5981	7162	5649	11504	4075	2534

출처: 식품의약품안전처, 2020

표 1-5 2013~2020년 원인물질별 식중독 발생 현황

원인물질	구분	2011년	2012년	2013년	2014년	2015년	2016년	2017년	2018년	2019년	2020년
병원성 대장균	발생건수	32	31	31	38	39	57	47	51	25	23
	환자수	2109	1844	1089	1784	2138	2754	2383	2715	497	628
살모넬라	발생건수	24	9	13	24	13	21	20	19	18	21
	환자수	1065	147	690	1416	202	354	662	3516	575	529
장염 비브리오	발생건수	9	11	5	7	5	22	9	11	5	3
	환자수	133	195	40	78	25	251	354	213	25	12
캠필로박터제주니	발생건수	13	8	6	18	22	15	6	14	12	17
	환자수	329	639	231	490	805	831	101	453	312	515
황색포도상구균	발생건수	10	5	5	15	11	1	0	3	4	1
	환자수	323	35	63	195	191	4	0	52	56	4
클로스트리디움퍼프린젠스	발생건수	7	13	33	28	15	8	7	14	10	8
	환자수	324	297	516	1689	394	449	69	679	251	207

원인물질	구분	2011년	2012년	2013년	2014년	2015년	2016년	2017년	2018년	2019년	2020년
바실러스 세레우스	발생건수	6	6	8	11	6	3	10	15	5	3
	환자수	98	111	112	49	22	26	73	242	75	26
기타세균	발생건수	2	0	0	0	0	0	1	5	1	0
	환자수	20	0	0	0	0	0	26	801	17	0
노로 바이러스	발생건수	31	50	43	46	58	55	46	57	46	29
	환자수	1524	1665	1606	739	996	1187	968	1319	1104	243
기타 바이러스	발생건수	3	1	1	4	2	0	2	2	8	1
	환자수	21	22	2	102	9	0	52	128	230	6
원충	발생건수	0	0	0	0	15	39	39	37	48	10
	환자수	0	0	0	0	114	212	177	229	308	40
자연독	발생건수	4	3	1	1	0	1	2	1	2	0
	환자수	27	13	16	5	0	6	21	4	10	0
화학물질	발생건수	0	0	0	0	0	0	0	0	0	0
	환자수	0	0	0	0	0	0	0	0	0	0
불명	발생건수	108	129	89	157	144	177	147	134	102	48
	환자수	1132	1090	593	919	1085	1088	763	1153	615	324
합계	발생건수	249	266	235	349	330	399	336	363	286	164
	환자수	7105	6058	4958	7466	5981	7162	5649	11504	4075	2534

출처: 식품의약품안전처, 2020

5 식중독 예방관리

우리나라의 식품위생 관리 수준은 매년 향상되고 있으나 식생활 패턴이 다양화되면서 식중독의 양상이 변화되고 있다. 식중독의 발생이 집단화되는 경향이 있으며 식품으로 인한 위해의 80~90%가 식중독에 기인되고 있다는 것을 감안할 때 철저한 위생관리가 요구되고 있다. 식중독이 발생하면 즉시 의사, 한의사 및 집단급식소 설치·운영자는 특별자치시장·시장·군수·구청장에게 식중독 발생 또는 의심 사실을 보고하여야 한다. 시장·군수·구청장은 식약처장, 지방식품의약품안전청장 및 시·도지사에게 문서로 보고하거나, 식중독보고관리시스템을 활용하여 등록·보고하여야 한다. 식약처장은 식중독이 발생한 집단급식소에 식재료를 공급한 업체 정보를 확인하고, 해당 공급업체의 식재료를 공급받은 다른 집단급식소에 식중독 주의 정보를 식중독조기경보시스템을 활용하여 제공하여야 한다.

시장·군수·구청장은 식중독 원인·역학조사반을 구성하고, 식중독 원인·역학조사반은 현장조사를 실시하며, 원인·역학조사서와 현장 확인 조사표를 작성한다.

식중독 원인·역학조사반은 식중독의 원인이라고 생각되는 보존식 등 식품, 도마·칼·행주 등 식품을 오염시킬 수 있는 환경 검체를 채취하여 미생물학적 또는 이화학적 검사를 의뢰한다. 시장·군수·구청장은 식중독 원인·역학조사를 실시한 후 역학조사결과보고서와 환경조사결과보고서를 작성하여 식중독 조사결과를 식약처장 및 관할 시·도지사에게 문서로 보고하거나, 식중독보고관리시스템을 활용하여 등록·보고하여야 한다.

식중독을 예방하기 위해서는 첫째, 손을 씻어야 한다. 손은 비누를 사용하여 손가락 사이사이, 손등까지 골고루 흐르는 물로 20초 이상 씻어야 한다. 둘째, 음식물을 충분히 익혀 먹어야 한다. 셋째, 물을 끓여 마셔야 한다.

또한 식품을 안전하게 먹기 위해서는 첫째, 청결을 유지해야 한다. 식품위생에서의 청결이란 광범위하고 포괄적인 의미로 재료, 제조·가공, 조리장소, 설비, 기구, 식품취

그림 1-2 | 식중독 예방 3대 요령
출처: 식품의약품안전처, 2018

급자의 개인위생 청결 등을 의미한다. 식품을 다루기 전과 조리하는 중간에도 손을 자주 씻을 뿐 아니라 화장실을 다녀온 후에 반드시 손을 씻어야 한다. 식품 조리에 사용하는 모든 기구 및 표면을 깨끗이 세척하고 소독해야 하며 조리장소와 식품을 곤충, 해충 및 기타 동물로부터 보호해야 한다.

둘째, 음식을 분리 보관해야 한다. 이는 식중독 세균의 교차오염을 방지하기 위한 것으로 익히지 않은 육류, 가금류 및 해산물을 다른 식품과 분리하여 보관한다. 또한 익히지 않은 음식과 익힌 음식 간의 접촉을 피하기 위하여 식품은 별도의 용기에 담아 보관한다. 칼이나 도마 등의 조리기구는 세제로 잘 닦아야 하고 가열한 식품용과 비가열 식품용으로 구분하여 사용하는 것이 바람직하다.

셋째, 조리 시 완전히 익혀야 한다. 식품을 완전히 익혀야 하는데 그중에서도 육류, 가금류, 달걀 및 해산물은 특히 주의하여야 한다. 수프 및 스튜와 같은 식품은 반드시 70℃까지 가열하고, 육류나 가금류의 경우에는 육즙이 분홍색을 띠지 않고 맑게 될 때까지 가열하도록 한다. 또한 조리되었던 식품을 다시 조리할 때에는 완전히 재가열하여야 한다.

넷째, 보관 시 안전한 온도에서 보관해야 한다. 음식을 실온에 보관하면 세균이 증식할 수 있으므로 조리한 식품은 실온에 2시간 이상 방치하면 안 된다. 조리한 식품 및 부패하기 쉬운 식품은 즉시 5℃ 이하의 냉장고에 보관해야 하며, 조리한 식품은 먹기 전에 뜨거운 상태(60℃ 이상)로 유지하도록 해야 한다. 냉장고 안이라도 식품을 장기간 보관하지 말아야 하며, 냉동식품은 실온에서 해동하지 말고 냉장고 내에서나 흐르는 물에 해동시켜야 한다.

다섯째, 안전한 물과 재료를 사용해야 한다. 재료를 선택할 때에는 신선하고 질 좋은 식품을 선택해야 하며 살균 우유와 같은 안전하게 가공된 식품을 선택해야 한다. 특히 과일이나 채소는 가열 조리 없이 그대로 먹을 경우 잘 씻어야 하며, 유통기한이 지난 식품은 사용하지 말아야 한다.

2

식품과 미생물

1 | 미생물의 종류 및 특성
2 | 식품의 지표미생물
3 | 미생물 성장 및 성장에 영향을 주는 요인
4 | 식품의 변질과 위생관리

2

미생물은 매우 작아서 인간의 눈으로 볼 수 없으며, 우리 주변에 널리 분포하고 있다. 인간에게 미치는 영향에 따라 미생물을 유용 미생물과 유해 미생물로 구분할 수 있다. 유용 미생물은 우리가 먹고 있는 김치나 장류 등 발효식품의 제조에 중요한 역할을 하는 발효미생물이다. 반면 유해 미생물은 식품을 부패시키거나 식중독을 일으켜 인간에게 해를 끼치는 미생물로 대표적으로 세균, 곰팡이, 효모, 바이러스 등이 있다.

1 미생물의 종류 및 특성

미생물microorganism은 매우 작아서 인간의 눈으로 볼 수 없으며, 우리 주변에 널리 분포하고 있다. 인간에게 미치는 영향에 따라 미생물을 유용 미생물과 유해 미생물로 구분할 수 있다. 유용 미생물은 우리가 먹고 있는 김치나 장류 등 발효식품의 제조에 중요한 역할을 하는 발효미생물이다. 반면 유해 미생물은 식품을 부패시키거나 식중독을 일으켜 인간에게 해를 끼치는 미생물로 대표적으로 세균, 곰팡이, 효모, 바이러스 등이 있다.

1) 세균

세균bacteria은 엽록소가 없는 단세포 생물로 토양, 물, 공기, 인체 등을 비롯하여 어느 곳에나 존재한다. 세균의 크기는 다양하나 보통 직경이 0.4 ㎛ 정도이다. 대부분의 병원미생물이 세균이므로 식품위생에서 가장 중요한 미생물이 세균이다. 특히, 세균은 이분법으로 빠르게 증식하여 식품의 부패나 식중독 사고의 주요한 원인이 된다. 세균은 생긴 모양에 따라 구균, 간균, 나선균 등으로 나뉜다 표 2-1.

표 2-1 세균의 종류

종류	특징	모양
코커스 (coccus, 복수형 cocci)	구형으로 생긴 구균	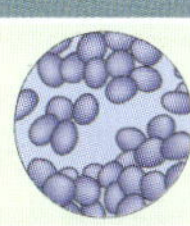
바실러스 (bacillus, 복수형 bacilli)	막대 모양으로 생긴 간균	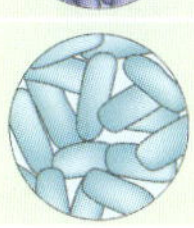
스피릴럼 (spirillum,복수형 spirilli)	길고 꼬인 모양의 나선균	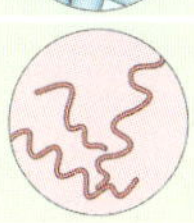
비브리오 (vibrio)	짧고 구부러진 막대 모양 균	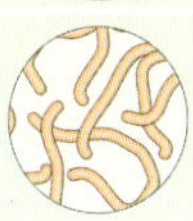

2) 곰팡이

곰팡이mold는 진균류에 속하고 균사나 포자로 번식하며, 광합성 능력이 없고 진핵 세포를 가진 다세포 미생물이다. 일반적으로 곰팡이는 실 모양의 균사hyphae로 구성되어 있으며 이들이 자라서 균사체mycelium를 이룬다. 곰팡이는 비격막 곰팡이와 격막 곰팡이로 구분되며 표 2-2 온도, 습도, pH 등 주변 환경에 별로 영향을 받지 않고 증식한다. 또한 일반적인 곰팡이의 증식속도는 세균보다 느리지만 건조식품(수분 13~15%), 당이나 식염농도가 높은 식품에서도 증식하는 곰팡이가 있다.

곰팡이는 식품의 부패를 일으키지만 간장 제조나 여러 종류의 치즈 숙성 등에 유용하게 쓰이기도 한다. 대부분의 곰팡이가 인체에 무해하나 일부는 질병을 일으키고, 어떤 곰팡이는 마이코톡신mycotoxin과 같이 인체에 치명적인 독소를 생성하기도 한다. 대부분의 곰팡이 독은 가열해도 사멸되지 않으므로 곰팡이가 핀 식품은 버리도록 한다.

표 2-2 **곰팡이의 종류**

<table>
<tr><th>종류</th><th>내용</th><th>예</th><th>그림</th></tr>
<tr><td>비격막 곰팡이
(non-septate mold)</td><td>균사로 분리된 세포, 나눠주는 벽이 없어 균사가 연속적인 형태를 하고 있고 세포질 내에 많은 핵이 들어 있다.</td><td>빵 곰팡이
(mucor)</td><td rowspan="2">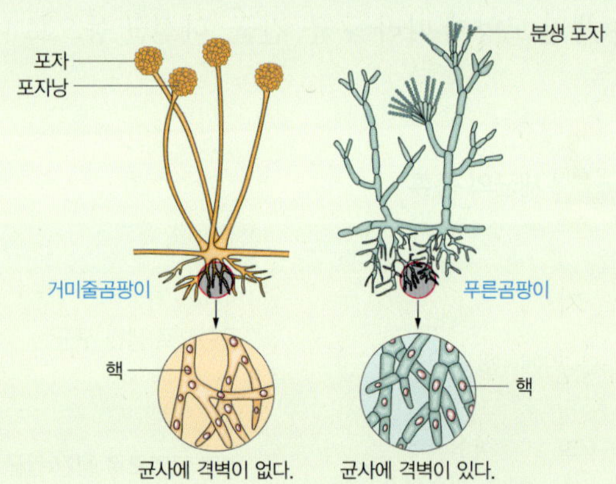
</td></tr>
<tr><td>격막 곰팡이
(septate mold)</td><td>균사를 나눠주는 벽이 있어 한 세포 내에 하나의 핵이 들어 있다.</td><td>푸른곰팡이
(페니실리움)</td></tr>
</table>

3) 효모

효모yeast는 진균류에 속하는 단세포이며 출아법budding에 의해 증식한다. 효모는 단세포 곰팡이로 주로 살아있지 않은 식물성 유기물을 먹고 자라는 부생생물이다. 구형,

타원형, 막대 모양 등을 하고 있고 세균보다는 크다. 효모는 우리에게 유용한 효모와 식품에 부패를 일으키는 효모로 크게 구분할 수가 있는데 유용한 효모의 경우에는 탄수화물을 분해시켜 알코올과 이산화탄소를 만드는 알코올 발효를 하며, 일부 유해 효모는 과일주스, 잼, 육류 등의 식품에 부패를 일으키는 경우가 있다.

4) 바이러스

바이러스virus는 가장 작은 미생물로 크기가 10~300 nm(1 nm=10^{-9} m) 정도이며, 바이러스는 증식하지 못하고 반드시 숙주 내에 기생하여 번식하는 절대 기생성 세포내 생물obligate intracellular parasite이다. 즉, 숙주세포 내에서 번식한 뒤 그 세포가 죽으면 새로운 세포로 이동하여 번식한다. 식중독을 일으키는 대표적인 바이러스로 노로바이러스가 있다. 노로바이러스에 오염된 식품을 섭취한 후 24~48시간 정도가 지나면 메스꺼움, 구토, 설사, 복통 등의 식중독증상이 나타나며, 항바이러스 백신 등이 아직까지 개발되지 않아서 개인위생 및 식음료 관리를 통한 예방이 무엇보다 중요하다.

2 식품의 지표미생물

지표미생물이란 식품의 오염 정도를 파악할 수 있는 지표로 쓰이는 미생물이다. 지표미생물은 다음의 조건을 갖추어야 하며, 이러한 조건을 부합하는 미생물로는 대장균군, 대장균, 장구균 등이 있다.

- 온혈동물의 장관 내에 많은 수가 존재해야 한다.
- 병원성 미생물과 함께 존재해야 한다.
- 검사방법이 간단하고 국제적으로 통일되어 있어야 한다.

1) 대장균군

대장균군coliform group은 젖당을 발효시켜 산과 가스를 형성하는 그람음성 비포자형 간균으로 동물과 사람의 분변에서 검출되며 식품위생의 지표미생물로 취급하고 있다. 대장균군은 반드시 동물과 사람의 분변에서 유래된다고 할 수 없으나 일반적으로 식품에서 대장균군이 검출된 것은 그 식품에 분변이 존재한다는 뜻이다. 식품의 환경위생 관리 면에서 오염가능성을 뜻하는 것으로 볼 수 있으며, 특히 가열처리한 제품의 경우 식품위생상 비위생적으로 취급이 되었다고 생각하여야 한다. 이 균을 지표세균으로 활용하는 이유는 병원성은 없으나, 이 균이 검출되면 같은 장내세균과에 속하며 병원균이 있는 살모넬라*Salmonella*, 쉬겔라*Shigella*와 같은 균의 존재가능성을 추정할 수 있기 때문이다. 대장균군 검출은 유당 buillon, BGLB 배지, 데스옥시콜레이트desoxycholate 한천배지 등을 사용하여 35~37℃에서 24~48시간 배양하여 관찰한다.

2) 대장균

대장균*Escherichia coli*은 분변성 대장균의 가장 대표적인 것으로 일본이나 미국에서는 직접적이고 확실한 대장균 검사방법으로 이시 실험EC test을 행하고 있다. 이 방법은 대장균이 44~45.5℃에서 잘 증식되는 사실을 근거로 EC 배지를 사용하여 44.5±0.2℃에 24~48시간 배양하는 방법이다. 이 방법이 생식용 굴과 가열섭취용 냉동식품의 규격기준에 채용되고 있다.

3) 장구균

장구균*Enterococcus*은 대장에서 서식하는 것으로 일반적으로 사람이나 온혈동물의 장관 내에 생존하는 그람양성 구균군이다. 장구균은 스트렙토코커스 팰칼리스*Streptococcus faecalis*와 엔테로코코스 페시움*Enterococcus faesium* 및 이들 양 균의 아종을 포함하는 구균으로 인수의 분변 중에 항상 존재하는 세균이다. 대장균군과 달리 인수의 분변에 의한 오염과 관계가 깊어 지표성이 높으며 냉동식품, 건조식품, 가열식품 등의 검사에서도 생존율이 커서 오래 생존하여 대장균군보다 효과적이다. 장구균의 검출에는 AC 배지, KF 한천배지 등을 사용하여 37℃에서 48시간 배양하는 방법을 이용한다. 분변오염지표균으로서의 대장균군과 장구균을 표 2-3 에 비교하였다.

표 2-3 분변오염지표균으로서 대장균군과 장구균의 비교

특성	대장균군	장구균
형태	간균	구균
그람염색성	음성	양성
장관내 균수 수준	분변 1 g 중 10^7~10^9	분변 1 g 중 10^5~10^8
각종 동물의 분변에서의 검출 상황	동물에 따라서는 불검출	대부분의 동물에서 검출
장관 외에서의 검출 상황	일반적으로 낮다.	일반적으로 높다.
분리, 고정의 난이도	비교적 쉽다.	비교적 어렵다.
외계에서의 저항성	약하다.	강하다.
동결에 대한 저항성	약하다.	강하다.
냉동식품에서의 생잔성	일반적으로 적다.	일반적으로 크다.
건조식품에서의 생잔성	적다.	크다.
생선, 채소에서의 검출률	낮다.	일반적으로 높다.
생육에서의 검출률	일반적으로 낮다.	일반적으로 낮다.
절인 고기에서의 검출률	낮거나 없다.	일반적으로 높다.
식품매개 장관계 병원균과의 관계	일반적으로 크다.	적다.
비장관계 식품매개 병원균과의 관계	적다.	적다.

출처 : 송형익 외, 2004

3 미생물 성장 및 성장에 영향을 주는 요인

1) 미생물의 성장

미생물의 성장은 미생물의 세포 수가 증가하는 것으로 성장곡선은 유도기, 대수기, 정지기, 사멸기로 구분된다 그림 2-1.

- 유도기 : 세포의 수는 증가하지 않고 크기만 증가하는 초기 단계
- 대수기 : 왕성한 세포분열로 인하여 세포의 수가 급격히 증가하는 단계
- 정지기 : 분열균과 사멸균의 균형이 유지되어 더 이상 세포의 수가 증가하지 않는 단계
- 사멸기 : 사멸로 인하여 세포 수가 계속 줄어드는 단계

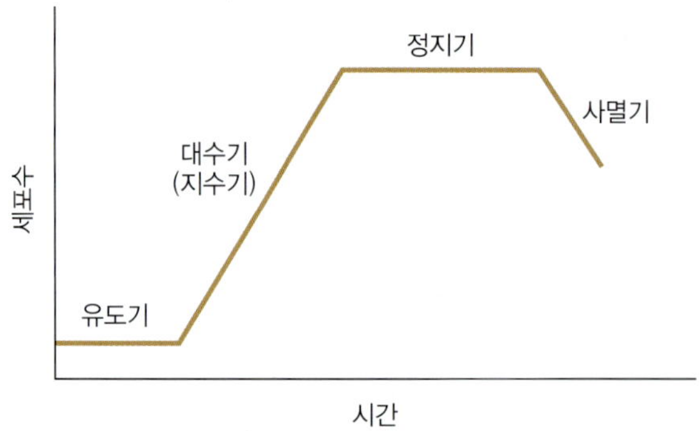

그림 2-1 | 미생물의 생육곡선

2) 미생물 성장에 영향을 주는 요인

(1) 영양소

미생물은 성장하기 위하여 주로 탄소를 포함하고 있는 물질을 통해 영양소를 공급받는다. 미생물은 영양섭취 형태에 따라 종속영양생물과 독립영양생물로 나뉜다.

- 종속영양생물heterotroph : 곰팡이, 효모 등이 속하며 단백질, 탄수화물과 같은 유기물을 먹이로 한다.
- 독립영양생물autotroph : 대부분의 세균이 속하며 간단한 무기물을 먹이로 한다.

(2) 수분활성도

미생물은 성장하기 위하여 수분을 필요로 하는데 대부분의 미생물은 75% 정도가 수분으로 구성되어 있다. 미생물이 성장하는 데 이용가능한 수분의 양을 수분활성도(A_w)라 하는데 대부분의 세균은 0.90 이상, 효모는 0.88 이상이어야 성장이 가능하다 표 2-4. 최소 수분활성도 이하로 식품을 저장하면 해당 미생물에 의한 부패를 방지할 수 있다.

(3) pH

식품의 pH에 따라서 성장할 수 있는 미생물의 종류와 성장속도가 다르다. 세균은

표 2-4 주요 미생물들의 성장에 필요한 최소 수분활성도

미생물 종류	최소 수분활성도(A_w)
대부분의 부패 세균	0.90
대부분의 부패 효모	0.88
대부분의 부패 곰팡이	0.80
호염성 효모	0.60

pH 6.5~7.2에서 가장 잘 성장하고, 효모는 pH 4.0~4.5에서, 곰팡이는 pH 3.0~3.5에서 가장 잘 성장한다. 그래서 산 함량이 높은 과일과 채소의 경우, 세균보다는 곰팡이나 효모에 의해 부패되기 쉽고, pH가 중성인 육류나 수산물은 세균에 의해 부패되기 쉽다.

(4) 온도

미생물은 10~60℃의 비교적 넓은 온도범위에서 성장하므로 미생물에 의한 식품의 부패를 예방하기 위해서는 5℃ 이하나 60℃ 이상에서 보관하도록 한다. 미생물은 온도의 조건에 따라 저온균, 중온균, 고온균으로 분류된다.

- 저온균psychrophiles : 최적온도가 10~20℃인 미생물로 낮은 온도에서 성장이 가능하다.
- 중온균mesophiles : 최적온도가 20~45℃인 미생물로 중간 온도에서 성장이 가능하다.
- 고온균thermophiles : 최적온도가 50~60℃인 미생물로 고온에서 성장이 가능하다.

(5) 산소

산소의 농도는 미생물의 성장에 영향을 미치는데 산소가 충분히 있어야 잘 자라는 호기성 미생물이 있는 반면, 산소가 없어야 잘 자라는 혐기성 미생물도 있다. 산소요구량에 따라 미생물을 네 그룹으로 분류할 수 있다.

- 편성호기성균obligate aerobes : 산소가 충분이 있어야 잘 성장하는 미생물로 대부분의 곰팡이와 산막효모가 해당한다.
- 통성호기성균facultative aerobes : 산소가 있어야 잘 성장하나 혐기적으로도 성장가능한 미생물로 살모넬라나 포도상구균이 해당한다.

- 편성혐기성균obligate anaerobes : 산소가 없어야 성장하는 미생물로 클로스트리디움 속 세균이 해당한다.
- 통성혐기성균facultative anaerobes : 산소가 없어야 잘 자라나 호기적 상태에서도 잘 자라는 미생물이다.

4 식품의 변질과 위생관리

1) 식품의 변질

식품의 변질은 효소, 미생물, 화학물질 등에 의하여 식품의 구성성분이 분해되어 모양, 색깔, 맛, 조직감 등이 변하는 것으로 식품의 구성성분에 따라 부패, 산패, 변패, 발효 등으로 구분된다. 대부분의 식품은 한 가지 성분이 아닌 탄수화물, 단백질, 지방 등의 여러 가지 성분이 혼합되어 있으므로 여러 가지 현상이 복합적으로 일어난다.

- 부패putrefaction : 단백질이 미생물에 의해 분해되어 암모니아 등이 생성되어 악취를 내고 인체에 유해한 물질을 생성하는 것
- 산패rancidity : 지방이 변질되어 악취를 내는 것
- 변패deterioration : 탄수화물과 지방이 미생물에 의해 변질되는 것
- 발효fermentation : 탄수화물이 미생물에 의해 인체에 유익한 알코올이나 유기산 등을 생성하는 것(예 : 술, 간장, 치즈 등)

2) 식품의 부패에 관여하는 미생물

식품의 부패를 초래하는 미생물은 세균, 효모, 곰팡이 등으로 표 2-5 에 식품별 대표 부패 미생물을 제시하였다.

표 2-5 식품별 대표 부패 미생물

식품	대표 부패 미생물
과일	에르비니아*Erwinia*, 리조푸스*Rhizopus*
채소	모니리아*Monilia*, 푸른곰팡이*Penicillium*
곡류	아스퍼질러스 글라우쿠스*Aspergillus glaucus*, 아스퍼질러스 플라버스*Aspergillus flavus*
육류	포도상구균*Micrococcus*, 연쇄상구균*Streptococcus*
어패류	슈도모나스*Pseudomonas*, 비브리오*Vibrio*
통조림	보툴리누스균*Clostridium botulinum*

3) 식품의 부패 판정법

식품의 부패판정법으로 관능검사, 물리적 검사, 생물학적 검사, 화학적 검사 등이 있다.

- 관능검사 : 눈, 코, 입 등 감각기관을 이용하는 방법으로 개인적인 차이가 있어서 객관적인 지표가 되기 어렵다. 식품이 변질되면 암모니아, 알코올 등의 냄새가 나고 색깔이 변한다. 또한 쓴맛, 신맛, 자극적인 맛이 난다.
- 물리적 검사 : 식품의 점성, 탄력성, 경도 등을 측정하는 방법으로 간단하고 단시간에 결과를 얻을 수 있다.
- 생물학적(미생물학적) 검사 : 세균 수를 측정하여 신선도를 측정하는 방법으로 식품의 신선도 판정에 유용한 지표이나, 조작이 복잡하고 시간이 오래 걸리는 단점이 있다. 식품 1 g 또는 1 mL당 10^7이면 초기부패로 본다.
- 화학적 검사 : 휘발성 염기질소(휘발성 아민류, 암모니아 등이 생기며, 초기부패 판정기준은 30~40 mg%이다. 신선한 어육은 5~10 mg%, 보통 어육은 15~25 mg%, 초기부패 어육은 30~40 mg%, 부패한 어육은 50 mg%이다), 트리메틸아민 trimethylamine(초기부패 기준 : 3~4 mg%), 히스타민(알레르기 식중독 발생기준 : 4~10 mg%), K값(초기부패 기준 : 60~80 mg%), pH(초기부패 기준 : pH 6.0~6.2)를 측정함으로써 부패 정도를 측정하는 방법이다.

4) 식품의 보관법

식품의 변질을 방지하기 위해서는 미생물의 증식 및 발육을 억제할 수 있는 환경을 조성해야 한다. 특히 수분을 제거하면 미생물의 발육을 억제하여 식품의 변질을 막을 수 있다. 식품의 변질을 방지하기 위한 방법으로는 물리적·화학적 방법 등이 있다.

(1) 물리적 방법

식품의 변질을 방지하기 위한 물리적 방법으로는 건조법, 가열살균법, 냉장 및 냉동법 및 조사살균법 등이 있다.

- 건조법 : 미생물이 발육하는 데 필요한 수분을 제거함으로써 변질을 방지하는 방법으로 자연건조법과 인공건조법이 있다. 자연건조법은 일광으로 건조시키는 방법으로 기후의 영향을 받고 시간이 많이 소요되는 단점이 있다. 인공건조법은 상압건조와 감압건조로 크게 나눌 수 있으며, 일반적인 세균은 수분함량이 15% 이하에서는 생육하지 못하나 내건성 곰팡이는 13% 이하에서도 생육하므로 그 이하로 식품을 건조한 후 보관하도록 한다.
- 가열살균법 : 식품을 가열하여 미생물을 파괴시키는 방법으로 저온살균법, 고온단시간살균법, 고온장시간살균법, 초고온순간살균법 등이 대표적이다 표 2-6.
- 냉장법 : 식품을 0~5℃인 냉장고에 보관하여 단기간 저장하는 방법으로 육류, 어류, 과일류, 채소류 등에 이용된다.
- 냉동법 : 식품을 -18℃ 이하의 냉동고에서 동결하여 보관하는 방법으로 식품의 조직에 변화를 주어 품질이 저하되기도 하지만 냉장법보다 장기간 보관이 가능하다.

표 2-6 가열살균법에 따른 특징

살균법	저온살균법 (LTLT)	고온단시간살균법 (HTST)	고온장시간살균법 (HTLT)	초고온순간살균법 (UHT)
온도	62~65℃	72~75℃	95~120℃	130~150℃
시간	30분간	20초	30~60분	2초
식품	우유, 술, 주스 등	우유, 과즙 등	통조림	우유, 과즙 등

• 조사살균법 : 자외선을 조사하여 살균 후 보관하는 자외선 살균법과 방사선 β선이나 γ선을 조사하여 살균 후 보관하는 방사선 살균법이 대표적이다. 자외선 살균법은 취급법이 비교적 간단하고 식품의 품질 변화가 적어 비교적 널리 이용되고 있지만, 방사선 조사는 안전성 문제가 제기되고 있어 한정적으로 이용되고 있다.

(2) 화학적 방법

식품의 변질을 방지하기 위한 화학적 방법으로는 염장법, 당장법, 산장법, 화학물질 첨가 등이 있다.

• 염장법 : 식품의 부패를 방지하고 맛을 돋우기 위하여 15% 이상의 소금에 식품을 절여서 보관하는 방법이다. 식품에 소금을 뿌려서 보관하는 살염법과 소금물에 담가서 보관하는 염수법이 대표적이다.

• 당장법 : 식품에 당을 첨가하여 저장하는 방법으로 설탕농도가 50% 이상이어야 방부 효과가 있다. 당장법은 잼, 젤리, 마밀레이드 등에 이용된다.

• 산장법 : 구연산, 초산, 젖산 등을 이용하여 식품을 저장하는 방법으로 오이, 마늘, 김치 등의 채소류나 과일류에 이용된다.

• 화학물질 첨가 : 화학물질을 첨가하여 효소의 작용을 억제시켜 미생물의 발육을 막는 방법이다. 인체에 해가 없는 화학물질을 사용기준에 따라 사용해야 한다.

(3) 기타 방법

식품의 변질을 방지하는 이외의 방법으로 훈연법, 가스저장 등이 있다.

• 훈연법 : 나무를 불완전 연소시켜서 나오는 연기를 이용하여 식품의 미생물 번식을 억제하는 방법으로 주로 햄, 베이컨 등의 육류나 어류에 이용된다. 훈연재료는 벚나무나 떡갈나무, 참나무 등 수지가 적은 활엽수가 좋다.

• 가스저장(CA저장) : 공기 중의 산소 및 이산화탄소의 농도를 조절하여 저장하는 방법으로 주로 과일이나 채소에 이용된다.

3

세균성 및 바이러스성 식중독

3

세균성 식중독은 다수의 식중독균으로 오염된 식품을 섭취함으로써 발생하는 것으로 급성 위장염 등의 증상을 일으키며 복통, 설사, 구토, 열 등이 발생된다. 세균성 식중독의 발생은 세균의 발육이 왕성하여 식품이 부패되기 쉬운 6~9월에 가장 많다. 그러나 세균성 식중독에는 병원 미생물에 의해서 발생하는 경구전염병, 영양장해, 외상 및 이물에 의한 장해 등은 포함시키지 않는다.

1 세균성 식중독

세균성 식중독은 다수의 식중독균으로 오염된 식품을 섭취함으로써 발생하는 것으로 급성 위장염 등의 증상을 일으키며 복통, 설사, 구토, 열 등이 발생된다. 세균성 식중독의 발생은 세균의 발육이 왕성하여 식품이 부패되기 쉬운 6~9월에 가장 많다. 그러나 세균성 식중독에는 병원 미생물에 의해서 발생하는 경구전염병, 영양장해, 외상 및 이물에 의한 장해 등은 포함시키지 않는다. 주요 세균성 식중독의 분류 및 특징은 표 3-1 과 같다.

식중독은 감염형, 독소형 및 중간형 식중독으로 나눌 수 있다. 감염형 식중독은 오염된 식품 중에 다수의 식중독균이 식품과 함께 섭취하면 일어나는 식중독으로 잠복기가 길고 위장염 증상과 함께 발열 증상이 나타나는 것이 일반적이다. 대표적인 예로

표 3-1 주요 세균성 식중독의 분류, 특징, 원인균, 주요 오염원, 잠복기 및 주요 증상

분류	특징	원인균	주요 오염원	잠복기(평균)	주요 증상
감염형	세균 그 자체에 의한 것으로 경구적인 섭취에 의한 것	살모넬라	인수의 분변	8~48시간 (12~24시간)	설사, 복통, 발열, 구토, 구역질, 두통
		장염비브리오	해산 어패류	8~24시간 (15~20시간)	설사, 복통, 발열, 구토, 구역질
		병원성 대장균	환자·보균자의 분변	10~72시간 (10~15시간)	복통, 설사, 발열, 구토, 구역질
		리스테리아균	냉동, 냉장식품	12시간~3일	설사, 발열, 리스테리아증
		캠필로박터균	인수의 분변	2~7일	설사, 복통, 발열, 두통
독소형	식품 중에 증식한 세균의 독소에 의한 것	포도상구균	사람의 손, 화농소	1~5시간 (3시간)	설사, 복통, 구토, 구역질
		보툴리누스균	흙, 어패류	8~36시간 (18~36시간)	복시, 연하곤란, 발성곤란, 호흡곤란
		바실러스 세레우스균(구토형)	흙, 물	1~5시간 (3시간)	구토, 구역질
중간형	감염형과 독소형의 중간형으로 장관 내에서 증식한 세균이 생산한 독소에 의한 것	클로스트리디움 퍼프린젠스	인수의 분변, 흙	8~22시간 (12시간)	설사, 복통
		바실러스 세레우스균 (설사형)	흙, 물	8~16시간 (12시간)	설사, 복통

는 살모넬라*Salmonella* spp., 병원성 대장균*Escherichia coli*, 장염비브리오*Vibrio parahemolyticus*가 있다. 독소형 식중독은 식품 중에서 식중독균이 증식할 때 생기는 특유의 독소를 음식물과 함께 섭취하여 일어나는 식중독으로 잠복기, 즉 식품 섭취 후 식중독증상이 일어날 때까지 걸리는 시간이 짧다. 감염형 식중독과의 큰 차이점은 발열증상이 별로 나타나지 않는다는 점이다. 대표적인 예로는 포도상구균*Staphylococcus aureus*, 보툴리누스*Clostridium botulinum*균이 있다. 그 외 바실러스 세레우스균*Bacillus cereus*과 클로스트리움 퍼프린젠스균*Clostridium perfringens*은 오염된 식품에서 증식한 균이 체내의 장관에 정착하여 독소를 생산하며 그 독소에 의한 식중독은 중간형 식중독이라 일컫는다.

1) 살모넬라 식중독

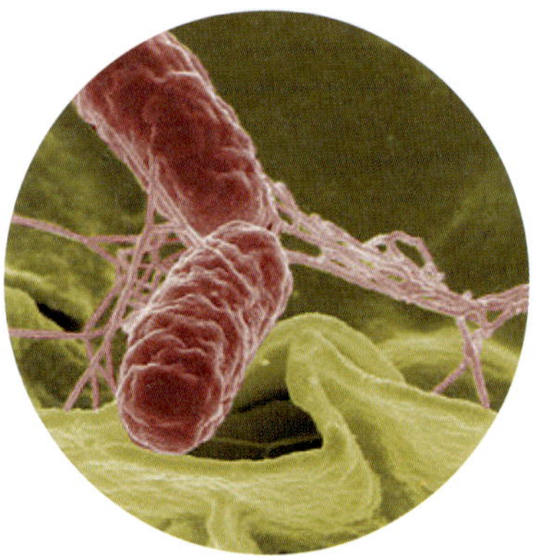

살모넬라

① 원인균

살모넬라 식중독*Salmonella* spp.은 전 세계적으로 널리 발생되는 흔한 식중독이며, 특히 유럽에서 가장 많이 발생되는 식중독으로 알려져 있다. 우리나라에서는 일년 내내 발생하며 특히 6~9월에 많이 발생한다. 대표적인 것으로 살모넬라 티피뮤리움*S. typhimurium*, 살모넬라 엔터리티디스*S. enteritidis* 등이 있다.

장내세균에 속하는 살모넬라균은 그람음성의 통성혐기성 간균으로 아포, 협막은 없고 주모성 편모를 가지며 운동성이 있다. 발육 최적온도는 37℃이며 43℃까지 발육·증식하지만 10℃ 이하에서는 거의 발육하지 못한다.

② 원인식품 및 감염 경로

살모넬라 식중독의 원인식품으로는 날고기, 가금류, 달걀, 닭고기 샐러드, 우유, 생선, 새우, 샐러드 드레싱, 땅콩버터 등이 있으며, 특히 알, 식육 및 그 가공품에 의하여 식중독 발생이 많이 일어난다. 살모넬라균에 의해 오염된 식육이나 달걀 등을 섭취함으로써 사람에게 감염되는 경우를 1차 오염이라 하며, 보균동물이나 보균자의 배설물이 식품에 오염되어 발생하는 것을 2차 오염이라 한다. 식육의 경우 1차 오염보다는 도살 후 처리과정에서 2차 오염에 의해 주로 발병하고, 달걀의 경우 살모넬라균이 분변과 함께 부착되어 있는 껍질오염뿐만 아니라 달걀의 기공을 통해 노른자에서도 균이 분리되었다는 보고도 있다. 이러한 달걀을 이용하여 마요네즈, 샐러드, 건조란을 만들 경우에 오염되는 경우가 많다.

③ 주요 증상

잠복기는 보통 8~48시간으로 평균 잠복기는 12~24시간이다. 발병률은 다른 식중독에 비하여 높아서 75% 정도이고, 식중독을 일으키는 균수는 10^7 이상이다. 주요 증상은 복통, 설사, 발열이며 일부 메스꺼움, 구토, 구역질 등을 동반하는 경우도 있다. 설사는 1일 수 회 정도의 수양성이며 녹색을 띠는 경우가 많고, 심할 경우에는 혈변이나 점혈변을 배출한다. 발열은 38~40℃이고, 때로는 40℃ 이상의 고열인 경우도 있다. 주요 증상은 주로 3~5일이면 끝나고 1주일 정도 경과하면 회복되지만 중증인 경우 사망하기도 한다.

④ 예방법

2차 오염이 발생할 수 있는 식육은 생식하지 말고, 예방을 위해 위생관리를 철저히 하는 것은 물론 5℃ 이하의 저온에서 식품을 보존하여야 한다. 또한 살모넬라균이 비교적 열에 약하므로 식품을 62~65℃에서 20분 가열로 사멸된다.

2) 비브리오 식중독

비브리오 식중독*Vibrio spp.*을 일으키는 주요 균으로는 비브리오 파라헤몰리티쿠스*V. parahaemolyticus*와 비브리오 불리피쿠스*V. Vulnificus*가 있다.

(1) 비브리오 파라헤몰리티쿠스

① 원인균

장염비브리오 식중독은 해수세균으로 호염균인 장염비브리오*Vibrio*균에 오염된 식품을 섭취하여 일어나는 감염형 식중독이다. 이 식중독은 5~11월에 걸쳐 발생하지만 기

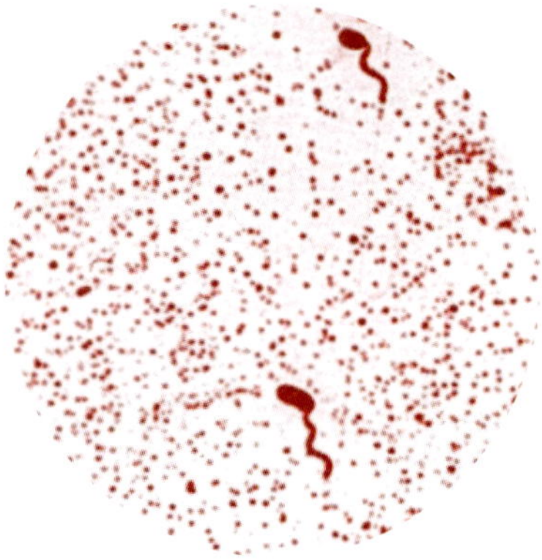

비브리오

온이 30℃가 넘는 7~9월에 집중적으로 발생한다.

비브리오 파라헤몰리티쿠스*V. parahaemolyticus*는 그람음성의 통성혐기성 간균으로 아포와 협막이 없다. 3~5%의 식염농도에서 잘 발육하지만 10% 이상의 식염농도에서는 성장이 정지된다. 발육의 최적온도는 35~37℃이고 최적 pH는 7.5~8.0이며, 발육속도가 빨라서 최적조건에서는 세대시간이 10~12분밖에 되지 않아 2~3시간이면 발병균량에 도달할 수 있다.

② 원인식품 및 감염 경로

원인식품으로는 해산 어패류 및 그 가공품이 많은데, 특히 생선회나 초밥이 주된 경우이고, 어패류에 의해 2차적인 오염으로 도시락, 샐러드 등의 복합식품이 원인이 되기도 한다.

장염비브리오는 연안의 해수, 플랑크톤 등에 널리 분포되어 있고, 특히 육지에서 가까운 해역에서 오염률이 높으며, 또 비교적 바닷물의 온도가 높아지는 시기인 여름철에 식중독 발생률이 높다. 따라서 이 균에 의해 오염된 어패류에 의해 조리대, 도마, 행주, 식칼 등을 거쳐 간접적으로 다른 식품에 2차 오염으로 발생된다.

③ 주요 증상

잠복기는 대개 8~24시간이고 15~20시간에 발병이 최고를 이룬다. 환자들의 감염 증상은 심한 복통으로 시작하여 구역질, 구토, 설사가 발생하는데, 설사는 수양성 설사로 심한 경우 1일 10회 이상 점액이나 혈액이 섞인 경우도 있다. 복통, 설사에 이어 37~39℃의 고열이 발생하기도 한다. 경과는 비교적 짧아서 보통 2~3일이면 회복되며 치사률은 낮은 편이지만 심하면 사망할 수도 있다.

④ 예방법

여름철 해수 중에 많이 발생하므로 어패류의 생식을 삼가고 장염비브리오균이 민물에 약하므로 흐르는 민물에 깨끗이 씻어 예방하는 것이 좋다. 또한 어획 후에는 저온유통하며, 조리 시 사용되는 조리대, 도마, 행주, 식칼 등을 충분히 세정하고 소독하여 2차 오염을 방지한다. 또한 세대시간이 짧아 균이 빨리 증식하므로 조리한 식품은 조리 후 바로 먹도록 하는 것이 좋으며, 이 균은 60℃에서 30분 이상 가열하여 조리하는 것이 안전하다.

(2) 비브리오 불리피쿠스

① 원인균

비브리오 불리피쿠스*V. Vulnificus*는 호염성이며 그람음성의 간균으로 극단모성 편모를 가진다. 우리나라에서 이 균에 의해 발생되는 패혈증 환자는 주로 여름철인 7~8월 무렵에 나타나고 있으며 사망률도 매우 높다. 비브리오 불리피쿠스는 해수욕과 조개를 줍던 사람의 피부 상처로 침입하여 괴저병을 유발한 원인균으로 처음 보고되었다.

② 원인식품 및 감염 경로

원인식품은 따뜻한 해수지역에서 채취한 해산물이며 그 외에 물, 굴, 조개, 게, 플랑크톤 등에서도 발견된다. 감염 경로는 경구감염과 창상감염 두 가지가 있는데 오염된 어패류를 섭취하여 발병하는 경구감염은 섭취 후 24시간 이내에 발병하고, 피부 병변을 수반한 패혈증에 이르는 경우가 있으며 발병 후 사망률은 50% 이상으로 매우 높다.

③ 주요 증상

주요 증상은 오한, 발열, 저혈압 등의 패혈증 특유의 증상에 사지의 격통, 홍반, 수포, 출혈반 등 창상감염과 유사한 피부병변이 출현한다. 오염된 해수가 피부 상처에 접촉하여 균이 침입하는 창상감염은 창상 부위에 발적, 홍반이 나타나고, 이어서 심한 통증을 호소함과 동시에 수포와 괴사 형성으로 진행된다.

④ 예방법

비브리오 패혈증의 예방법으로는 균의 생육이 왕성한 하절기에는 어패류 취급에 각별한 주의와 철저한 위생관리가 필요하다. 우선 하절기에는 가능한 어패류의 생식을 삼가고, 만약 생식할 경우 민물에 일정시간 담가 두었다가 깨끗이 씻는다. 또한 피부에 상처가 있는 사람은 해수와 직접 접촉하지 않도록 주의하고 어패류의 취급 및 조리를 하지 않는다.

3) 병원성대장균 식중독

대장균*Escherichia coli*은 사람이나 동물의 장관 내에 분포되어 항상 존재하며 정상적인 미생물 집단microflora을 구성하는 세균으로 자연계에도 널리 분포하고 병원성이 없는 것으로 알려져 있다. 그러나 1945년 영국에서 유아에게 설사를 일으키는 대장균을 발견하고 나서 성인에게도 급성 위장염을 일으키는 특정의 혈청형을 가진 대장균이 발견된 것을 계기로 일반 대장균과 구분하여 병원성 대장균이라 부르게 되었다. 대장균은 그람음성 간균으로 호기성 또는 통성혐기성이며 아포는 없고 주모성 편모가 있어서 운동성이지만 편모가 없어서 비운동성인 것도 있다. 일반적으로 유당 또는 포도당을 분해하여 산과 가스(CO_2와 H_2)를 생산하고 보통배지에서 잘 발육한다. 또한 최적 발육온도는 37℃이며 잠복기는 10~72시간으로, 종류에 따라 차이가 난다. 대장균 간에는 항원성의 차이가 있는데 균체를 구성하는 항원성분, 균체 항원(O항원), 협막항원(K항원), 편모항원(H항원)의 특이성에 의해서 구별된다. 병원성대장균들의 발병기전에 따라 다음 4가지 그룹으로 분류한다.

① 균의 종류 및 특성

병원성대장균의 종류는 장관병원성 대장균EPEC; Enteropathogenic *E.coli*, 장관독소원성 대장균ETEC; Enterotoxigenic *E. coli*, 장관조직침입성 대장균EIEC; Enteroinvasive *E. coli*, 장관출혈성 대장균EHEC; Enterohemorrhagic *E. coli*이 있으며 계절과 관계없이 일년 내내 발생한다. 또한 여름철에 약간 많은 편으로 이 균은 가축, 일반인, 자연환경 등 광범위하게 분포되어 있으며 주요 특성은 다음 표 3-2와 같다.

② 원인식품 및 감염 경로

원인식품은 특별히 한정되어 있지 않고, 균에 오염되어 식중독을 일으킬 수 있는 균수까지 증식된 식품이면 식중독의 원인이 될 수 있다. 지금까지 보고된 식품은 햄, 치즈, 소시지, 크로켓, 샐러드, 로스트 비프, 분유, 도시락, 두부, 소의 간 등이 있고, 유아에서는 오염된 우유가 원인이 된다.

병원성 대장균 중 EIEC는 이질균과 같이 사람을 고유 숙주로 하며 때로 식품을 매개로 전염성이 확산될 수 있지만 일반적으로 사람에 의해 감염된다. 그에 비해 EPEC와

표 3-2 **병원성 대장균 종류 및 특성**

구분	위장염형		이질형	출혈성 대장염형
종류	장관병원성 대장균 (EPEC)	장관독소원성 대장균 (ETEC)	장관조직침입성 대장균 (EIEC)	장관출혈성 대장균 (EHEC)
주요 증상	살모넬라 식중독과 비슷한 설사 증상	장염과 여행자 설사를 일으키며 콜레라와 비슷한 설사 증상	이질과 비슷하며 설사 외에 복통, 발열, 구토, 심한 경우 점혈변 증상	수양성 및 혈액성 설사 및 용혈성 요독증상
원인 식품	오염된 신생아용 분유, 유아 식품, 조리되지 않은 육류나 가금류, 오염된 물	오염된 물과 음식물	분변에 의해 오염된 식품이나 물	완전히 조리되지 않은 쇠고기 분쇄육, 칠면조, 샌드위치, 원유, 사과주스
잠복기	9~12시간	10~12시간	10~18시간	3~8일
특징	• 1세 이하의 신생아에서 주로 발생 • 저개발국의 영유아 사망률의 50% 이상 차지함	• 증식할 때 엔테로톡신을 생산함 • 이열성독소(60℃에서 10분간 가열에 불활성)와 내열성독소(100℃에서 30분간 가열에 내성)로 구분됨	• 10마리 정도로 감염을 일으킬 수 있음	• 주로 O157:H7에 의하여 발생, 베로독소를 생성함

ETEC는 식품을 통하여 감염된다. EPEC는 가축과 식품 중에서 분리되는 경우가 간혹 있으며 살모넬라균처럼 인수의 분변에 의해 오염이 되며, 특히 환자나 보균자의 분변이 중요한 문제가 된다.

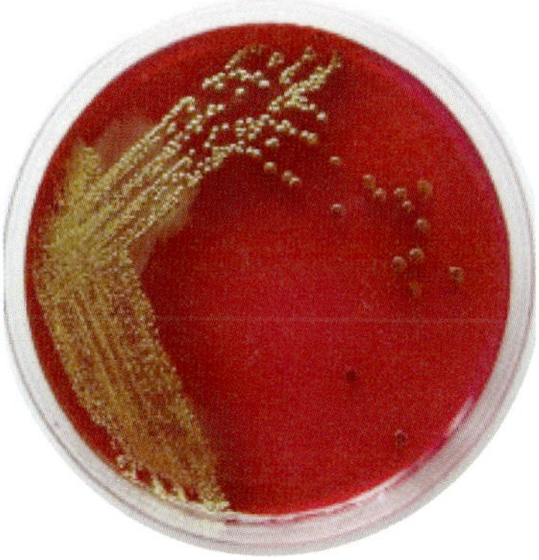

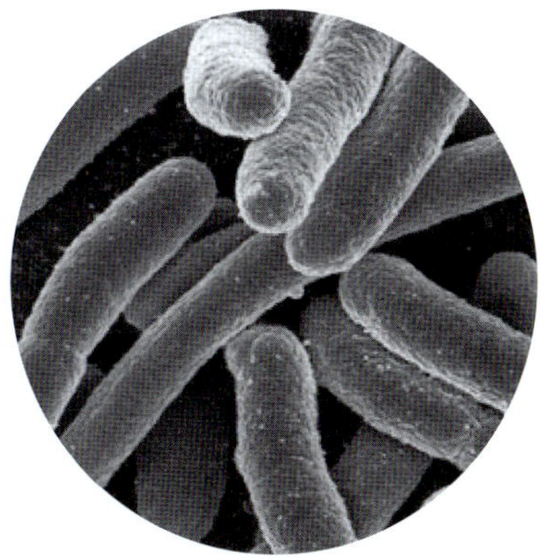

병원성대장균, O157

③ 주요 증상

중독증상은 원인균에 따라서 다르며 임상적으로는 위장염형(EPEC, ETEC), 이질형(EIEC), 출혈성 대장염형(EHEC)의 3가지로 구분된다.

④ 예방법

병원성대장균 중 EPEC 및 ETEC는 주변에 널리 분포되어 있으며 건강인의 보균율도 높아 식품오염의 가능성도 높다. 예방은 일반 감염형 식중독에 준하며, 환자 및 인수의 분변의 위생처리를 철저히 함으로써 병원성대장균 식중독을 예방하고 식품이나 음용수의 가열도 확실한 방법 중의 하나이다.

Key point

표 3-3 감염형 식중독의 특징

구분	살모넬라	장염비브리오	병원성 대장균
원인균	*Salmonella* typhimurium, *Salmonella enteritidis*	*Vibrio parahaemolyticus*	*Escherichia coli* (EPEC, EIEC, ETEC, EHEC)
발생상황	연간 발생(특히 6~9월)	5~11월(7~9월 집중적)	연간 발생(여름철 약간 많음)
원인식품	알, 식육 및 그 가공품 2차적 오염	해산 어패류 및 그 가공품(생선회, 초밥) 2차 오염된 복합조리식품(도시락, 샐러드)	한정된 것이 없음 (햄, 치즈, 분유 등)
잠복기	6~48시간(평균 20시간)	8~24시간(15~20시간)	10~72시간(10~15시간)
주요 증상	복통, 설사(수양성, 혈변), 발열(38~40℃)	복통(위 또는 상복부), 설사(수양성, 1일 10회)	원인균에 따라 다름
오염원	인수의 분변	해산 어패류 2차 오염원 (조리대, 행주, 도마, 식칼)	환자·보균자의 분변
감염 경로	직접적인 식품 섭취, 2차적 오염, 달걀의 기공	해산 어패류 2차 오염원 (조리대, 행주, 도마, 식칼)	환자·보균자의 분변이 식품에 오염
예방법	식육의 생식 금지	민물로 세척, 저온보관(0~2℃)	식품이나 음용수의 가열, 주변 환경 청결
원인세균 사멸조건	62~65℃에 20분간 가열	60℃에서 15분 이상 가열	75℃ 3분간 가열

4) 리스테리아 모노사이토제네스

① 균의 특성

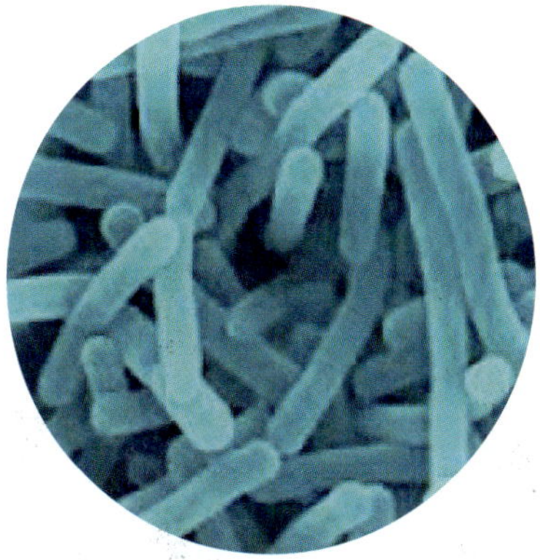

리스테리아

리스테리아 모노사이토제네스*Listeria monocytogenes*에 의한 식중독은 오염된 식품을 섭취하여 발생하는 감염형 식중독으로 인수공통감염병원균으로 알려져 왔으며 식중독 세균으로 인식된 지는 비교적 길지 않다. 이 균은 그람양성의 통성혐기성 간균으로 아포를 형성하지 않으며 성장이 가능한 온도대는 1.7~45℃의 범위로 냉장온도에서는 느리지만 성장이 가능하다. 또한 호기성 또는 산소가 5% 정도로 낮은 환경에서 잘 자란다.

② 원인식품 및 감염 경로

우리나라에서 리스테리아균의 최초 검출은 1993년 뉴질랜드산 수입 홍합에서 검출되었으며, 국내 식품을 검사했을 때는 원유, 우유 등에서 검출이 되었다. 그 이후로도 1997년 냉동만두, 냉동피자 등 냉동식품에서 검출되었고 미국에서 수입한 아이스크림에서도 검출되었다. 2002년에는 훈제연어에서 검출되어 문제가 되기도 하였다.

오염 경로로는 독성이 강한 세균이 마크로파지 내에서 번식하여 일으키거나 분변에 의해 오염된 물질, 토양과 피부의 직접적인 접촉, 흡입, 성 접촉에 의해 오염된다.

③ 주요 증상

12시간에서 3일에 이르는 잠복기를 가지며 사람과 동물에게서 리스테리아증listeriosis을 일으킨다. 사람에게 나타나는 증상은 감기, 설사, 열 같은 증상부터 심각한 증상까지 다양하며, 특히 임산부, 신생아 및 노인 등 면역력이 약화된 사람에게는 패혈증, 수막염 및 유산 등의 리스테리아증을 일으킬 위험성이 높다.

④ 예방법

자연에 광범위하게 분포하며, 건조하고 염도가 높은 상태를 비롯한 환경에서도 잘 적응하며 저온에서도 잘 자라기 때문에 균의 오염자체를 예방하는 것이 중요하다.

열처리를 기본으로 교차오염을 줄이도록 해야 하며, 냉동·냉장식품의 저장 시 철저한 2차 감염의 예방에 주의해야 한다.

5) 캠필로박터 제주니

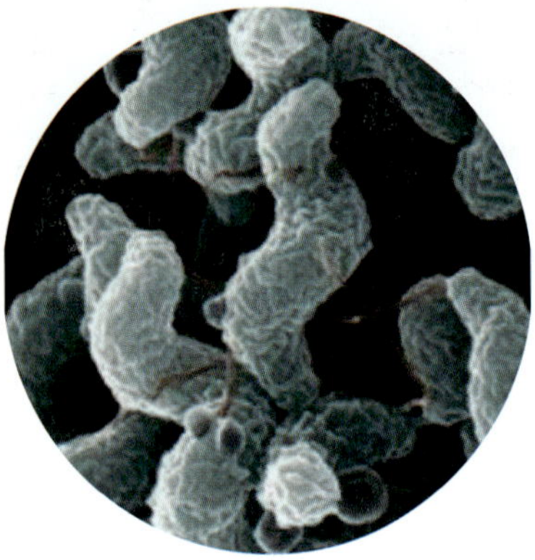

캠필로박터

① 균의 특성

캠필로박터 제주니*Campylobacter jejuni*는 가축의 유산, 태반염, 설사증의 원인균으로 알려져 있으며 캠필로박터에 의해 일어나는 감염형 식중독균이다. 1963년 캠필로박터로 명명되었으며 각국에서 집단발생 사례가 늘어남에 따라 중요한 식중독균으로 부각되었다. 이 균은 그람음성의 간균으로 아포를 형성하지 않으며 S자이거나 나선형으로 꼬인 형태를 하고 있다. 미호기성이며 5~15%의 산소분압에서 발육한다.

② 원인식품 및 감염 경로

캠필로박터 식중독 발생의 원인은 음식조리 동안 가금류에 의한 교차오염, 비살균우유, 오염된 물 등이 있다. 특히 가금류를 비위생적으로 처리하여 조리한 음식이 원인으로 감염사례 중에서 약 50% 정도로 가장 많은 비율을 차지하는 사례는 가열이 불완전하거나 재오염된 닭고기를 섭취한 경우이다.

감염 경로로는 오염된 식품과 물을 통해서이며 주로 덜 익힌 가금류나 원재료로부터 완전조리식품ready-to-eat food으로의 교차오염이다. 식품뿐만 아니라 애완동물, 가축, 새, 심지어 위생 동물을 통해서도 감염이 일어날 수 있다.

③ 주요 증상

잠복기는 2~7일이며, 주된 증상으로 심한 설사가 나타난다. 이와 함께 발열, 메스꺼움, 복통 및 구토가 동반될 수 있다. 면역 기능이 저하된 사람에서 감염 위험이 높으며, 중증의 경우 사망에 이를 수 있다. 특히 캠필로박터 제주니 감염 이후에는 말초신경 염증성 질환인 길랭-바레 증후군의 발생 빈도가 증가하는 것으로 알려져 있다. 이는 감염 과정에서 생성된 항체가 말초신경을 공격함으로써 발생하는 급성 자가면역성 신경질환이다.

④ 예방법

동물성식품, 특히 가금류는 조리 시 고기의 중앙부분이 75℃에서 3분 이상 가열되도록 하는 등 철저히 조리를 하고 조리된 음식과 조리되지 않은 날 식품의 접촉을 피하여 교차오염의 발생을 줄인다. 더운 음식은 65℃ 이상에서 보관을 하고, 찬 음식은 10℃ 이하에서 보관을 한다. 가금류의 섭취가 주요 원인이 되고 있으므로 닭의 생산부터 가공, 유통 및 최종 소비자에 이르기까지 각 단계별로 철저한 위생관리가 필요하다.

6) 여시니아

① 균의 특성

여시니아*Yersinia enterocolitica*는 그람음성의 통성혐기성 간균으로 장내세균이다. 저온에서도 증식이 가능하여 일반적인 냉장 온도에서도 증식할 수 있고 산성환경에서도 잘 견딘다. 산소가 없어도 자랄 수 있기에 진공포장 상태에서도 자란다.

② 원인식품

주요 원인 식품은 돼지고기 및 가공품, 비살균 우유, 물 등으로 냉장 보관 식품을 장기간 보관할 경우 감염위험이 증가할 수 있다.

③ 주요증상

잠복기는 보통 1~7일으로 발열, 복통, 설사, 메스꺼움, 구토 등 증상이 나타나며, 소아·청소년은 림프절염으로 인하여 급성 충수염과 유사한 증상을 보이기도 한다. 감염 후 관절염 발생이 증가한다는 보고가 있다.

7) 포도상구균

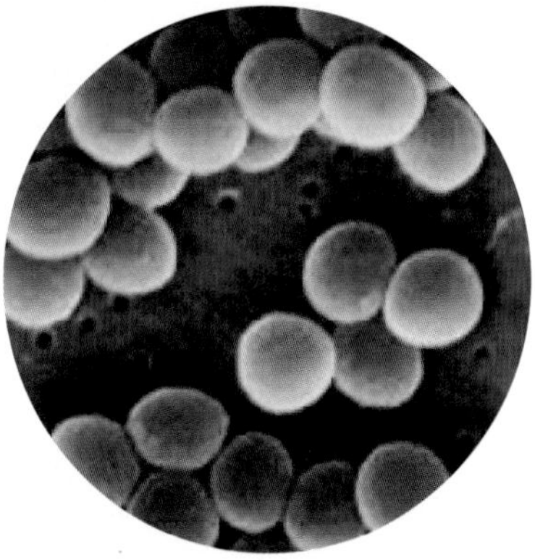

포도상구균

① 균의 특성

포도상구균*Staphylococcus aureus* 식중독은 황색 포도상구균이 식품에 증식하여 생산한 대사산물인 장독소 엔테로톡신enterotoxin을 경구 섭취하여 일어나는 독소형 식중독이다. 이 균은 그람양성의 통성혐기성 구균으로 아포가 없고 편모가 없다. 포도송이 모양의 집단을 이루는 특징을 가지며, 내염성이어서 7.5%의 NaCl을 함유한 배지에서 잘 증식한다. 우리나라에서는 사계절 동안 발생하는 경향이 있지만, 특히 기온이 높은 5~9월에 집중 발생하며 원인균에 의한 식품오염, 증식, 증식 후 엔테로톡신 생산의 3단계를 거친다.

포도상구균 엔테로톡신은 식중독의 원인이 되는 균체 외 독소로서 포도상구균 식중독의 주요 원인이 된다. 엔테로톡신 생산의 최적 pH는 6.8~7.2이며, 건조와 고농도의 소금에도 저항성이이 있어 비교적 낮은 A_w에서도 증식이 가능하다. 면역화학적 성질에 따라서 A~F의 6형으로 분류된다. 이 독소는 단백질이지만 단백질 분해효소인 트립신trypsin, 키모트립신chymotrypsin, 파파인papain 등에 의해서 분해되지 않으며 pH 2 이상에서는 펩신pepsin에 대해서도 안정하다. 엔테로톡신은 내열성 독소로 식품 중에 이 독소가 생산되고 나면 보통의 조리방법으로는 파괴되지 않고, 210℃ 이상에서 30분 가열이 요구된다.

② 원인식품 및 감염 경로

원인식품은 아주 다양하며 식물성, 특히 전분질을 많이 함유하는 식품이 많은 것이 살모넬라*Salmonella* 식중독과 다른 점이다. 미국과 유럽에서는 우유와 그 가공품을 비롯한 육제품, 알제품 등 단백성 식품에 분포되어 있고, 우리나라는 식생활의 차이에 따라 김밥, 도시락, 떡, 빵, 과자류 등 전분질을 주로 함유하는 식품과 그 가공품에 주로 분포되어 있다. 이외에 어패류와 그 가공품, 두부 등에도 포함되어 있다. 또한 포도상구균은 사람의 화농소나 콧구멍, 목구멍, 피부 등에 많이 존재하며 사람이나 동물의 화농성 질환 원인균의 하나이다. 또한 토양, 하수 등 자연계에도 널리 분포하므로 식품오염의 기회가 많다. 오염원은 화농소, 손 등이고, 손과 조리기구를 통한 2차 오염에 의해 감염이 된다.

③ 주요 증상

잠복기는 대체로 1~5시간, 평균 3시간으로 다른 세균성 식중독에 비하여 증상의 발현이 극히 짧은 것이 특징이다. 주 증상으로는 급성 위장염으로 타액 분비, 구역질, 구토, 복통, 설사로 구역질과 구토는 반드시 일어나며 다른 세균성 식중독에 비하여 단시간이기는 하지만 격심하고 발열이 거의 없다. 설사는 보통 수양성이지만 중증일 때는 1일 10회 이상의 설사와 구토로 탈수증상이 나타나며 그 밖에 혈압이 떨어지고 맥박이 빨라지며 사지의 경련, 마비 등이 일어나기도 한다. 그러나 일반적으로 증상이 가볍고 빨라서 1~3일이면 회복되고 사망하는 경우가 드물다.

④ 예방법

포도상군균 식중독은 식품오염에 의한 발생률이 높으므로 예방에 주의를 기울이고, 화농성 질환 등 피부 질환이 있는 사람의 식품 취급 및 조리를 반드시 금지하여야 한다. 또한 조리종사자의 마스크, 위생복, 모자 등의 착용과 손의 청결을 필요로 하며 조리환경과 조리기구의 청결도 중요하다. 가능한 한 원료의 오염을 방지하고 충분히 열처리를 한 후 신속하게 섭취해야 하며 보존할 때는 10℃ 이하로 냉장하여 보관하도록 한다.

8) 보툴리누스균

① 균의 특성

보툴리누스균*Clostridium botulinum* 식중독은 치명률이 가장 높은 대표적인 독소형 식중독으로 균이 혐기상태에서 증식할 때 생산하는 독소에 의해 발생된다. 이 식중독은 소시지 중독이라고도 하는데 이는 18~19세기에 유럽, 특히 독일에서 소시지에 의해서 많이 발생하였기 때문이다.

원인균은 보툴리누스균*C. botulinum*으로 그람양성의 편성혐기성 간균이며 내열성의 포자를 형성하고 주모성 편모가 있어서 활발한 운동을 한다. 이 균은 강력한 균체 외 독소를 생산하며 생산되는 독소에 따라 균을 A~G형의 7가지로 분류하고 이 중에서 식중독을 일으키는 것은 A, B, E 및 F형 균이다. 보툴리누스균의 아포는 일반적으로 내열성이 있어서 100℃에서 6시간 이상 가열해야 사멸되나 E형 균의 아포는 비교적 약하여 90℃에서 5분이나 80℃에서 20분 가열해야 사멸된다. 또한 4℃에서도 증식하여 독소를 생성하므로 식품을 저장해야 할 때는 4℃ 이하에서 한다. A형과 B형 균의 발육 최적온도는 37~39℃이고 E형 균의 발육 최적온도는 28~32℃이다. 그 외에는 30~37℃의 발육 최적온도를 갖는다.

② 원인식품 및 감염 경로

발생은 세계적으로 일어나지만 균의 형태는 나라와 지역에 따라 차이가 있다. 보통 유럽과 미국에서는 A, B형 균에 의한 것이 많고, E형 균은 일본, 캐나다, 러시아, 스칸디나비아반도 등에서 발생하는 것이 보통이며, F형 균은 덴마크와 미국에서 발생하였지만 그 예가 드물다.

보툴리누스균은 토양세균으로 아포는 토양, 바다, 하천, 연못의 바닥 등에 널리 분포되어 있어서 식품재료에 오염되기가 쉽다. 특히 혐기성인 식품에는 균이 쉽게 발아 증식하여 식중독을 일으킨다.

원인식품도 식습관의 차이에 따라 나라마다 다르다. 독일에서는 햄, 소시지 등의 식육제품, 영국에서는 주로 조육, 러시아·프랑스에서는 어류의 훈제품이나 식초절임, 미국에서는 채소나 과일의 통·병조림 식품류, 일본에서는 어류의 소금절임식품 등이 원인식품이었다.

③ 주요 증상

잠복기는 보통 18~36시간으로 증상은 구토, 변비 등의 위장 장해에서 특이한 신경증상으로 탈력감, 권태감, 현기증이 이어지고 신경계의 주 증상으로 복시(사물이 이중으로 보이는 증상), 시력 저하, 동공산대(빛에 대한 동공의 반응 조절이 약해지는 현상), 안검하수(눈꺼풀 처져서 시야를 가리는 현상), 타액분비 저하, 언어장애, 연하곤란, 호흡곤란 등이 나타난다. 그 외에도 변비, 복부팽만감, 보행곤란 등이 나타나며 발열은 없고 사망 직전까지 의식이 맑은 것도 특징이다. 대개는 증상을 발현 후 4~8일이면 사망하지만 10일 이상 생존하면 회복되는 것이 보통이다.

④ 예방법

보툴리누스균의 식중독 예방에는 크게 세 가지 방법이 있으며 이 중 한 가지라도 완벽하게 실시하면 예방이 가능하다. 첫 번째로는 식품을 완전히 멸균하는 방법으로 120℃, 4분간 가열하여 균을 완전히 사멸시키는 것으로 이는 통·병조림 식품에 응용가능하다. 두 번째로는 균의 증식을 저지하는 방법으로 pH 4.5 이하, 수분활성 0.94 이하로 식품을 냉동 또는 냉장 보존하는 방법과 아질산나트륨 등의 항균물질 첨가하는 방법이 있다. 마지막으로 식품의 가열 조리하는 방법으로 먹기 직전에 80℃, 30분 또는 100℃, 2~3분간 가열하여 독소를 완전히 파괴시킨다.

9) 바실러스 세레우스

① 균의 특성

바실러스*Bacillus*에 의한 식중독은 설사형과 구토형의 두 가지 형태가 있다. 이 식중독은 불분명한 점이 많아서 감염형으로 보기도 하고 독소형으로 보기도 하였으나, 1971년 엔테로톡신enterotoxin을 분리하고 독소의 성질을 밝혀내 독소형 식중독으로 확정되었다.

이 식중독의 원인세균인 바실러스 세레우스*B. cereus*는 그람 양성의 통성혐기성 간균으로 주모성의 편모가 있어 운동성을 지닌다. 타원형의 아포를 균의 거의 중앙에 형성하며 아포는 보툴리누스균이나 클로스트리디움 퍼프린젠스*C. perfringens*처럼 서서히 냉각될 때 발아, 증식한다. 발육 최적온도는 28~35℃이며 발아 최적온도는 30℃ 전후이며, 135℃에서 4시간 가열에도 견디는 내열성 아포를 생성한다.

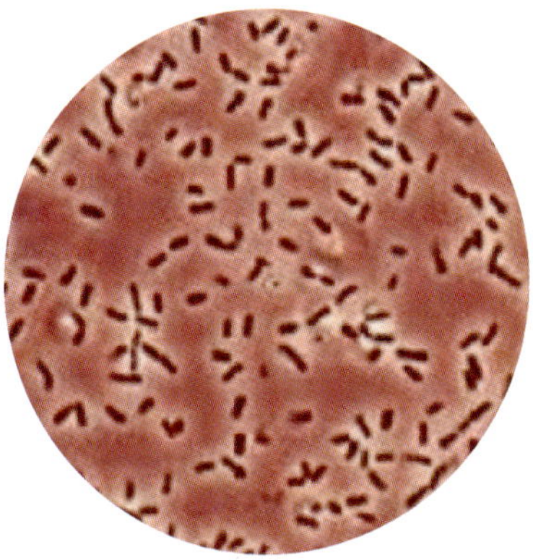

바실러스

경구적으로 섭취한 균이 증식하여 아포를 형성할 때 이열성의 엔테로톡신을 생산하여 식중독을 일으킨다. 엔테로톡신은 세레우스균의 설사독소로 티로신tyrosin에 의해서 분해되고 60℃, 20분 가열로 파괴되며 pH의 변화에도 예민하지만, 구토독소는 126℃, 90분 가열하여도 파괴되지 않는다.

② 원인식품 및 감염 경로

원인식품은 주로 동·식물성 단백질 및 전분식품 등 복합식품에 의한 경우가 많은 편인데 설사형의 경우 향신료를 사용한 식품이나 바닐라소스, 고기나 채소의 수프, 푸딩, 소시지, 크림 등이며, 구토형은 주로 쌀밥이나 볶음밥 등이 원인이다. 세레우스균은 토양세균의 일종으로 토양, 오수, 식물 등 자연계에 널리 분포되어 있어 식품이 오염될 기회가 많으므로 조리과정에서의 2차 오염도 주의하여야 한다. 계절과 관계없이 발생하며 조리된 식품을 실온에 오래 방치하면 이상 증식하여 식중독을 일으킨다.

③ 주요 증상

설사형은 잠복기가 8~16시간으로 주 증상은 복통과 설사이며 구역질, 구토는 거의 볼 수 없다. 구토형의 경우 볶음밥, 쌀밥 등 주로 탄수화물 식품이며 잠복기가 1~5시간으로 주 증상은 메스꺼움과 구토가 있으며 설사는 거의 없다.

④ 예방법

구토형 균주의 아포는 열저항성이 높지만, 설사형 균주의 아포는 열저항성이 낮다. 독소인 엔테로톡신 또한 열에 약하기 때문에 가열조리하거나 섭취 전 열처리가 효과적인 식중독 예방책이다. 또한 세레우스균에 의한 식품의 오염은 방지하기가 어렵기 때문에 오염되기 쉬운 식품은 조리한 후 바로 먹는 것이 좋으며, 그렇지 못할 경우 10℃ 이하에서 냉각 보존하도록 한다.

10) 클로스트리디움 퍼프린젠스

① 균의 특성

클로스트리디움 퍼프린젠스*Clostridium perfringens*에 의해 오염된 식품을 섭취함으로써 발생되는 식중독으로 이들 균은 장관 내에서 아포를 형성할 때 일종의 독소를 생산하고 이것이 식중독의 직접적인 원인이 되는 것으로 생각되고 있어 감염형과 독소형을 합친 특수한 형태라고 할 수 있다. 그람양성의 편성 혐기성 간균으로 난형의 아포를 형성하며 발육 최적온도는 37~45℃이고 세대시간이 10~12분으로 상당히 짧은 편이며 용혈과 치사작용을 나타내는 레시티나아제lecithinase(α독소)를 생산한다. 이 독소를 포함하여 독소의 종류와 면역학적 특이성에 따라 A~F형의 6형으로 분류하는데 A형 균이 대표적인 식중독 원인균이다. A형 균의 아포는 내열성이여서 100℃, 4시간 가열하여도 죽지 않는다.

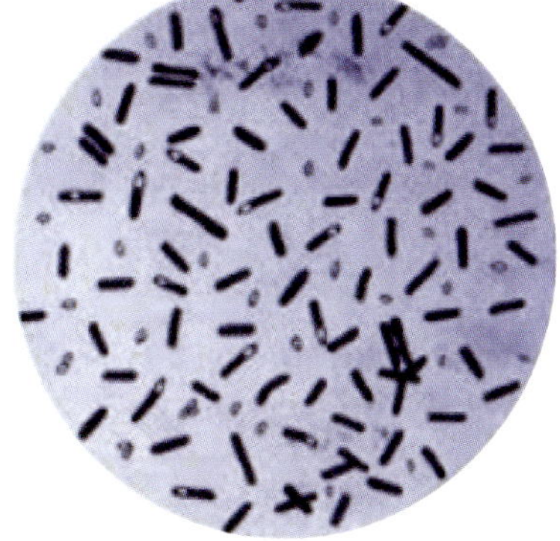

클로스트리디움

클로스트리디움 퍼프린젠스는 배양과정에서 아포 형성과 더불어 균체 내 독소인 엔테로톡신을 생산하며, 이는 주 증상인 설사의 병인물질이다. 균의 증식과는 관계없이 아포가 형성될 때에만 생산되고 엔테로톡신을 생산하는 것은 대부분이 A형 균이다. 비교적 가열이나 산에 약하여 60℃, 수 분간의 가열과 pH 4.0 이하에서는 활성을 잃는다.

② 원인식품 및 감염 경로

원인식품으로는 고단백질 함유식품으로 식육이나 그 가공품, 어류 및 그 가공품 등이 있다. 가열조리 후 용기에 담아 장시간 실온에 방치하는 경우 혐기성 상태가 유지되어 균의 증식이 쉬워 대량조리식품에 의한 식중독의 발생이 많아 가끔 대규모 집단발생이 되기도 한다. 여름철에 발생하는 경향이 있지만 겨울철에도 발생되어 계절적인 편중현상이 적은 편이며, 다른 식중독에 비하여 대규모의 집단발생을 특징으로 하고 있다.

③ 주요 증상

잠복기는 8~22시간으로 평균 12시간으로 주요 증상은 복통과 설사이다. 설사는 수양성으로 드물게 점액변이나 혈액변이 배출되기도 한다. 일반적으로 가벼운 증세를 보이고 하루, 이틀 만에 회복한다.

④ 예방법

클로스트리디움 퍼프린젠스의 경우에는 내열성이 강하므로 가열에 의한 사멸이 곤란하다. 따라서 다른 식중독과 다른 예방조치를 필요로 한다. 이를 예방하기 위해서 대량 조리한 식품은 혐기적 환경을 제공하지 않기 위해 저어주거나 조리된 식품을 얕은 용기에 넣어 냉각이 신속히 이루어지도록 냉장 보관해야 하며, 섭취 직전에 재가열하면 내부 온도가 70℃ 이상 되도록 가열한다. 뷔페 등 따뜻한 음식을 제공할 때에는 음식의 온도가 60℃ 이상 되도록 온장해야 한다.

Key point

표 3-4 독소형 식중독의 특징

구분	포도상구균	보툴리누스균	세레우스균
원인세균	*Staphylococcus aureus*	*Clostridium botulinum*	*Bacillus cereus*
독소	enterotoxin	neurotoxin	설사형 : enterotoxin 구토형 : 구토독소
발생상황	5~9월 집중 발생	나라와 지역에 따라 차이가 있음	계절과 관계없이 발생
원인식품	우리나라-전분질 곡류 (김밥, 도시락, 떡, 빵, 과자)	햄, 소시지, 조육, 식초절임, 병·통조림, 어류훈제품, 어류소금절임	동·식물성 단백질 및 전분식품 등 복합식품
잠복기	1~5시간(평균 3시간)	8~36시간	설사형-8~16시간, 구토형-1~5시간
주요 증상	급성위장염(타액분비, 구역질, 구토, 복통, 설사)	위장장해, 신경계증상	설사형-복통 설사 구토형-메스꺼움,구토
오염원	화농소, 손	널리 분포(토양, 바다, 하천, 연못의 바닥, 식품재료)	자연계에 널리 분포
감염 경로	화농소, 손에 의한 2차 오염	오염원을 통한 오염	조리과정·환경·기구 등의 2차 오염
예방법	환자의 식품취급 금지, 청결과 위생	• 식품의 완전 살균 • *botulinus*균의 증식 저지 • 식품의 가열조리	가열조리, 냉각보존
원인세균 사멸	210℃ 이상에서 30분 가열	80℃ 30분, 100℃ 2~3분 가열	100℃ 30분 가열

2 바이러스성 식중독

1) 노로바이러스

노로바이러스Norovirus는 음식물이나 물 등을 통해 섭취할 경우 사람에게 감염성 위장염을 일으키는 장관계 바이러스Enteric virus의 한 종류로 미국의 오하이오주 노워크Norwalk 지역에서 집단 발생된 후 지역명을 따서 노워크바이러스로 불리다가 최근에 노로바이러스로 공식 명칭이 승인되었다. 질병을 유발하는 바이러스로 최근 전 세계 모든 연령층에 유행하는 위장염의 주요 원인이며, 사람의 장에서만 증식되는 특성을 가지고 있다. 감염자의 분변과 구토물에서 감염자의 손이나 기타 시설들을 통해 식품을 오염시킨다. 오염된 식품은 사람의 입으로 전파·섭취되어 감염을 일으키는데 섭취된 후 장내에서 증식하여 발병한다.

주로 11~2월에 온도가 낮은 겨울철에 주로 발생을 하며 하절기에도 다수 발생한다. 음식물을 섭취 후 24~48시간 후에 증상이 나타나는데 구역질, 설사, 구토, 복통 등의 경미한 장염 증세를 나타내며 회복 후 최소 3일까지는 감염성을 가진다. 소아·노인의 경우 심한 구토로 인한 탈수가 심할 경우 치명적일 수도 있으므로 탈수 증상을 막기 위하여 다량의 음료를 섭취하는 것이 좋다.

노로바이러스 식중독은 항바이러스 백신 등이 개발되어 있지 않기 때문에 손을 자주 씻는 등 개인위생 관리와 식음료 관리를 통한 예방노력이 반드시 필요하며 2차 감염에 주의해야 한다.

2) 로타바이러스

로타바이러스Rotavirus는 인체에 대표적인 위장염의 병원성 원인균으로 전 세계 영유아에서 발생하는 위장관염의 가장 흔한 원인이 되는 바이러스이다. 계절적으로 주로 11월에서 2~3월까지 발생하며 연령적으로는 생후 3~24개월에 가장 많이 발생한다. 바이러스 모양이 수레바퀴처럼 생겼다고 하여 수레바퀴를 뜻하는 라틴어 'rota'란 이름으로 불린다.

병원소는 사람이며 오염된 음료수나 음식 또는 손을 통해 입과 분변의 접촉에 의해 감염되며, 호흡기를 통한 공기 전파 가능성도 있다. 로타 바이러스에 감염되면 1~3일의 잠복기를 거쳐 발열, 기침 등의 감기증상이 나타나는데 적절한 치료가 이루어지지 않을 경우 설사, 구토로 인한 탈수가 나타날 수 있으며, 심한 탈수가 생기면 혈액순환 장애, 쇼크, 사망으로 이어질 수 있다.

효과적인 예방대책은 아직 알려져 있지 않다. 전염성이 강해 적은 수의 바이러스로도 쉽게 감염되며 로타바이러스는 다른 바이러스가 생존하기 어려운 조건에서도 생존할 수 있어 단순한 개인위생 관리로는 확산을 방지하기 어렵다. 특히 산후조리원이나 어린이집 등 사람이 많이 모이는 곳에서의 전염성이 높으므로 사람의 접촉이 많은 곳에서는 감염에 주의를 해야 한다.

3) 간염바이러스

간염을 유발하는 바이러스 중에서도 간염A 바이러스(HAV)와 간염E 바이러스(HEV)는 장으로 전염이 되는 식품매개 바이러스이다. HAV에 간염이 되면 증상이 없거나 30일의 중기 배양기간이 지난 후에 증상이 나타날 수 있으며 보통 1~2주 후에 고열, 두통, 피로, 메스꺼움 그리고 복부 통증을 동반한다. 6살 이하의 경우 대부분 감염이 되어도 증상이 나타나지 않고 드물게 황달이 나타나나 고학년 아이들과 성인들은 감염 증상이 나타날 경우 대다수에게서 황달이 발생한다. 대부분의 성인은 근육통, 두통, 식욕감퇴, 복부 불쾌감, 발열, 황달, 독감 증상이 나타난다. 가장 감염성이 높은 시기는 임상 증상 발현 전후인데 증상이 발현되기 전까지 본인이 알 수 없기 때문에 더욱 위험하다.

4 화학적 식중독

1 | 화학적 식중독의 정의

2 | 고의 또는 과실에 의해 첨가되는 유해물질

3 | 식품의 제조, 가공 과정에 우연히 혼입되는 유해물질

4 | 기구, 용기, 포장 재료 등에 의해 식품으로 용출·이행되는 유해물질

5 | 식품의 조리, 가공 시 생성되는 유해물질

6 | 환경오염 물질

4

화학적 식중독이란 사람이 유해·유독한 화학물질에 오염이 된 식품을 섭취함으로써 중독증상을 일으키는 것을 말한다. 화학적 식중독은 독성물질의 체내 흡수와 체내 분포가 빨라서 중독량에 달하면 특이한 작용에 의한 급성증상이 나타나며 치사량을 초과하면 사망한다. 그러나 소량의 원인물질이 흡수되고 연속적으로 체내에 축적되는 경우나 적은 양이 미치는 작용이 누적되는 경우에는 만성중독이 일어난다.

1 화학적 식중독의 정의

화학적 식중독chemical food poisoning이란 사람이 유해·유독한 화학물질에 오염이 된 식품을 섭취함으로써 중독증상을 일으키는 것을 말한다. 화학적 식중독은 독성물질의 체내 흡수와 체내 분포가 빨라서 중독량에 달하면 특이한 작용에 의한 급성증상이 나타나며 치사량을 초과하면 사망한다. 그러나 소량의 원인물질이 흡수되고 연속적으로 체내에 축적되는 경우나 적은 양이 미치는 작용이 누적되는 경우에는 만성중독이 일어난다.

화학적 식중독은 유해성 식품첨가물이나 유해 금속물질이 고의 또는 과실에 의하여 첨가 또는 혼입되는 경우, 식품의 제조·가공 과정에 유해물질이 우연히 혼입되는 경우와 기구 및 용기, 포장 재료 등에 의해 식품으로 용출·이행되는 경우, 식품의 제조·가공·보존과정 중에 생성되는 경우, 그리고 환경오염물질에 의해 발생한다.

2 고의 또는 과실에 의해 첨가되는 유해물질

1) 유해성 식품첨가물

식품의 미화, 맛의 증감, 착색된 식품의 표백, 식품의 보존이나 살균목적 등으로 허가되지 않은 유해식품 첨가물을 모르고 사용하거나 무해한 것으로 잘못 알고 사용할 경우 다량 섭취나 섭취물의 체내 축적에 따른 중독현상이 일어날 수 있으며, 위화僞和 등 불순한 목적으로 불허용품을 고의로 식품에 섞어서 식중독 사고를 일으킬 수가 있다.

(1) 유해착색료

유해착색료 중 타르색소의 경우 값이 싸고 색이 선명하며 사용이 간편한 점에서 불법으로 사용하여 중독을 일으키는 경우가 많고, 대부분 사용량이 적기 때문에 급성중독보다는 만성중독이 일어날 가능성이 크다. 우리나라에서는 인체에 비교적 무해한 타르색소 11종과 타르색소 알루미늄레이크 8종 및 그 외의 비타르색소 8종이 허용되어 있다. 식용타르색소 중 독성이 낮은 산성색소가 법으로 지정되어 있는 경우가 많으며, 불법으로 쓰이는 것은 대부분이 염기성 색소이다.

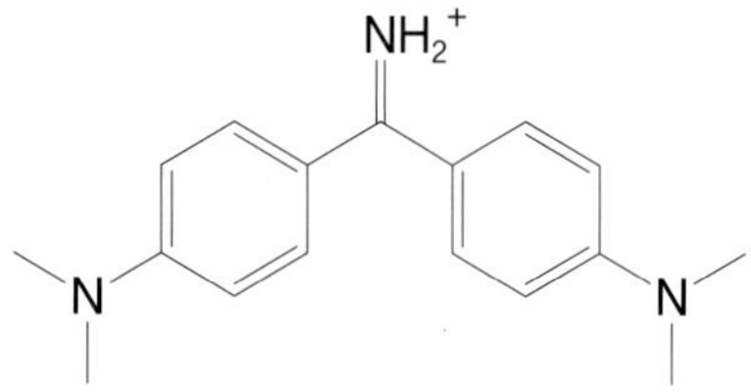
auramine O

① 아우라민

아우라민auramine은 염기성 황색 타르색소로 햇빛과 열에 안정하고 착색성이 좋으며 값이 싸서 단무지를 비롯한 과자, 팥앙금류, 카레가루 등에 사용될 가능성이 있다. 다량 섭취할 경우 20~30분 후에 흑자색의 반점이 나타나고 두통, 구토, 사지마비, 맥박감소, 심계항진, 의식불명 등을 일으키며 간장에 대한 발암성도 의심되고 있다.

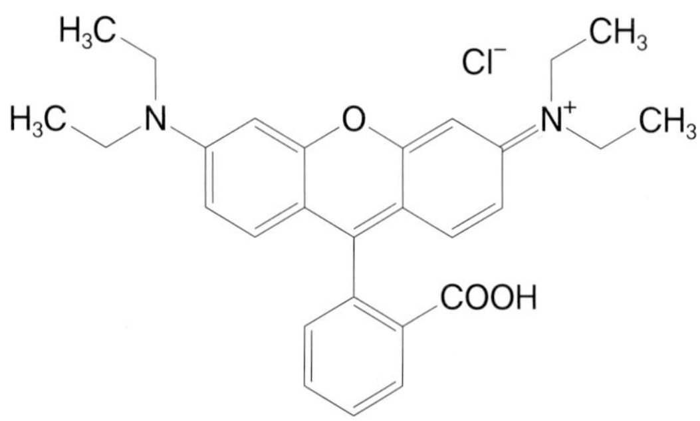
rhodamine B

② 로다민B

로다민 Brhodamine B는 핑크색의 염기성 타르색소로 형광을 가지며 어묵, 과자, 토마토케첩, 생강 등에 사용하여 중독을 일으키는 경우가 많다. 주요 증상으로는 색소뇨와 전신착색, 오심, 구토, 설사, 복통 등의 중독증상이 있다.

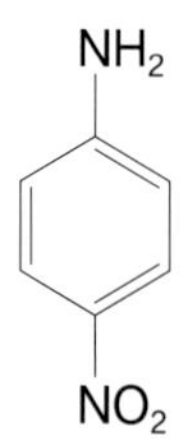
p–nitroaniline

③ 파라니트로아닐린

파라니트로아닐린p-nitroaniline은 황색의 유용성 합성착색료로 물에 불용이며 무미, 무취이다. 주요 증상으로는 섭취 10~30분 후 두통, 청색증cyanosis, 혼수, 맥박감소, 심계항진, 황색뇨 등이 나타나며 방향족 아민이나 니트로화합물에 공통되는 혈액독 및 신경독이 있다.

④ 실크스칼렛

실크스칼렛silk scarlet은 등적색의 수용성 타르색소로 착색이 잘 되고 안정하므로 식품에 사용하는 예가 많다. 잘 알려진 예로는 일본에서 실크스칼렛으로 착색된 대구알젓을 먹고 중독된 사건이 있다. 주요 증상으로는 구토, 복통, 두통, 오한, 마비 등이 있다.

⑤ 기타 유해착색료

일반적으로 장기, 혈액, 신경에 유해한 영향을 미치며, 간과 신장에 대한 독작용이 공통적으로 나타난다. 독작용에는 색소 자체의 독작용과 체내 분해산물의 독작용이 있으며, 소량씩 지속적으로 섭취하였을 때 발생하는 만성중독과 발암성 및 최기형성 등의 문제가 부각되고 있다. 예로는 황색계(orange II, butter yellow O, spirit yellow), 청색계(methylene blue), 녹색계(malachite green), 자색계(methyl violet, crystal violet, gentian violet), 적색계(fuchsin, sudan III) 및 갈색계(bismark brown) 등이 있다.

(2) 유해감미료

설탕대신 인공감미료가 개발되어 널리 사용되었으나 안전성에 문제가 되어 둘신 dulcin, 사이클라메이트cyclamate 등 사용이 금지된 것이 많으며 현재에도 안전성 문제가 계속 논의되고 있다. 또한 허용된 인공감미료도 다량을 섭취할 경우 중독을 일으킬 수 있으므로 주의하여야 한다.

① 둘신

둘신dulcin은 백색의 결정으로 분해되면 적자색으로 착색하며 냉수에 잘 녹지 않고 열탕에 녹는 성질을 가지고 있다. 감미는 설탕의 약 250배로 사카린나트륨saccharin sodium과 함께 사용하면 감미도가 증가하고 설탕과 비슷한 맛을 내어 청량음료, 과자류, 절임류 등에 널리 사용되었다. 그러나 동물실험 결과 장시간 사용하면 간종양이 발생하여 소화효소의 작용이 억제되고 중추신경계 자극 등의 독성 때문에 우리나라에서는 1966년 11월부터 사용이 금지되었다.

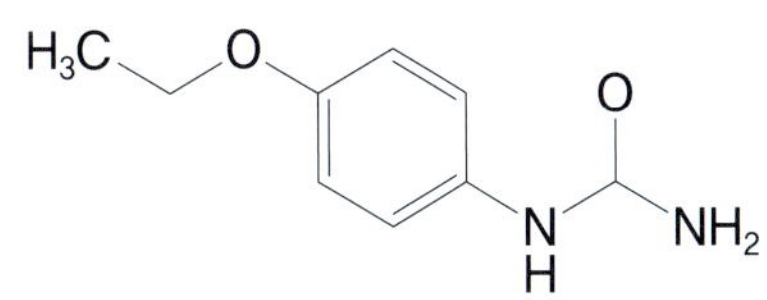

dulcin

② 사이클라메이트

사이클라메이트cyclamate는 대표적으로 사이클라민산나트륨 sodium cyclamate과 사이클라민산칼슘calcium cyclamate이 있다. 무색~백색의 결정성 분말로 열과 햇빛에 비교적 안정적이며 물에 잘 녹는다. 사이클라메이트의 감미는 설탕의 40~50배로 청

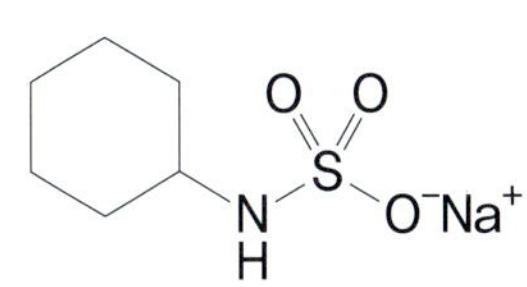

cyclamate

량감이 있고 설탕과 비슷한 단맛을 가져 한때 많이 사용되었으나 사이클라메이트가 장내 세균에 의해 발암물질인 사이클로헥사민cyclohexylamine으로 대사되는 것이 밝혀져 우리나라에서는 1970년부터 사용을 금하고 있다.

③ 에틸렌글리콜

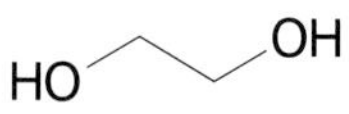

ethylene glycol

에틸렌글리콜ethylene glycol은 자동차의 부동액으로 사용되는 무색의 액체로 물에 타면 감미와 알코올처럼 취하는 느낌이 있다. 감주, 팥앙금의 맛을 내는 데 사용되기도 하며, 체내에서 산화되어 수산으로 되고 뇌, 신장 등에서 석출되는 등 신경장애를 일으킨다. 주요 증상으로는 구토, 빈뇨, 호흡곤란 등으로 심해지면 의식불명이 일어나고 사망한다.

④ 파라니트로올소톨루이딘

파라니트로올소톨루이딘*p*-nitro-*o*-toluidine은 설탕 200배의 감미도를 가지며 독성이 강하고 중독사고가 많아 살인당이라는 별명이 있다. 섭취한 지 2~3일 후에 위통, 식욕부진, 메스꺼움, 미열, 황달 등의 중독증상이 나타나며 혼수상태에 빠져 사망에 이른다. 분자 내에 니트로nitro기와 아민amine기를 가지므로 혈액독과 신경독을 나타내며 계속 섭취하면 간, 신장 등에 장애를 초래한다.

⑤ 퍼릴라틴

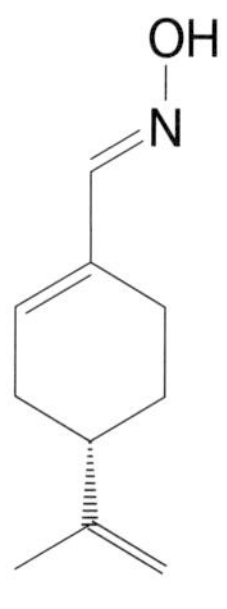

perillartine

퍼릴라틴perillartine은 퍼릴알데히드perillaldehyde로부터 제조되는 자소유perilla oil 중의 한 성분으로 일명 자소당이라고도 한다. 무색의 결정으로 자극성과 불쾌감이 있으나 감미는 설탕의 2,000배에 달한다. 독성이 강하여 불안정하기 때문에 열 또는 타액에 의하여 알데히드aldehyde로 분해되고 신장을 자극하여 염증을 일으키므로 식품에는 사용할 수 없다.

(3) 유해표백제

표백제의 작용은 강한 산화 또는 환원작용에 의한 것이므로 이와 같은 작용을 나타내는 과산화수소와 아황산계통 표백제는 사용기준이 정해져 있다. 과산화수소는 발암성이 인정되고 있으므로 최종 제품의 완성 전에 반드시 제거하여야 하고, 아황산계 표백제는 이산화황으로서 최대 잔존량을 식품별로 규정하고 있으므로 사용기준에 맞게 사용하여야 한다. 2004년 중국산 찐쌀에서 표백제의 주성분인 이산화황이 검출된 사례가 있어 찐쌀 규격에도 2005년 3월부터 이산화황을 기준에 포함시켰다.

① 롱갈리트

롱갈리트rongalite는 표백력이 아황산보다 강하지만 식품에 사용하면 포름알데히드formaldehyde가 잔류하여 신장을 자극하는 등 독성을 나타내므로 사용을 금지하고 있다. 물엿이나 연근 등의 표백에 이용하여 화학성 식중독을 일으키는 물질이다.

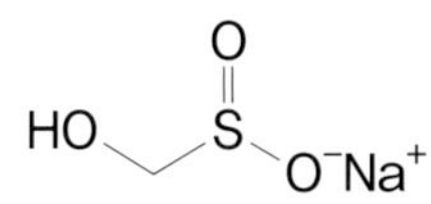

rongalite

② 삼염화질소

삼염화질소nitrogen trichloride(NCl_3)는 미국에서 밀가루의 표백료로 사용하였던 것이나, 삼염화질소로 처리한 밀가루를 가지고 개를 사육하면 히스테리성 증상을 나타내는 등 독성이 강한 물질로 현재는 사용을 금하고 있다.

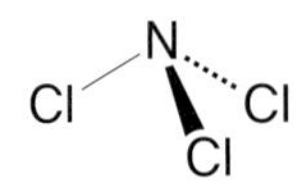

nitrogen trichloride(NCl_3)

③ 형광염료

형광염료의 경우 독성이 충분히 밝혀지지 않았으나 상당히 큰 것으로 알려지고 있어 압맥, 국수, 어육연제품 등을 하얗게 보이게 사용되는 것을 금지하고 있다. 형광염료로 사용될 가능성이 있는 것은 디아니노스틸벤 술폰산diaminostilben sulfonic acid과 그 유도체가 있다.

④ 과산화수소

과산화수소(H_2O_2)는 표백제와 살균제로 어묵, 국수 등에 제한 없이 사용되었으나 잔류하여 식중독을 발생시킨다고 밝혀져 사용기준이 정해졌다.

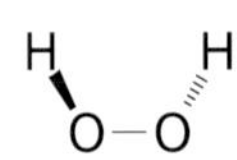

H_2O_2

⑤ 아황산염

아황산염sulfite은 허용된 표백제로 사용기준이 규정되어 있으나 많이 섭취하면 구토, 설사, 발열 등의 중독증상을 나타낸다. 보통 도라지나 연 뿌리 등에 과량 사용으로 문제가 되고 있다.

(4) 유해보존료

보존료로서 지정되어 있는 품목은 비교적 독성이 낮거나 사용기준이 엄격히 정해져 있다. 하지만 사용이 불가능한 보존료는 무엇보다도 독성이 강하기 때문에 사용을 금지시킨 것이며, 방부효과, 경제적인 이유 등으로 자주 부정하게 사용되고 있다.

① 불소화합물

불소화합물 중 불화수소(HF)와 불화나트륨(NaF) 등은 무엇보다도 상당히 강한 방부효력이 있어 방부살균, 이상 발효억제를 목적으로 식품에 첨가하는 경우가 있으나 독성이 매우 강하기 때문에 금지되어 있다. 급성중독의 경우 구토, 복통, 경련, 호흡장애 등을 일으키고 장과 방광의 점막이 해를 입는다. 중독 기작은 세포에 직접 작용하여 칼슘대사를 저해하거나 1일 6 ㎎ 이상이면 반상치를 생성하고 골연화증, 체중 감소, 빈혈 등의 불소증을 일으키기도 한다.

② 승홍

승홍($HgCl_2$)은 강력한 살균작용을 가지고 있어 의약품으로 사용되고 있으나 방부력이 강하여 주류 등에 쓰일 수가 있다. 구토, 복통, 요독증 등의 급성중독을 일으키며 신장장해, 구내염 등의 만성중독을 일으킨다. 또한 독성이 매우 심하여 평균 0.5 g의 경구 치사량을 가지며 치사량은 0.2~1.0 g이다.

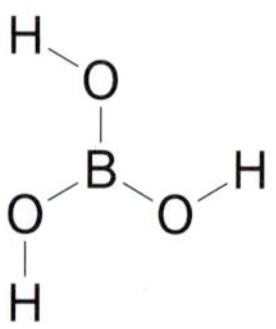

H_3BO_3

③ 붕산

붕산(H_3BO_3)은 양치약, 안약 등에 살균제로 사용되어 잘 알려졌으며, 햄, 베이컨, 과자류, 버터 등에 보존료로 사용되는 경우가 있다. 오랫동안 섭취하면 체내에 축적하여 세포 원형질의 팽화, 산증acidosis에 의한 대사장애 등을 일으키며 소화효소의 작용을 억제하여 식욕을 감퇴시키고 소화불량을 일으킨다. 1~3 g으로 중독을 일으키고 다량으로 섭취할 경우 구토, 설사, 홍피증 등의 증상이 나타나고 혼수상태에 빠져 사망한다.

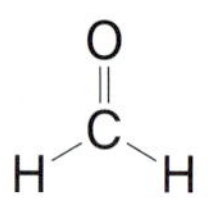

formaldehyde

④ 포름알데히드

포름알데히드formaldehyde(H · CHO)는 물에 녹기 쉬운 무색의 기체로서 단백질을 변성시키는 작용이 있고 살균력과 방부력이 강해서 0.002% 용액에서 세균의 발육을 억제

Key point

표 4-1 고의 및 과실에 의해 첨가되는 유해 식품첨가물

구분	식품첨가물
유해성 착색료	• 아우라민Auramine • 로다민 B Rhodamine B • 파라니트로아닐린*p*-Nitroaniline • 실크스칼렛Silk scarlet • 기타 유해착색료
유해성 감미료	• 둘신Dulcin • 사이클라메이트Cyclamate • 에틸렌글리콜Ethylene glycol • 파라니트로올소톨루이딘*p*-Nitro-*o*-toluidine • 퍼릴라틴Perillartine
유해성 표백제	• 롱갈라이트Rongalite • 삼염화질소Nitrogen trichloride(NCl_3) • 형광염료 • 과산화수소(H_2O_2) • 아황산염Sulfite
유해성 보존료	• 불소화합물 • 승홍($HgCl_2$) • 붕산(H_3BO_3) • 포름알데히드Formaldehyde(H · CHO) • 베타-나프톨β-Naphthol • 살리실산Salicylic acid
기타 화합물	• 증량제 • 메탄올Methanol • 비소화합물 • DDTDichlorodiphenyltrichloroethane

한다. 포름알데히드의 약 35% 수용액인 포르말린formalin은 방부력이 강하여 주류, 유·육제품, 장류, 시럽 등에 사용될 가능성이 있다. 포름알데히드에 중독되면 두통, 위경련, 순환장해, 현기증, 호흡곤란 등을 일으키고 소화관을 해친다. 또한 체내에서 개미산(HCOOH)으로 산화되어 배설되며 신장에 염증을 일으킨다. 독성이 대단히 강하므로 식품에는 사용할 수 없으며 플라스틱 등의 용기 및 포장으로부터 식품 중으로 용해되어 들어가는 것도 「식품위생법」상 규제대상이 되고 있다. 치사량은 10~20 mL이다.

⑤ 베타-나프톨

베타-나프톨β-naphthol은 곰팡이류에 0.005%로 유효하기 때문에 간장의 표면에 생기는 흰곰팡이의 발생을 억제하는 작용으로 일시적으로 사용된 적이 있으나 독성이 상당히 강한 것이 밝혀져서 사용이 금지되었다. 중독되면 신장장해와 단백뇨증을 일으키며 급성증상으로는 구토, 복통, 경련, 현기증 등을 나타낸다.

⑥ 살리실산

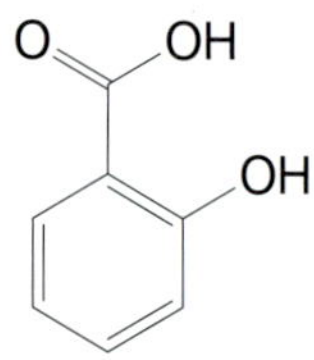

salicylic acid

살리실산salicylic acid은 약간 감미가 있는 산미를 가지며 방부작용이 강하고 약산성의 배지에서 항균성을 나타낸다. 보존료로서 청주, 과실주, 식초 등에 널리 사용되었으나 현재에는 사용이 금지되었으며, 사람이 다량으로 섭취하면 위점막의 자극에 의한 오심, 구토, 심한 두통을 일으킨다.

2) 농약에 의한 식중독

농약의 사용이 보편화됨에 따라서 농약을 잘못 사용하여 많은 중독사고가 일어나고 있다. 농경지에 살포된 농약은 농작물에 잔류되거나 농약성분이 공기 중에 부유하거나 빗물과 함께 하천, 해양에 유입되어 해산물 및 가축 등을 오염시켜 사람에게 이행되는 등 지속적으로 순환하여 심각한 환경문제를 야기시키고 있다.

농작물에 피해를 주는 병해충과 잡초를 방제하기 위한 농약에는 살충제, 살균제, 살균·살충제, 제초제, 생장조절제 등이 있다. 따라서 농약을 사용하고자 할 때는 방제하고자 하는 대상이 무엇인지를 정확히 알고 용도에 맞게 농약을 선택해야 하며 용도별로 구분하면 다음과 같다.

(1) 유기인제

유기인제는 주로 살균제와 살충제 등으로 사용되는데 다른 농약에 비하여 살충효과가 높지만 독성이 커서 급성 중독사고가 많이 일어난다. 농작물의 잔류독이 문제가 되고 있다. 주요 유기인제로는 EPN, parathion, methylparathion, sumithion(fenitrothion), diazinon, malathion, DDVP, dimethoate 등이 있으며, 이 중 parathion, methylparathion, phosdrin, schradan 등은 독성이 커서 사용상 여러 가지 규제를 받고 있다. 최근에는 저독성 유기인제로 malathion, DDVP, baycid, sumithion(fenitrothion), diazinon, EPN 등이 개발되어 사용되고 있다. 신경세포 내에 있는 콜린에스테라아제cholinesterase의 작용을 억제함으로써 아세틸콜린acetylcholine이 축적되어 신경의 자극전달이 안 되는 결과를 가져온다. 이에 따라 식욕부진, 구토, 청색증cyanosis 등의 부교감 신경증상과 근력감퇴, 전신경련 등의 니코틴nicotine 증상, 혈압상승 등의 교감신경 증상, 현기증, 두통, 발열 등의 중추신경 증상을 나타낸다. 그러나 유기인제는 에스테르이기 때문에 비교적 분해되기 쉬워 잔류독성이 크게 문제되지 않는다.

(2) 유기염소제

유기염소제는 살충제, 살균제, 제초제로 널리 쓰이고 있으며, 유기염소계 살충제는 염소를 함유하고 있으면서 강력한 살충효과를 나타내지만 분해기간이 길어 자연에 오랫동안 잔류되는 단점이 있다. 대표적인 유기염소제 농약은 DDTdichlorodiphenyl trichloroethane, BHCbenzene hexachloride 및 사이클로디엔cyclodiene 유도체(aldrin, endrin, heptachlor, chlordane) 등이 있다.

일반적으로 유기인제에 비하여 독성이 적은 편이나 안정하여서 토양 중에서도 잔류성이 크고, 지용성이기 때문에 인체의 지방조직에 축적되므로 각 나라에서는 사용금지나 사용제한 등의 조치를 강구하고 식품 중의 잔류량도 규제하고 있는 실정이다. 또한 다른 생물체를 통해서 음식물로 옮겨가서 농축되는 등 생물농축 현상이 일어나 인체에 축적되어 만성중독을 일으킬 가능성이 크다. 주요 증상으로는 신경중추의 지방조직에 축적되어 신경계의 이상증상, 복통, 설사, 구토, 두통, 시력감퇴, 전신권태, 손발의 경련, 마비 등이 있다.

(3) 카바메이트제

카바메이트Carbamate는 살충제 및 제초제로 사용되며 주요 카바메이트제로는 carbaryl, PHC, BPMC, CPMC, propoxur, chlorpropham, aldicarb 등이 있다. 유기인제와 마찬가지로 콜린에스테라아제cholinesterase의 작용을 억제함으로써 중독증상을 나타내지만 카바메이트 살충제에 의한 콜린에스테라아제의 저해작용은 유기인제와는 달리 가역적이어서 독성이 상대적으로 적다. 이에 따른 신경자극의 비정상 작용이나 인수에 대한 독성이 낮고 발현은 급격하지만 빨리 체내에서 대사되므로 짧은 시간 내에 회복되며 만성중독을 일으킬 염려가 없다.

(4) 비소제

비소제는 살균제나 살충제 등으로 이용되며, 살균제로는 아소진asozin, 네오아소진neoasozin 등의 유기비소제가 사용되며 살충제로는 비산납, 비산석회, 비산망간 등의 무기비소제가 쓰인다.

생체 내에 들어가서 단백질의 변성을 일으켜 세포의 생리기능을 잃게 하거나 특정한 효소단백질의 −SH기와 결합하여 그 기능을 저해함으로써 독성을 나타낸다. 주요 증상으로는 목구멍과 식도의 수축, 위통, 구토, 설사, 혈변, 소변량 감소, 갈증 등이 있다.

(5) 유기수은제

유기수은제는 살균제로서 종자소독용 농약으로 사용되며 광범위하게 널리 사용되어 왔으나 축적성이 상당히 크고 만성독성 때문에 종자소독용을 제외한 다른 목적의 사용은 금지된 경우가 많다. 주요한 유기수은제에는 메틸요오드화수은, 메틸염화수은, 염화메톡시에틸수은, 인산에틸수은, 페닐초산수은, 페닐요오드화수은, *p*-toluene sulfone aniline phenyl 수은, 픽스탄페닐수은 등이 있으며, 주요 증상으로 중추신경장애 증상인 경련, 시야축소, 언어장애 등이 있다.

(6) 유기불소제

유기불소제는 살충제, 살서제, 살비제로 쓰이며, 대표적인 유기불소제로는 fratol(쥐약), fussol(깍지벌레, 진딧물), nissol, AFL-1082 등이 있다. 대부분 독성이 강한 편이며 체내에서 아코니타아제aconitase에 강력한 저해작용을 갖는 모노플루오로시트르산monofluorocitric acid으로 변하여 크렙스 회로Kreb's cycle 중에서 구연산이 *cis*-aconitic acid

가 되는 것을 차단함으로써 구연산의 축적을 일으켜 독작용을 나타낸다. 주요 증상은 구연산의 체내 축적에 따른 신장장애와 중추신경이상 증상 등이다.

3 식품의 제조, 가공 과정에 우연히 혼입되는 유해물질

폴리염화비페닐polychlorinated biphenyls, PCBs은 열을 가해도 분해되지 않고 전기 절연성이 뛰어나므로 변압기나 콘덴서 등의 전기제품에 많이 사용되는데 1930년대부터 공업용으로 널리 이용되어 왔다. 1966년 스웨덴에서 죽은 새에 다량의 PCB가 검출된 것이 환경 중에 등장한 PCB의 최초의 보고이며 그 이후 PCB는 DDT와 함께 환경오염 물질로 주목을 받아왔다. PCB에 의한 대표적인 식품오염 사건은 1968년 3월 일본에서 최초로 발생하였다. 일본의 가네미 지방에서 이상한 피부병 환자가 많이 발생하여 지역보건소에서 역학조사한 결과, 식용유에 PCB라는 유해물실이 함유된 사실을 발견했다. 식용유를 제조할 때 가열 매체로 PCB를 사용했는데, 가열 파이프가 부식되어 PCB가 식용유 속으로 흘러들어간 것이었다.

PCBs의 독성은 급성독성이며 주요 표적장기는 간장이다. 초기에는 눈꺼풀과 다리가 붓고, 식욕부진, 구토증세가 있고 심하게 되면 피부의 색소가 흑색으로 침착되고 전신에 여드름 같은 것이 생긴다. 임신 중에 여성의 체내에 들어가면 태반을 거쳐 신생아의 피부를 흑색으로 침착시키는데 이와 같이 생체에 대한 이상색소 침착을 발생시키는 인자에 대한 확실한 기전은 밝혀지지 않았다.

4 기구, 용기, 포장 재료 등에 의해 식품으로 용출·이행되는 유해물질

1) 유해성 금속물질

(1) 수은

수은(Hg)은 가성소다공업과 전기제품, 도료, 약품, 농약제조 등의 용도로 쓰이며 무기수은과 유기수은으로 구분된다. 무기수은은 자연계에서 메틸화되기 때문에 환경으로 배출되는 수은은 무기수은이지만 동물성 식품의 50~100%는 유기수은methyl mercury이다. 유기수은은 지용성이 크므로 소화관과 폐에 흡수되어 중추신경계와 태아조직에 농축되며, 생물학적 반감기는 70일이고 FAO/WHO에서 결정하고 있는 섭취허용량은 성인의 경우 유기수은으로 28 ㎍/day로 되어 있다. 특히 최근에는 공장폐수 중에 함유되어 있는 유기수은이 어패류 체내에 농축되어서 그것을 섭취한 사람은 표적장기인 뇌에 도달하여 심한 신경장해를 주 증상으로 하는 질병인 미나마타병을 일으키는 것으로 밝혀져 환경오염에 기인하는 식품오염의 대표적인 예로 주목받고 있다.

1952년 무렵부터 일본 규슈지방의 미나마타만 근처의 어촌에서 발생한 중추신경계의 질환인 미나마타병은 주로 이 지역에서 잡힌 어패류를 오랫동안 섭취한 주민에게 발생하였으며, 처음에는 사지저림, 보행장애, 현기증, 시력상실, 청각상실, 태아에서 신경과 근육의 이상발달 등의 증상을 나타낸다. 이 질병은 6개월 정도에서 절정에 이르고 사망하거나 거의 완전회복이 어려운 후유증을 남긴다.

(2) 카드뮴

카드뮴(Cd)은 자연계에 존재하고 공업제품이나 일상용품으로 널리 이용되어 환경이나 식량자원의 오염을 야기시키며 공장폐수에 함유되어 수질오염의 원인이 되기도 한다. 카드뮴은 주로 벼와 같은 식물에 잘 흡수되므로 곡물류에 0.01~0.15 ppm이 검출되며 동물성 식품에서는 간장이나 신장에 많고, 조개, 가리비, 굴과 같은 어패류의 내장에 특히 많아 0.1~1.0 ppm까지 함유되며, 소라고둥의 간에는 200 ppm까지 검출된다.

표적장기는 신장으로 하루에 250~350 ㎍의 카드뮴을 함유한 식사를 장기간 지속하면 신장장애가 발생되는데, 조직에서는 칼슘(Ca)과 인(P) 대사의 불균형을 초래하여 골다공증을 일으키고 주로 대변으로 배설된다. 급성중독이 강하며 메스꺼움, 구토, 설사, 복통 등의 증상을 나타내고 만성 중독 시에는 신장 기능 장해를 일으키고 당, 아미노산 및 저분자단백질의 소변을 통한 배설이 현저히 증가한다.

이타이이타이병은 카드뮴이 원인이 되어서 발생된 중독사건으로 공장폐수에 의한 식품오염의 결과로 일어난 공해성 질환의 한 예이다. 광산에서 배출된 폐수를 벼 재배시에 관개용수로 사용하여 그 논에서 생육한 쌀이 카드뮴에 오염되었는데 그 쌀을 먹고 있던 주민에게 장기간 체내에 흡수, 축적됨으로써 일어나는 만성중독이 발생한 것으로 이때의 쌀의 카드뮴 농도는 0.35~3.35 ppm이었다. 증상은 40세 이상의 비교적 고령, 특히 출산 횟수가 많은 여성에게 많으며, 처음에는 신경통 같은 증상으로 발병하여 더욱 진행되면 뼈의 만곡, 변형이 일어나고 보행이 불가능하게 된다. 약간의 충격만 받아도 쉽게 골절이 되고, 사지는 구부러져서 키가 짧아지며, 약간만 몸을 움직이거나 웃음, 기침, 심호흡 등에 의해서도 온몸에 통증을 느끼게 되므로 환자는 밤낮없이 아프다고 연발하면서 오랜 기간의 고생 끝에 사망하게 된다.

(3) 납

납(Pb)은 대부분 공장에서 증기의 형태로 기도를 거쳐 흡수되어 발생되는 만성중독으로 급성중독이 거의 없는 것이 특징이다. 그러나 때로는 상수도용 납관에서 음료수 중으로 납이 용출되거나 농약 중의 납이 식품 중으로 이행하여 중독을 일으킬 위험성이 있다. 식품으로부터 섭취하는 평균적인 납 섭취량은 60~150 ㎍ 정도로 흡수된 납은 간에 들어가서 대부분은 담즙으로부터 대변으로 배설되지만, 일부는 혈액에 들어가 뼈 등에 침착한다.

납은 토양에 약 10 ppm 정도 존재 하는데 육상식물에 2.7 ppm, 동물 2.0 ppm, 어류에 0.5 ppm 정도 포함되어 있다. 식품 중 납의 주요한 급원으로는 쌀, 채소, 어패류가 있으며, 특히 어패류는 수질오염을 통하여 오염이 되고 용기에 기인하는 것으로 유약처리가 불충분한 도자기 그릇에서 산성식품으로 납이 용출되거나 땜납으로 밀봉한 통조림식품에서도 중독이 되기도 한다. 납은 도료, 납용융, 제련, 배터리, 인쇄 등의 작업에서 많이 사용되며 이외에도 크레파스, 유약을 바른 도자기 중에서도 중독이 일어난다.

납에 의한 중독은 유기납과 무기납에 의해 차이가 있는데, 유기납은 90% 이상 흡수되어 중독증상을 나타내지만 무기납은 성인에게는 거의 흡수되지 않는다. 그러나 영유아에게는 무기납도 40~50%가 흡수되어 문제가 된다. 납 중독의 대표적인 증상은 빈혈이며 진행되면 창백한 얼굴, 잇몸에 나타나는 흑자색의 띠 모양의 착색(납연), 말초신경염, 심근마비, 배꼽 주위의 복부를 찌르는 듯한 통증(납통증) 등 중증의 중독증상을 나타낸다.

(4) 비소

비소(As)는 환경과 식품 중에 미량으로 함유되어 있으나 해산물의 비소함량은 대단히 높다. 섭취된 무기비소는 대부분 흡수되는데 흡수된 비소의 80%는 간, 신장, 뼈, 피부, 특히 손·발톱, 모발에 축적되어 분포한다.

급성중독증상의 경우 발열, 식욕부진, 구토, 탈수증상 뒤에 복통, 체온저하, 혈압저하, 경련, 혼수상태에 이어 사망하는 경우가 많은 편이다. 또한 중독량으로 삼산화비소(AS_2O_3)로서 50 ㎎ 이상을 섭취할 경우 일어나며 최소치사량은 70~180 ㎎이다. 만성중독증상의 경우 피부가 청색으로 변하고 손발, 피부의 각질화, 구토, 설사 등의 위장증상, 빈혈, 체중감소 등을 일으키는데 황달이 특징적이다. 만성중독은 0.2~0.4 ppm 정도에서 일어난다.

비소에 의한 대표적인 식중독의 예로는 1955년 일본 모리나카 조제분유사건이 있는데 이 사건은 비소에 오염된 분유(AS_2O_3로서 25~28 ppm)로 인하여 12,000여 명의 어린이 환자와 128명의 사망자가 발생한 사건이다. 원유의 산도를 안정시키기 위하여 사용한 제2인산나트륨에서 아비산이 함유되어 있었기 때문이며 후유증은 지각장애, 간질성 발작, 뇌파이상, 신경성 난청 등 신경증상을 중심으로 한 증상이 아직까지 나타나고 있다. 「식품위생법」상 일반식품에 대한 비소(AS_2O_3)의 기준은 고체식품, 조미료에 1.5 ppm, 액체식품 0.3 ppm으로 설정되어 있으며, 이 기준은 식품 중의 천연 함유량은 제외한 것이다.

(5) 구리

구리(Cu)로 만든 식기, 주전자, 냄비 등의 부식과 채소류 가공품에 엽록소 발색제로 사용하는 황산구리를 남용 할 때 구리제 기구나 용기가 물이나 탄산에 의하여 부식되어 생긴 유독물질인 녹청에 의해서 식중독을 일으킨다. 구리의 중독량은 3~10 g으로 메스꺼움, 녹색 토물의 구토, 설사, 복통, 두통, 인후 작렬감, 발한, 경련 등의 증상이 나타나고 다량 섭취할 경우 사망한다.

(6) 아연

아연(Zn)의 화학성 식중독은 아연 도금한 조리 기구나 산성식품으로 통조림을 취급할 때 아연이 용출되어 일어나며 아연의 중독량은 체중 1 ㎏당 400~500 ㎎으로 주요 증상은 식후 20분~4시간 정도에 메스꺼움, 구토, 설사, 복통, 두통, 경련, 권태감 등을 나타낸다.

(7) 주석

주석(Sn)화합물은 독성이 낮은 것으로 여겨졌으나 근래에는 주스 통조림에 의한 중독사고가 일어나고 있다. 산성 과일제품을 주석 도금한 통조림 통에 담을 때 통조림 관 내면에 도금한 것이 용출하여 식중독을 일으키는데 관 내용물 중 질산이온이 있거나 산성식품에서 산소 존재하에서 용출량이 급격히 증가하는 것으로 알려져 있다. 주스 통조림에서의 허용량은 한국은 150 ppm, 영국은 250 ppm, 미국은 300 ppm으로 되어 있으며, 주석의 중독증상은 섭취 후 30분~1시간에 메스꺼움, 구토, 설사, 복통 등이며, 어른의 중독량은 0.1~0.3 g이다.

(8) 안티몬

안티몬(Sb)은 도자기, 법랑용기의 안료, 식기 등의 재료로 사용되는데 표면은 니켈(Ni) 등으로 도금되어 있어 식품으로 용출되는 경우는 흔치 않으나 도금이 벗겨진 경우 산성식품 존재하에서는 위험하다. 주요 증상으로는 섭취 후 수 분~1시간 정도에 메스꺼움, 구토, 설사, 복통 등의 증상이 나타나고 심하면 경련, 허탈 및 호흡곤란과 심장 마비로 사망한다.

Key point

표 4-2 유해금속의 원인과 증상

유해금속	원인	증상
수은 (Hg)	• 공장폐수 중에 함유되어 있는 유기수은이 어패류 체내에 농축됨. 그 어패류를 섭취 • 가성소다공업, 전기제품, 도료, 약품, 농약 제조에 이용	시력감퇴, 보행곤란, 말초신경마비 등 신경장애, 미나마타병
카드뮴 (Cd)	• 광산에서 배출된 폐수를 벼 재배 시에 관개용수로 사용하여 재배된 쌀이 카드뮴에 오염되어 섭취 • 합금, 전기도금, 배터리, 용접, 도료 중에 널리 이용	이타이이타이병, 골연화증, 단백뇨
납 (Pb)	• 통조림의 땜납, 법랑제품 등의 유약성분으로 사용할 때 식품에 용출 • 도료, 납용융, 제련, 배터리, 인쇄 등이고 그 밖에 크레파스, 유약을 바른 도자기로도 중독	빈혈, 창백한 얼굴, 납연, 말초신경염, 심근마비, 납통증
비소 (As)	• 분유의 안정제인 제2인산나트륨이나 두부에 가해지는 소석회 등에 불순물로 함유 • 첨가물의 불순물로 존재하며 밀가루 등으로 오인하여 중독 • 농약으로부터 식품에 오염	흑피증, 사지의 색소침착, 피부암
구리 (Cu)	• 구리로 만든 기구나 용기가 물이나 탄산에 의해 부식되어 생긴 유독물질인 녹청에 의해 중독	메스꺼움, 구토, 설사, 인후작열감, 두통, 발한, 경련, 사망
아연 (Zn)	• 아연 도금한 조리기구나 산성식품으로 통조림을 취급할 때 용출되어 중독	메스꺼움, 구토, 설사, 두통, 경련, 권태감
주석 (Sn)	• 주스 통조림 등에서 물 속의 질산이온에 의해 용출되어 중독을 유발	메스꺼움, 구토, 설사, 복통
안티몬 (Sb)	• 도자기, 법랑용기의 안료, 식기 등의 재료로 사용된 후 도금이 벗겨진 경우 산성식품 존재하에서 용출	메스꺼움, 구토, 설사, 복통, 경련, 허탈, 호흡곤란, 사망

2) 합성수지

합성수지는 인공적으로 합성시켜 얻어진 고분자화합물로 열가소성 수지와 열경화성 수지로 나누어진다. 합성수지는 경제성, 가공성, 유연성, 내수성, 내구성 등의 특성을 가져 다양한 분야에 적합한 재료로 사용된다. 하지만 합성수지는 성형, 가공, 사용상의 문제로 단량체나 첨가제 등 유해성분이 용출되기도 하며 또한 첨가제의 사용으로 잔류나 용출되어 독성을 일으키기도 한다.

(1) 열경화성 수지

열경화성 수지는 가열하면 유동성을 지니게 되고 냉각하면 딱딱하게 되어 식어도 다시 유연해지지 않는 성질을 가지게 된다. 이것은 가열에 의해 망상의 화학결합이 진행하여 분자가 자유로이 움직이지 않기 때문이다. 열경화성 수지의 종류는 페놀수지, 요소수지, 멜라민수지 등이 있는데 이들 수지는 내열성을 가지고 있지만 주로 포름알데히드formaldehyde의 용출이 문제되고 있다. 각 수지의 종류 및 용도는 표 4-3과 같다.

표 4-3 열경화성 수지 종류 및 용도

수지명	용도
페놀수지	식기, 냄비손잡이, 주발 및 찬합
요소수지	화장품 용기, 쟁반
멜라민 수지	단체급식용 식기, 젓가락, 쟁반

(2) 열가소성 수지

열가소성 수지는 열을 가하면 물렁해지고 냉각하면 딱딱해지는 합성수지를 말한다. 열경화성수지와 반대로 다시 열을 가하면 모양의 변화가 가능하기 때문에 다양한 용도로 응용되고 있다. 이 수지의 경우는 포름알데히드의 용출에 의한 독성은 없으나 제조 원료인 단량체와 가소제, 안정제, 착색제와 같은 첨가제의 용출이 문제가 되고 있다. 종류로는 염화비닐수지, 초산비닐 수지, 폴리스티렌, 아크릴수지, 폴리에틸렌, 폴리프로필렌 등이 있다 표 4-4.

표 4-4 열가소성 수지 종류 및 용도

수지명	용도	유해물질
폴리에틸렌(PE)	병, 용기, 물통, 바구니	
폴리프로필렌(PP)	과자나 빵 포장 필름	
폴리스틸렌(PS)	아이스크림이나 유산균 음료 용기, 컵라면 용기	스틸렌
폴리카보네이트(PC)	유아용 젖병, 생수통	비스페놀 A
염화비닐수지(PVC)	병, 식육제품 플라스틱 랩 필름	염화비닐(맹독성)

5 식품의 조리, 가공 시 생성되는 유해물질

1) 메탄올

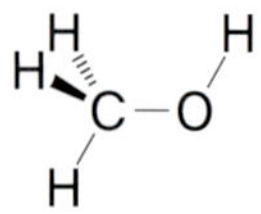

methanol

메탄올methanol은 과실주 및 정제가 불충분한 증류주에 미량 함유되어 두통, 현기증, 구토가 생기고, 심할 경우 정신이상, 시신경에 염증을 일으켜 실명하거나 사망에 이르게 된다. 메탄올은 알코올 발효에서 펙틴petcin이 존재하면 생성되는 것으로 포도주, 사과주 등의 과실주의 정제가 불충분한 주정과 증류주에 미량 함유되어 있다. 따라서 메탄올의 함유 허용량은 일반 발효주인 경우에는 0.5 mg/mL 이하, 과실주인 경우에는 1 mg/mL 이하로 규제하고 있다. 메탄올은 생체 내에서 알코올 분해효소alcohol dehydrogenase에 의해 대사되어 포름알데히드formaldehyde, 개미산formic acid를 거쳐 이산화탄소로 된다. 대사산물인 포름알데히드는 망막조직에 손상을 주어 메탄올에 중독되는 경우 시각장애와 실명이 될 수 있다.

2) Nitroso화합물

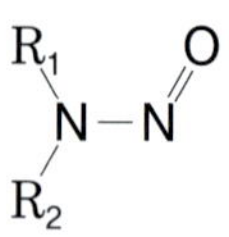

N-nitrosamine

Nitroso화합물N-nitrosamines은 아질산염이 아민amine이나 아미드amide류와 반응하여 생성하는 화합물로 햄, 소시지 등의 제조 시에 발색제로 사용되는 아질산염과 식품 중의 2급 아민으로부터 산성 조건하에서 생성되기도 하고, 체내에서 생성되기도 한다. 아민기에 니트로소기(−N=O)가 결합된 형태인 니트로사민nitrosamine은 아민기에 연결된 탄소수와 구조에 따라 매우 다양한 종류의 니트로사민을 형성한다. 이들은 동물실험결과 발암성을 나타내는 매우 독성이 강한 물질로 문제가 제기되었다. 그러나 아질산염은 식육 및 어육제품의 가공 중에 첨가되어 식품 중에서 치사율이 높은 보툴리누스균*C. botulinum*의 성장 및 독소생성을 억제할 뿐만 아니라 근육 자체의 환원력과 첨가된 아스코르브산염ascorbate 등의 환원제에 의해 일산화질소(NO)로 변환되어 육색소인 미오글로빈myoglobin과 작용하여 니트로실헤모크롬nitrosylhemochrome을 생성하여 발색을 양호하게 하며 지방의 산패도 억제하는 효과를 나타낸다.

3) 다환방향족 탄화수소

다환방향족 탄화수소polycyclic Aromatic Hydrocarbons, PAHs는 산소가 부족한 상태에서 식품이나 유기물을 가열할 때 생기는 타르상 물질의 구성성분으로 그 중 벤조필렌benzo(α) pyrene은 강력한 발암성 물질로 알려져 있다 그림 4-1. 다환방향족 탄화수소는 300℃ 또는 그 이상의 고온에서 촉진되며 이는 식품을 굽거나 튀길 때 생성될 수 있는 온도범위이다. 특히 훈연된 식품에서는 나무나 다른 연료를 태울 때 불완전 연소로 생성된 다환방향족 탄화수소가 제품에 오염되는 것으로 알려져 있다. 이들은 강력한 발암성 물질로 알려져 있으며 생체 내에서 지방의 과산화물을 일으켜 말론알데히드malonaldehyde의 생성을 촉진시킨다. 그러나 벤조필렌을 포함한 기타 PAHs 성분들은 실험동물에서 단독으로는 암이 유발되지 않았고 열분해 산물을 함께 투여 했을 때 암이 생성되어 타르tar 중 여러 가지 화학성분의 복합적인 작용에 의한 것으로 추정하고 있다.

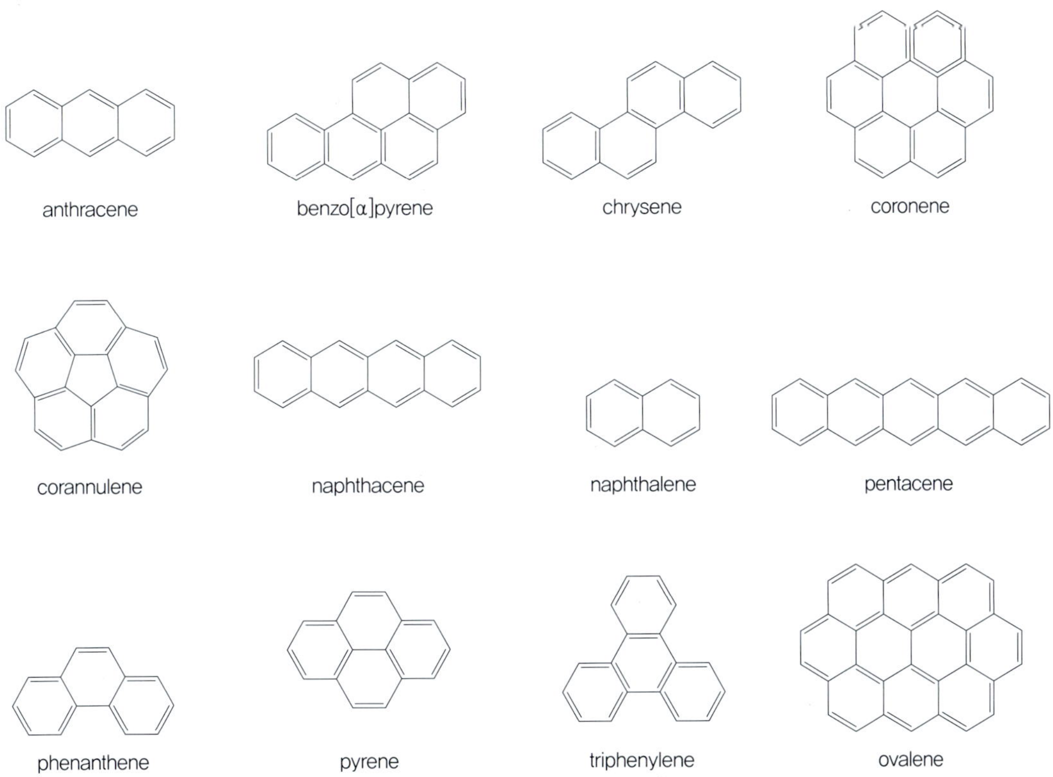

그림 4-1 | PAH 화합물

4) 헤테로고리아민류

헤테로고리아민류heterocyclic amines는 아미노산이나 단백질의 열분해에 의하여 여러 종류가 생성된다. 식품 자체 또는 아미노산, 단백질들을 300℃ 이상의 높은 온도에서 가열할 때 얻어지는 타르tar나 연기로부터 여러 가지 열분해산물을 분리, 확인되었다. 이들의 돌연변이 유발능을 시험한 결과 그 역가는 아미노산의 종류에 따라 다르며, 특히 트립토판tryptophan 분해물인 Try-P-1, Try-P-2 성분은 매우 강력하였다. 또한 300℃ 이하의 일상적인 조리온도에서도, 특히 육류식품에 많은 당분을 첨가할 때 돌연변이 유발능이 높아진다는 사실도 알려졌다. 볶은 콩류와 곡류, 구운 생선과 육류 등에서 다량 발견되며, 이 외에도 메일라드maillard 반응에 의해서도 생성된다는 사실이 밝혀진 바가 있고 발암성이 문제가 된다.

5) 지질의 산화생성물

지질의 산화생성물인 하이드로과산화물hydroperoxide과 말론알데히드malonaldehyde는 유지를 고온에서 가열하면 유지 성분이 변화되어 생성되는 것으로 과산화물, 분해산물, 중합체는 동물에게 독성을 나타낸다. 지질의 산화생성물 중에는 과산화물인 하이드로과산화물류와 그 2차 산화생성물의 독성이 가장 잘 알려져 있는데 하이드로과산화물류는 급성 중독증으로 구토, 설사를 일으키고, 만성중독 시에는 동맥경화, 간장장애, 노화를 일으킨다. 산화 유지는 동물에서 국부적 종양을 일으킨다. 쥐에서 기형 유발성을 증가시키고 있는데 그 이유는 여러 가지 비타민이 산화 유지에 의한 분해에 의하여 일어나는 2차적인 비타민 결핍증 때문인 것으로 생각되고 있다. 또 산화생성물인 말론알데히드는 유지산패의 지표로 발암성 물질로서 장기간 지나치게 가열을 받은 유지에서 다량 검출된다.

6) 아크릴아마이드

아크릴아마이드acrylamide는 굽거나 튀긴 탄수화물 식품에서 생성된다는 결과가 발표되었는데 이는 120℃ 이상의 고온 조리 과정 중에 부산물로 만들어지는 물질로써 조리

전에는 검출되지 않지만 발암성이 있다고 알려져 있다. 탄수화물이 많은 식품을 고온처리할 때 생성되지만 저온처리했을 때는 생성되지 않는다.

Key point

표 4-5 식품의 조리·가공 시 생성되는 유해물질

구분	유해물질
nitroso화합물	N-nitrosamine
가열식품 중의 발암·변이원성 물질	다환방향족 탄화수소(polycyclic aromatic hydrocarbons, PAHs) 헤테로고리아민류(heterocyclic amines)
지질의 산화생성물	n-hexanal 2-hexenal 2-hydroxyhexanal hydroxyaldehyde 4-hydroperoxy alke-2-enal methyl linolate hydroperoxide

6 환경오염 물질

1) 다이옥신

(1) 특성

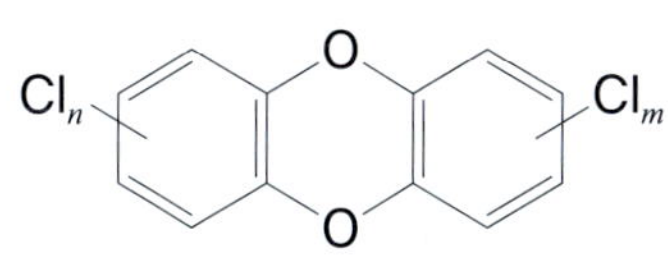

dioxin

다이옥신dioxin은 두 개의 벤젠고리dibenzo-*p*-dioxin가 2개의 산소와 결합하여 3개의 고리를 갖는 구조이며, 그 외에 염소가 결합되어 있는 방향족 화합물이다. 화학구조는 매우 안정하며 상온에서 무색의 결정으로 극성이 없어 물에 잘 녹지 않는다. 그러나 지방에 잘 녹기 때문에 몸으로 들어가면 소변으로 배설되지 않고 지방조직에 축적된다. 다이옥신의 생성은 제초제인 2,4,5-trichlorophenoxy acetate(2,4,5-T)를 제조할 때 부산물로 TCDD가 생성되고 석탄, 석유 등을 쓰는 발전소, 자동차나 도시가스 염소 등의 세정수에서도 다이옥신이 검출된다.

(2) 발생원인 및 흡수경로

다이옥신은 염소를 함유하고 있는 유기화합물이 탈 때 생성될 수 있으며 현재는 쓰레기를 불태울 때 주로 발생하여 대부분의 국가에서 소각시설에서 배출되는 다이옥신의 양을 줄이기 위해 여러 가지 노력을 기울이고 있다. 석탄, 석유 등을 사용하는 발전소, 자동차 배기가스, 도시가스의 세정수, 각종 PVC제품 등 쓰레기 소각과정에서도 극히 미량이지만 다이옥신이 생성된다. 또한 베트남 전쟁 시에 다이옥신이 다량 함유된 고엽제로 인해 지금도 그 후유증이 나타나고 있다.

다이옥신이 환경오염물로서 중요한 이유는 강력한 독성과 만성적인 영향이 크고, 환경시료에서 미량의 다이옥신 분석이 어려우며, 환경에서의 잔류성이 크다는 것이다. 그리고 독특한 화학적 성질 때문에 생물농축계수가 지나치게 크기 때문에 흡수량의 97% 이상이 음식물을 통해서 흡수되며 약 3% 이하만이 호흡기를 통해서 흡수된다고 한다. 가장 일반적인 흡수경로는 쇠고기, 돼지고기, 닭고기, 우유 등에 함유된 지방을 통해서이며 호흡기를 통한 방법은 담배연기가 가장 일반적이다.

(3) 관리방안

다이옥신의 발생을 최소화할 수 있는 방법은 염화비닐이나 염화비닐리덴 등의 염소가 들어간 것은 태우지 않고 불완전 연소를 시키지 않으며, 태울 때는 850℃ 이상의 고온으로 태우며 집진기의 온도를 200℃ 이하로 하는 것이다.

2) 내분비계 장애물질

(1) 내분비계 장애물질의 개념

내분비계 장애물질endocrine disruption chemicals, EDCs의 정의를 살펴보면 미국 환경보호청Envarinmental Protection Agency, EPA에서 "항상성 유지와 발육과정의 조절을 담당하는 체내의 자연호르몬의 생산, 방출, 이동, 대사, 결합, 작용 혹은 배설을 간섭하는 체외물질"이라고 정의하였다. 내분비계 장애물질은 내분비계의 정상적인 기능을 방해하는 화학물질로서 환경 중 배출된 화학물질이 체내에 유입되어 마치 호르몬처럼 작용한다. 이런 장애물질은 환경에 영향을 끼칠 뿐만 아니라 순리적인 생태계의 균형을 깨뜨리고 결과적으로 사람들의 건강에까지 해를 입히게 된다 표 4-6.

표 4-6 내분비계 장애가 우려되는 물질 및 주변 생활용기

세계생태보전기금의 분류 67종	일본 후생성의 분류 142종	내분비계 장애물질의 용출이 우려되는 생활용품
• 다이옥신류 등 • 유기염소물질 6종 • DDT 등 농약류 44종 • 펜타-노닐페놀 • 비스페놀 A • 디에틸헥실프탈레이트 등 프탈레이트 8종 • 스티렌 다이머, 트리머 • 벤조피렌 • 수은, 납, 구리 등 중금속 3종	• 프탈레이트 에스테르 등 • 플라스틱에 존재하는 물질 17종 • 다이옥신 등 사업장 및 환경오염 물질 21종 • 농약류 75종 • 수은 등 중금속 3종 • DES 등 합성 에스트로겐 8종 • 식품 및 식품첨가물 3종 • 식물에 존재하는 에스트로겐 유사 호르몬 6종	• 플라스틱 용기, 음료캔, 병마개, 수도관의 내장 코팅제, • 치과 치료 시 이용되는 아말감 : 비스페놀 A • 합성세제 : 알킬페놀 • 컵라면 용기 : 스티렌다이머, 트리머 • 폐건전지 : 수은

출처: 이강숙, 2008

(2) 내분비계 장애물질이 미치는 영향

최근 들어 환경에 널리 퍼져 있는 다양한 화합물들이 호르몬 수용체에 결합하여 에스트로겐성, 항에스트로겐성, 안드로겐성, 또는 항안드로겐성 영향을 나타낸다고 제기하고 있다. DDT와 그 대사체인 DDE, PCBs, dioxin과 같은 유기염소계 화합물 등의 환경 에스트로겐성 화합물은 다양한 종에서 성적 발달과 연관성이 있는 것으로 밝혀져 남성에서는 소아의 생식기형의 증가, 정자수 등의 생식력 저하 생식기 관련 암의 증가를 유발하고, 여성의 경우 유방암, 생식기관련 암의 증가가 보고되고 있으며, 또한 태반 내에서 이와 같은 화학물질의 고농도에 노출되면 성장기에 지능 발달이 저하되는 것으로 보고되고 있다. 또한 많은 환경오염 물질은 인간이나 야생동물 또는 실험실 동물에서 갑상샘호르몬에 변화를 준다는 보고가 있었다.

(3) 내분비계 장애물질 관리방안

식품이 오염된 것을 확인하기 위해 정부의 관리대책이 필요하며, 일부 유독물질의 농도는 소비 단계에서 감소 또는 제거될 수 있으며 관리방안은 다음과 같다 표 4-7.

표 4-7 **생활환경에서 내분비계 장애물질 관리방안**

생활환경에서 관리방안	
1. 음식물 및 용기	• 지방질이 많은 육류보다는 곡류, 채소, 과일이 풍부한 식단 선택 • 전자레인지에 플라스틱 또는 랩으로 음식을 씌워 데우는 일 삼가 • 과일이나 채소는 흐르는 물에 깨끗이 씻고 되도록 껍질을 벗겨 섭취 • 1회용 식품용기 사용 자제
2. 생활 주변 관리	• 파리, 모기 등 해충 구제를 위한 살충제의 과도한 사용 억제 • 주거지 주변의 정원이나 텃밭에 농약 살포 자제 • 플라스틱 제품을 어린이가 입에 대지 않도록 주의 • 폐건전지, 파손된 수은 온도계, 형광등 등과 같은 유해 폐기물의 적절한 처리 • 세척력이 지나치게 강한 세제의 사용 자제, 손의 청결 유지
3. 소비자로서의 선택	• 세제를 사용할 때는 내분비계 장애물질이 함유된 세제 사용자제 • PVC가 포함된 어린이용 장난감 구매 자제
정부의 관리대책	
1. 실제 또는 잠재적 위험성에 따른 관리대상 물질의 우선순위 선정 2. 내분비계 장애물질에 대한 환경 및 인간건강에 영향을 미치는 농도 이하의 환경기준치 설정 및 모니터링 3. 내분비계 장애물질의 환경 중 방출을 최소화하기 위한 배출목록 작성 및 보고제도 운영 4. 농약의 의존도를 낮추기 위한 대체물질, 품종 및 방법의 개발, 청정생산 기술 장려 및 지원 5. 대체물질 개발에 대한 지침 마련 6. 대상물질의 내분비 장애 정도를 측정할 수 있는 방법과 환경 중 규제치를 감시할 수 있는 지표 개발	

출처: 이강숙, 2008

3) 방사성 물질

(1) 방사능

방사능이란 1896년 프랑스 물리학자 베크럴A. H. Bequrel에 의해 처음 발견된 것으로 불안전한 원소의 원자핵이 붕괴하면서 α, β, γ 등의 방사선을 방출하는 현상을 말한다. 인체는 방사능에 오염된 식품에 의해 내부 피폭의 우려가 있으며, 방사능에 피폭되었을 때는 방사선 양에 따라 임상증상이 없거나 구토와 설사를 발현, 암을 유발하기도 한다.

핵폭발 실험은 '죽음의 재'라고 불리는 방사능 낙진fall-out을 생성하며, 1945년 미국을 시초로 1949년 소련, 1952년 영국, 1960년 프랑스, 1965년 중국 등이 대기권, 우주, 수중, 지하 등에서 실시함으로써 광범위한 방사능 오염지대를 형성하였다. 1986년 4월 26일에는 우크라이나에서 체르노빌 원자력발전 사고가 일어나 10일 동안 방사능 물질이 유출되었으며, 인근 국가의 채소, 과일, 유제품뿐만 아니라 핀란드 남부, 스웨덴 등에서도 검출이 되었다. 현재 우리나라에서는 핵 오염사고로부터 소비자의 건강보호를 위하여 1989년부터 기준을 설정하여 관리하고 있다.

방사선 핵종radionuclide은 방사선을 자발적으로 내고 붕괴하는 원자핵으로 현재 ^{238}U을 비롯하여 약 1,700종이 존재한다. 식품과 관련된 대표 핵종 표 4-8과 방사능 단위 및 특징 표 4-9은 다음과 같다.

표 4-8 식품과 관련된 방사선 대표 핵종

특성	핵종(반감기)
α 방출	^{235}U(7.0×10^8년), ^{238}Pu(87.7년), ^{239}Pu(2.4×10^4년), ^{240}Pu(6540.0년), ^{241}Am(432.0년)
β 방출	^{3}H(12.4년), ^{14}C(5730.0년), ^{35}S(87.3일), ^{89}Sr(50.5일), ^{90}Sr(29.1년), ^{99}Tc(2.1×10^5년), ^{129}I(1.6×10^7년)
γ 방출	^{60}Co(5.3년), ^{103}Ru(39.3일), ^{106}Ru(1.0년), ^{131}I(8.0일), ^{134}Cs(2.1년), ^{137}Cs(30.1년), ^{144}Ce(284.9일), ^{192}Ir(73.8일)

출처 : 식품의약품안전처, 식품안전정보서비스 식품나라 웹사이트

표 4-9 방사능 단위 및 특징

단위		특징
방사능	Bequrel(Bq) 베크럴	1초 동안 1개의 방사선을 방출 1 Bq = 2.7 × 10^{-11} Ci (Ci : Curie, 큐리, 라듐 1g당의 방사능에 상당)
등가선량	Sivert(Sv) 시버트	unit of does equivalent 1 Sv = 1 J/kg (rem : Roentgen equivalent man, 렘)
조사선량	Colugn(C/kg) 쿨롱	공기에 대한 조사선량으로 γ선, x선에 사용 1 C/kg = 3.88 × 10^3 R (R : Roentgen, 렌트겐)

출처 : 식품의약품안전처, 식품안전정보서비스 식품나라 웹사이트

(2) 방사성 물질의 식품오염 경로

방사성 물질의 식품오염 경로는 크게 음료수, 식물체, 수산물, 축산물로 나누어 볼 수가 있다. 음료수에는 빗물, 수돗물, 우물물이 있으며 가장 문제가 되는 것은 빗물이다. 빗물을 음료수로 사용해서는 안 되는데 그 이유는 방사성 강하물이 지표에 떨어질 때 가장 오염을 받기 쉽기 때문이다.

농작물, 채소 등의 식물체에서는 방사성 강하물이 뿌리를 통해 토양으로부터 흡수되거나 표면에 부착 또는 직접 흡수되어 오염된다. 수산물은 방사성 강하물이나 원자력 발전시설에서 방류되는 방사성 핵종이 수중에서 어패류나 해조류의 체표면에 직접 흡수되거나 아가미, 먹이를 통해 섭취가 되어 오염이 된다.

마지막으로 축산물은 가축을 통한 2차적인 오염으로 가축의 오염과 가장 밀접한 것은 사료와 음료수로 알려져 있다.

Key point

표 4-10 ^{90}Sr, ^{137}Cs, ^{131}I의 비교

	^{90}Sr	^{137}Cs	^{131}I
방사선	β선 방출	β선 방출	β, γ선 방출
표적조직	뼈	연골, 내장	갑상샘
유효 반감기	16년	108일	7.6일
물리학적 반감기	28년	30년	8.1일
특징	배설이 매우 완만하고 백혈병, 조혈기능 장애, 골수암 등을 일으킴	장기간 체류는 하지 않으나 생성률이 비교적 크고 흡수가 잘됨	반감기가 짧지만 생성률이 크기 때문에 문제가 됨

5 자연독 식중독

1 | 동물성 식중독

2 | 식물성 식중독

3 | 곰팡이 독

5

자연독 식중독은 자연에 존재하고 있는 유독한 동·식물을 잘못해서 섭취하거나 정상적인 조리방법에 따르지 않아 일으키는 식중독으로 동물성 자연독과 식물성 자연독으로 구분된다. 중독증상은 단순한 위장염, 신경증상 등을 비롯하여 다양하게 나타나며 예방하기 위해서는 충분한 지식을 습득하고 올바른 감별법을 터득하는 것이 좋다.

1 동물성 식중독

자연독 식중독은 자연에 존재하고 있는 유독한 동·식물을 잘못해서 섭취하거나 정상적인 조리방법에 따르지 않아 일으키는 식중독으로 동물성 자연독과 식물성 자연독으로 구분된다. 중독증상은 단순한 위장염, 신경증상 등을 비롯하여 다양하게 나타나며 예방하기 위해서는 충분한 지식을 습득하고 올바른 감별법을 터득하는 것이 좋다.

동물성 자연독에 의한 식중독 중 사망률이 제일 높은 것이 복어독이며, 패류 독은 연안 해수의 오염으로 유독 플랑크톤의 증식이나 적조의 잦은 발생으로 독화되어 발생된다.

1) 복어독

복어는 세계적으로 널리 분포되어 있으며 그 종류는 분류학적으로 100여 종에 이르고, 우리나라 해안에서 발견되는 것만도 약 20여 종이 있다. 복어의 독성은 종류, 부위, 계절 등에 따라 달라지는데 맹독복어에는 검복, 매리복, 졸복, 황복, 복섬이 있다.

(1) 특징

복어독의 독성물질은 테트로도톡신tetrodotoxin으로 약염기성으로 물에 녹지 않으며 열에 안정하여 끓여도 파괴되지 않는다. 사람에 대한 치사량은 0.5～2 mg이며, 복어의 간장과 난소에 5,000 MU의 독력이 있는 종류도 있으며, 사람의 치사량은 10,000 MU 정도이다.

독성물질은 복어의 알과 난소, 고환, 간, 내장, 피부 등에 함유되어 있는데 난소 > 간장 > 장 > 피부 > 육질·혈액 순으로 독력이 강하다. 복어독의 주 원인인 난소와 간장은 독력이 매우 강하고 그 다음으로 장의 독력이 강하며 피부는 흑색이면 무독하지만 다갈색이나 암록색계는 강하다. 육질은 다소 독이 있는 종류도 있지만 정상적인 섭취량이면 중독되는 일은 거의 없다. 계절적으로는 산란기 직전인 4~6월에 독력이 강하다.

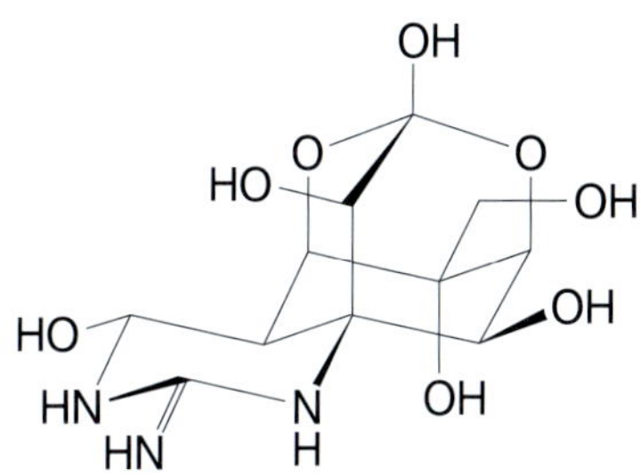

테트로도톡신

Mouse Unit(MU)

복어독의 독력 단위는 Mouse Unit(MU)로 표시한다. 1 MU란 20 g되는 실험용 쥐를 15분 이내에 죽일 수 있는 독량을 말한다. 테트로도톡신은 그 구조식에서 알 수 있듯이 자외부에 흡수되지 않고 형광도 없으며, 예민한 정색시약도 알려져 있지 않다. 따라서 이화학적 시험에 의한 정량이 곤란하므로, 현재는 복어장기 중의 테트로도톡신 양은 체중 20 g의 실험용 쥐를 15분에 사망시키는 독량을 1 마우스단위(Mouse Unit)로 하는 생화학적 시험법에 의해 측정된다. 사람의 치사량은 10,000 MU 정도이고, 1,000 MU 이상은 맹독, 10 MU 이하를 무독으로 간주한다.

(2) 중독증상

증상은 식후 30분~5시간 만에 발병하며 마비를 특징으로 단계적으로 진행되어 혀의 지각마비, 구토, 감각둔화, 보행곤란, 골격근의 마비, 호흡곤란, 의식혼탁, 의식불명, 호흡정지로 사망에 이르며 진행속도가 빠르고 해독제가 없어 치명률(60%)이 높다. 일반적으로 치사시간은 4~6시간인데, 8시간 이내에 생사가 결정되며 회복도 빠르고 후유증도 없다.

테트로도톡신의 단계별 증상

- 제1단계 : 입 주위·혀의 지각마비, 손절임, 오심, 구토
- 제2단계 : 구토 후 운동장애, 지각마비, 언어장애가 심해짐, 호흡곤란·혈압저하, 의식뚜렷
- 제3단계 : 완전한 운동마비, 호흡곤란·혈압저하가 심해짐, cyanosis, 의식혼탁
- 제4단계 : 의식혼탁, 호흡정지로 사망

(3) 예방법

예방법으로는 전문 조리사가 요리하며, 난소, 간, 내장 등 유독 부위의 폐기를 철저히 하고 독이 많은 산란 직전(5~6월)에 섭취하는 것을 주의한다.

2) 조개류 독

(1) 베네루핀

베네루핀venerupin은 모시조개, 바지락, 굴에 함유된 조개독으로 우리나라에서는 1968년, 1969년에 거제도와 1974년에 삼척과 속초에서 발생한 바가 있는 독으로 모두 바지락에 의한 식중독 사건이였다. 베네루핀은 5~9월인 한여름에 매우 강하며, 열에 안정한 간독소를 함유하고 있어 pH 5~8에서 100℃로 1시간 가열하여도 파괴되지 않는다. 그러나 pH 9에서는 오랫동안 가열할 경우 파괴된다.

중독증상은 보통 섭취 후 24시간 이내에 나타나며 주요 증상은 오한, 복통, 구토, 변비 증세와 출혈반점, 간기능 저하, 토혈, 혈변, 혼수가 나타나며, 심해지면 포혈, 뇌증상과 의식장해를 일으켜 7일 이내에 사망한다. 치사율은 50% 정도로 비교적 높은 편이다.

(2) 삭시톡신

삭시톡신saxitoxin은 섭조개(홍합), 대합조개에 함유된 마비성 조개중독으로 1970년 알래스카에서 페트로프Petroff 탐험대원에게 섭조개에 의한 중독이 발생한 것이 최초의 보고이다. 삭시톡신이라는 열에 안정한 신경마비성 독소를 함유하며 적조현상을 나타내는 바닷말의 급속한 성장에 의해 2~4월에 많이 발생(5~9월, 특히 한여름철에 독성이 가장 강함)하며, 이외에도 유사화합물인 고니오톡신gonyautoxin, GTX, 프로토고니오톡신protogonyautoxin, PX 등 10여 종의 구아니딜guanidyl 유도체가 발견되었다.

중독증상은 급격히 진행되며 통상 식후 30분 무렵에 혀·입술의 마비로 시작해 사지가 마비되고 심해지면 언어장애, 운동장해가 온다. 마비가 진행되면 호흡마비로 사망한다. 치명률은 10% 정도이다.

3) 기타 어패류 독

(1) 시가테라

시가테라ciguatera는 독꼬치, 곤들메기 등에도 유독성분이 함유되어 있으며, 열대나 아열대 해역에 사는 여러 종류의 어패류는 신경계 마비를 주요 증상으로 하는 시가톡신ciguatoxin 또는 시가테린ciguaterin를 함유하고 있어 시가테라 중독을 일으키기도 한다.

(2) 설사성 패류 독

설사성 패류 독diarrhetic shellfish poison는 검은조개, 큰가리비, 모시조개 등에 존재하며 물에 녹지 않는 설사성 독으로 식중독을 일으키기도 한다. 설사성 조개중독은 1976년 일본에서의 집단 식중독 사고에서 처음 발생하였으며, 중독증상으로 소화기계 장해가 주로 일어난다.

(3) 망각성 패류 독

망각성 패류 독amnestic shellfish poison 중독은 1987년 홍합 섭취 후 증상이 처음 보고 되었으며, 섭취 24시간 내에 구토, 설사, 복통을 일으키며 48시간 이내에 건망증, 심한 경우 발작이나 혼수상태 등의 신경증상을 나타낸다. 원인물질은 바닷말을 생성하는 도모산domoic acid이며 겨울철에 합성이 증가한다.

(4) 테트라민

테트라민tetramine 중독은 육식성 권패소라고둥과 조각매물고둥 권패의 타액선에 존재하는 테트라민으로 식중독을 일으킨다. 식후 30분 정도에서 발명하며 두통, 현기증, 메스꺼움 등의 증상이 나타나며 비교적 가벼운 증세를 보인다.

2 식물성 식중독

1) 독버섯

버섯에 의한 식중독은 우리나라의 식물성 자연독 중 가장 많으며 주로 가을철에 발생한다. 독버섯을 섭취하였을 경우 실제 사망에 이르는 경우는 많지 않지만 다양한 중독증상을 보인다. 그것은 버섯 종류에 따라 함유하는 독소의 종류가 다르고 독소에 따라 다른 증상을 보이기 때문이다. 독버섯의 종류로는 무당버섯, 알광대버섯, 화경버섯, 미치광이버섯, 광대버섯, 외대버섯, 웃음버섯, 땀버섯, 끈적버섯, 마귀버섯, 깔때기버섯 등이 있으며, 이들의 주요 독성성분은 무스카린muscarine, 무스카리딘muscaridine, 팔린phaline, 아마니타톡신amanitatoxin, 콜린choline, 뉴린neurine 등이다.

(1) 독버섯의 종류

① 화경버섯

화경버섯*Lampteromyces japonicas*은 송이과 화경버섯속으로 분류되며 무리지어 발생한다. 갓의 형태는 반원형 또는 콩팥형이며 자루조직은 짙은 자색 및 흑갈색이며 밤에는 발광하는 특성을 가진다.

유독성분은 람테롤lamterol로 알려졌으며 일루딘 에스illudin S와 동일성분임이 밝혀졌다.

주요 증상은 구토, 설사, 복통과 같은 위장증세를 나타내며 구토증상이 오래 지속되나 사망은 거의 없다.

화경버섯(출처 : 농진청)

② 알광대버섯

알광대버섯*Amanita phalloides*은 광대버섯과 광대버섯속으로 분류되며 맹독성분을 가진다. 갓지름이 7~8 cm 정도이며 키가 20 cm로 대는 흰색이며, 위쪽으로 턱받이가 있으며 아래쪽으로 대주머니가 있다.

유독성분은 아마톡신amatoxin과 팔로톡신phallotoxin이 있다. 아마톡신은 간장, 신장 등의 세포괴사, 조직파괴를 일으켜 사망에 이르게 한다.

알광대버섯(출처 : 산림청)

주요 증상은 식후 6~24시간에 설사, 구토, 복통을 일으키며 간장, 신장 조직의 괴사가 진행되고 혼수상태로 빠져 사망한다.

③ 광대버섯

광대버섯*Aminita muscaria*은 광대버섯속의 한 종류로 갓은 호빵 모양에서 편편하게 변하여 표면에 흰색 사마귀가 존재하는 것이 특징이다.

유독성분은 무스카린muscarine, 무시몰muscimol, 이보텐산ibotenic acid으로 부교감신경 흥분작용을 일으킨다.

주요 증상은 섭취 후 발한, 구토, 설사, 환각 증상을 일으키며 다량 섭취할 경우 독성이 강하게 나타나서 경련, 혼수상태에 이르기도 한다.

④ 미치광이버섯

미치광이버섯*Gymnopilus spectabilis*은 끈적버섯과 미치광이버섯속으로 분류되며 표면, 주름, 대, 살이 모두 진한 황갈색을 띤다.

유독성분은 사일로시빈psilocybin, 사일로신psilocin으로 환각 등을 수반하는 흥분작용을 일으킨다.

⑤ 독깔대기버섯

독깔대기버섯*Clitocybe acromelalga*은 송이과 깔대기버섯속으로 분류되며 갓은 깔대기 모양이며 표면은 끈기가 없고 매끈하며 등갈색 또는 황갈색을 띤다. 대는 세로로 잘 갈라지며 표면은 갓과 같은 색이다.

유독성분은 클리티딘clitidien, 아크로멜산 A, Bacromelic acid A, B가 분리되었다.

주요 증상은 섭취 4~8일이 되면 손끝과 발끝이 붓고 붉어지며 화상을 입은 것과 같은 심한 통증을 느끼며 통증은 1개월 정도 지속될 수 있지만 치명적이지는 않다.

(2) 독버섯의 중독증상에 따른 분류

① 위장장애형

중독증상으로 구토, 복통, 설사 등을 일으키며 회복은 빠르고 사망률은 낮다. 화경버섯, 외대버섯, 삿갓외대버섯, 노랑다발버섯 등이 있다.

Key point

표 5-1 독성성분에 따른 버섯 종류 및 특징

독성성분	버섯 종류	특징 및 증상
아마니타톡신 (amanitatoxin)	알광대버섯, 독우산광대버섯, 흰알광대버섯	• 강한 맹독성 • 내열성 • 간장·신장의 조직을 파괴 • 아마톡신군 : 독성이 매우 강하고 지효성 • 팔로톡신군 : 비교적 독성이 약하고 속효성
무스카린(muscarine)	땀버섯, 광대버섯, 마귀광대버섯(파리버섯)	• 맹독성 • 부교감신경 흥분 : 발한, 체액의 분비항진, 축동, 호흡곤란 위장 경련성 수축, 구토, 설사, 방광 및 자궁수축, 맥박 느려짐
무스카리딘(muscaridine)	광대버섯	• 아트로핀과 비슷한 뇌증상
콜린(choline)	삿갓외대버섯	• 독성이 약함 • 무스카린과 비슷
뉴린(neurine)		• 부패작용에 의해 콜린에서 생성 • 무스카린과 비슷
팔린(phaline)	알광대버섯, 독우산광대버섯	• 맹독성 • 강한 용혈작용 • 콜레라상의 증상, 구토, 설사 • 열에 약해 가열로 파괴
필츠톡신(pilztoxin)		• 균독소 • 열, 건조에 약함 • 반사항진, 평형장애, 강직성 경련
뷰포테닌(bufotenine)	광대버섯	• 환각, 발한, 구역질, 동공확대, 우울증
사일로시빈(psilocybin), 사일로신(psilosin)	미치광이버섯, 목장말똥버섯	• 환각작용
지로미트린(gyromitrin)	마귀곰보버섯	• 황달, 경련, 빈혈
일루이딘에스 (illudin S, lampterol)	화경버섯	• 심한 구토, 심한 위장장해
이보텐산(ibotenic acid), 무시몰(muscimol)	마귀광대버섯, 광대버섯	• 파리 살충성분 • 진정작용
트리콜로민산 (tricholomic acid)	독송이	• 파리 살충성분
아크로멜산(acromelic acid)	깔때기버섯	• 불에 덴 것 같은 손·발의 통증

② 콜레라증상형

중독증상으로 콜레라cholera 같은 심한 위장장애 증상에 이어서 간장장해와 신장장해, 혼수, 경련 등을 일으키고 사망하기도 한다. 알광대버섯, 독우산광대버섯, 흰알광대버섯 등이 있다.

③ 뇌증형

중독증상으로 환각, 흥분, 마비, 혼수 등을 일으키며 회복은 빠르고 사망률은 낮다. 미치광이버섯, 환각버섯, 광대버섯 등이 있다.

④ 신경계장애형

중독증상으로 발한, 경련 등이 일어나고, 특히 땀버섯속은 땀분비선의 분비를 증가시켜 땀이 심하게 나고 심장박동을 완만하게 하며 경련성 수축이 여러 장기에서 관찰된다. 땀버섯, 광대버섯, 마귀광대버섯 등이 있다.

(3) 독버섯의 감별법

독버섯은 색이 아름답고 선명하며 매운맛과 신맛, 쓴맛이 있으며 줄기가 세로로 갈라지지 않고 유즙을 분비하고 점성이 있다. 공기 중에서 변색하고 악취가 난다고 알려져 있으며 감별법으로는 은수저를 문지르면 검게 변한다. 그러나 독버섯에는 예외가 많으므로 주의를 해야 한다.

2) 감자

감자의 독성물질은 솔라니딘solanidine의 배당체인 솔라닌solanine으로 발아 부위와 녹색 부위에 많이 함유되어 있다. 보통 감자의 솔라닌의 함량은 0.004~0.03% 정도여서 유해하지는 않지만 발아 부위와 녹색 부위에는 0.1%를 함유하고 있으므로 다량 섭취하면 식중독을 일으킬 수가 있다. 열에 안정하며 물에 녹지 않고 뜨거운 알코올에 녹는다. 생체 내에서 콜린에스테라아제cholinesterase의 작용을 억제하여 독작용을 나타낸다.

중독증상으로는 중추신경독으로 용혈성이 있으며 많이 섭취할 경우 2~12시간 경과

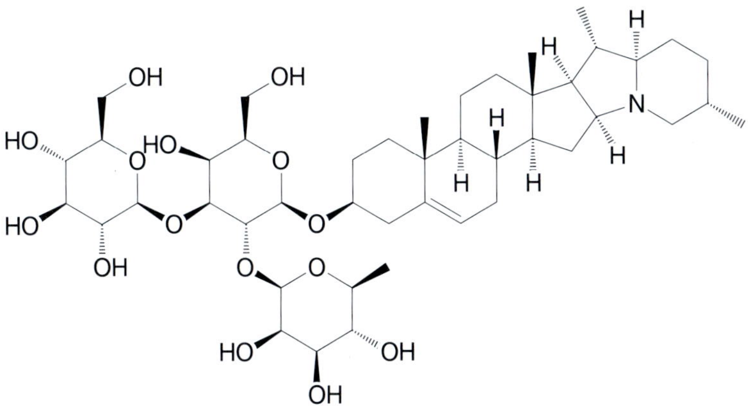

솔라닌

후 구토, 설사, 복통, 두통, 발열(38~39℃), 팔다리 저림, 언어장애 등이 있다. 중독을 예방하기 위해서는 발아 부위와 녹색 부위를 제거한 후 조리하여 섭취하도록 한다. 한편, 썩은 감자에는 셉신sepsine이라는 독성물질이 생성되어 중독을 일으킨다.

3) 목화씨

목화씨*Gossypium indicum*에는 폴리페놀화합물인 고시폴gossypol이라는 독성성분이 함유되어 있다. 고시폴은 산화작용이 있으며, 고시폴을 제거 정제한 다음 식용으로 이용한다. 제대로 정제 안 된 것을 식용할 경우 중독증상이 일어날 수 있으며 황달, 간장장해, 심부전, 출혈성 신염, 신장염 등을 일으킬 수가 있다.

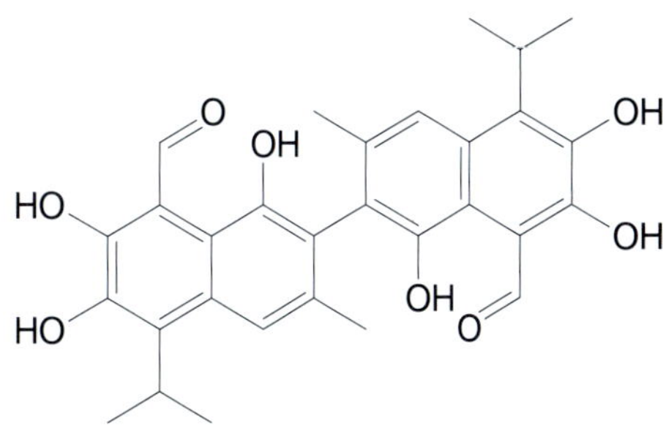

고시폴

4) 피마자

피마자*Ricinus communis*의 종자에 함유되어 있는 독성 성분인 리신ricin은 열에 쉽게 파괴되며 콩과 식물 등에 널리 분포되어 있다. 또한 피마자에는 리시닌ricinine과 알러겐allergen이 함유되어 있다. 리시닌은 리신보다 독성이 약하고 함량이 많지 않아 문제가 되지 않지만 알러겐은 사람에게 심한 알레르기 증상을 일으키며, 피마자박 중에 6~9%

들어있고 비교적 열에 강하여 불활성화되지 않는다.

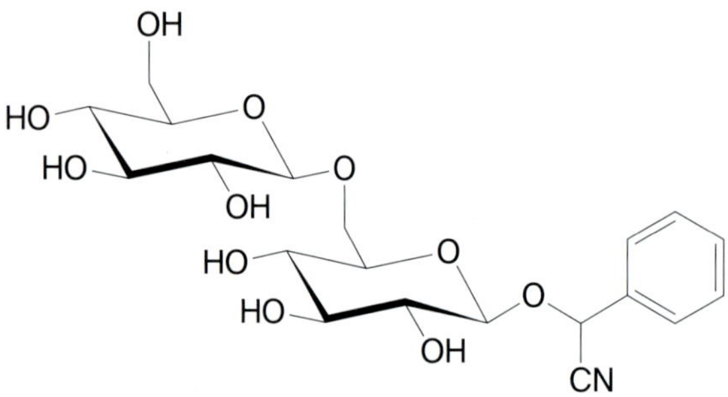

아미그달린

5) 시안배당체 함유식물

시안cyan 배당체인 아미그달린amygdalin은 미숙한 매실, 살구씨, 복숭아씨 등에 많이 함유되어 있으며, 효소에 의해 가수분해되어 청산(HCN)을 생성한다. 청산은 중독되면 치명률이 높다. 시안배당체 함유식물에는 오색두(미얀마콩)의 파세오루나틴phaseolunatin과 리나마린linamarin, 수수의 듀린dhurrin 등이 있다.

중독증상으로는 설사, 구토, 두통, 복통, 소화불량 등의 소화기계 증상을 더불어 호흡곤란, 전신 경련을 일으키고, 심하면 호흡중추의 마비로 사망하게 된다. 예방하는 방법으로는 물을 오랫동안 끓여서 청산을 휘발시키거나 물로 여러 차례 씻어서 제거하는 방법이 있다.

6) 콩류

콩류에는 대두, 완두콩, 땅콩, 강낭콩 등이 있으며, 단백질 분해효소 작용을 억제하

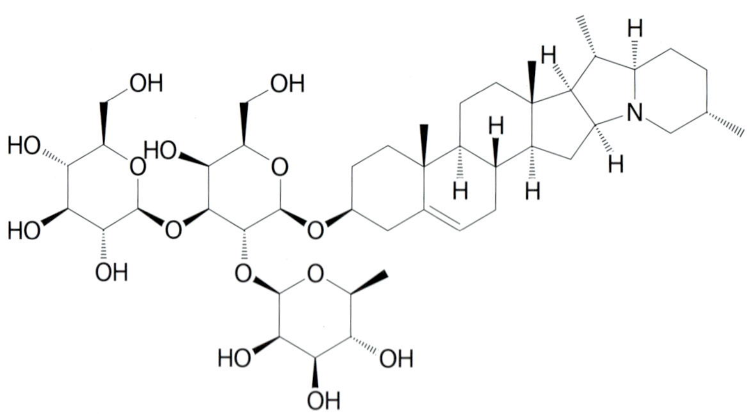

사포닌

는 물질인 트립신 저해제trypsin inhibiter와 강한 용혈작용물질인 사포닌saponin과 사포게닌sapogenin이 함유되어 있다. 트립신 저해제는 가열처리로 인하여 활성을 잃기 쉬우며, 사포닌은 혈액 등 각종 체액의 지방도를 낮게 하고 각종 혈관 질환 및 노화방지 효과도 있는 것으로 나타났다.

7) 기타 식물성 자연독

(1) 미치광이풀

미치광이풀에는 아트로핀atropine과 스코폴라민scopolamine이라는 독성성분이 함유되어 있으며, 주로 식물의 잎, 뿌리, 지하경에 많다.

중독증상으로 흥분, 심계항진, 동공확대, 호흡곤란 등을 일으키고 심해지면 호흡마비로 사망하게 된다. 미치광이풀은 어린 싹을 산나물로 잘못 알거나 지하경을 마로 잘못 알고 식용하여 중독을 일으키는 경우가 많으므로 이를 주의하여 예방을 하도록 한다.

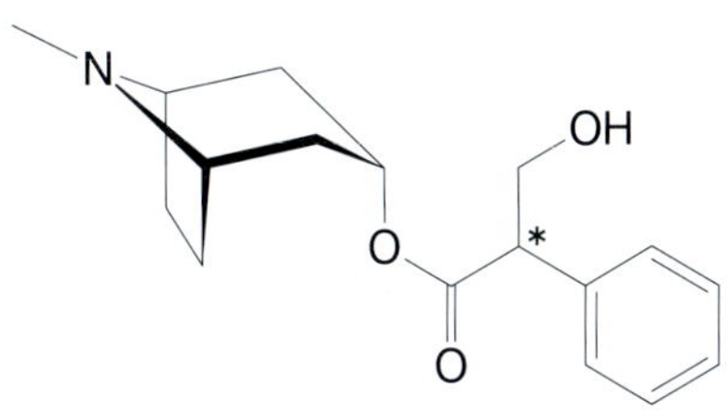

아트로핀

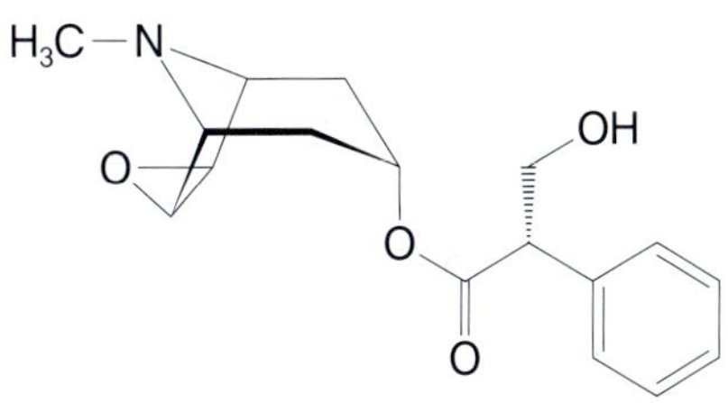

스코폴라민

(2) 독보리

독보리는 지내보리라고도 불리며 테뮬린temuline이라는 독성성분을 함유하고 있다.

중독증상으로 두통, 귀울림, 현기증, 위통, 설사, 변비 등을 일으키며, 심해지면 배뇨곤란을 일으키고 허탈, 경련, 혼수 등을 일으키다가 사망하기도 한다.

(3) 독미나리

독미나리는 시큐톡신cicutoxin이라는 독성성분을 함유하고 있으며, 지하경에 많다. 독미나리는 미나리와 비슷하여 잘못 식용하는 경우가 있으며 여름에 강가나 늪 등의 습지에서 자라므로 여름에 주의를 기울여야 한다.

중독증상으로는 침흘림, 구토, 현기증, 경련 등을 일으키고, 심해지면 호흡곤란, 정신착란이 일어나 호흡마비로 사망에 이르게 된다.

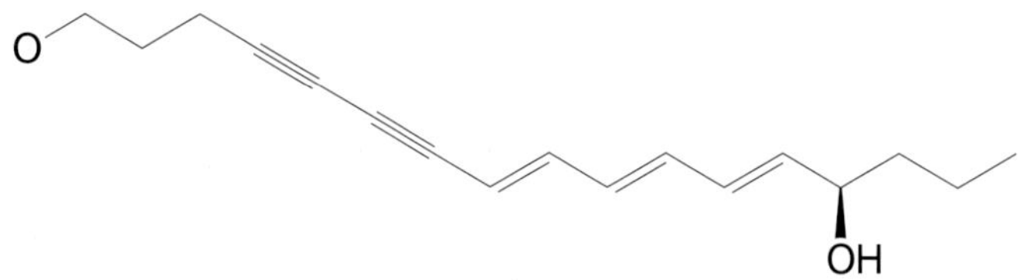

시큐톡신

(4) 독공목

독공목에는 코리아마르틴coriamyrtin과 튜틴tutin이라는 독성성분을 함유하고 있으며 열매와 잎에 많다. 독공목의 열매를 뽕나무열매로 잘못 알고 식용하는 경우가 많다.

중독증상으로 구토, 경련, 전신경직 등이 일어나며, 심해지면 호흡마비로 사망하는 경우도 있다.

(5) 붓순나무

붓순나무에는 시키민shikimin, 시키미톡신shikimitoxin, 하나노민hananomin이라는 3가지의 독성성분을 함유하고 있다. 붓순나무의 열매는 향신료로 이용되는 대회향과 비슷하여 잘못 알고 식용하여 중독을 일으키는 경우가 많다.

중독증상으로는 구토, 경련, 현기증 등의 증상을 일으키고, 심해지면 허탈, 청색증cyanosis을 거쳐 사망에 이르기도 한다.

(6) 흰독말풀

흰독말풀은 가시독말풀이라고도 불리며, 스코폴라민scopolamine, 히오시아민hyoscyamine, 아트로핀atropine 등의 독성성분을 함유하고 있으며, 잎, 근경, 종자 등에 많다. 흰독말풀의 종자는 검은 참깨와 비슷하여 잘못 알고 식용하는 경우에 중독이 많이 일어나며, 뿌리 역시 우엉과 비슷하여 잘못 알고 식용하여 중독을 일으키는 경우가 있다.

중독증상으로 흥분상태가 되어 몸의 저림, 무도병 같은 운동, 환각 등의 증상을 나타낸다.

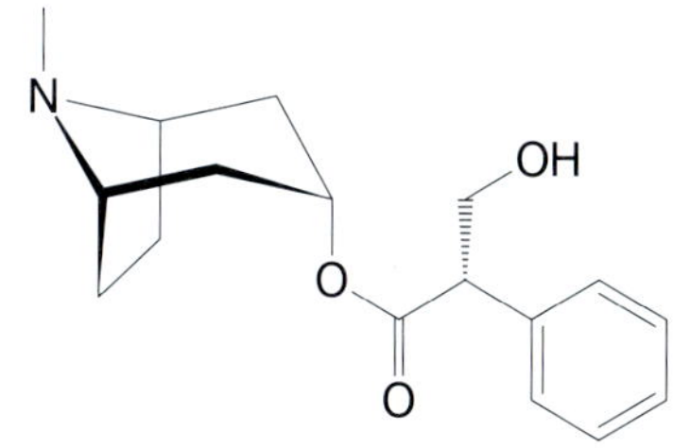

히오시아민

(7) 바곳

바곳은 바꽃 또는 쌍란국이라고도 하며 아코니틴aconitine, 메사코니틴mesaconitine 등의 독성성분을 함유하고 있으며, 근경에 함유되어 있다. 바곳은 산나물로 잘못 알고 식용하여 급성중독을 일으키는 경우가 있다. 또한 근경은 한방에서 진통제로 사용하기도 하고 역사적으로도 아이누족이 독화살을 만드는 데 사용하기도 하였다고 한다.

중독증상으로 입과 손발이 저리고 마비가 오며 복통, 구토 등을 일으키고, 심해지면 인사불성, 호흡마비를 일으켜 사망하기도 한다.

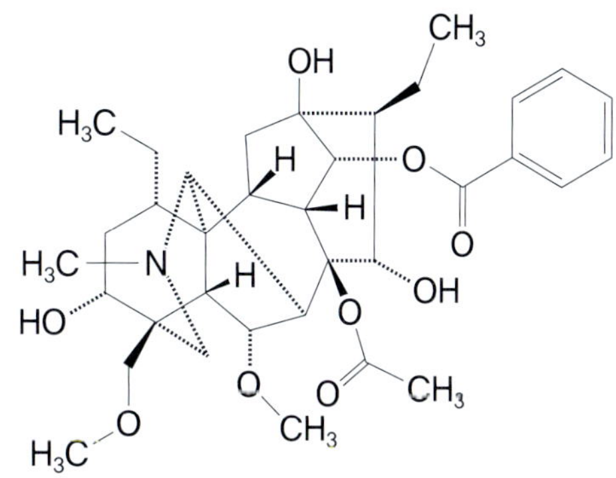

아코니틴

(8) 꽃무릇

꽃무릇은 리코린lycorine이라는 독성성분을 함유하고 있으며, 지하경에 약 8%의 전분이 들어 있어 전분원료로 사용되는데 정제가 불충분하면 중독을 일으킬 수 있다.

중독증상으로는 구토와 경련을 일으키며, 심해지면 호흡마비로 사망하기도 한다.

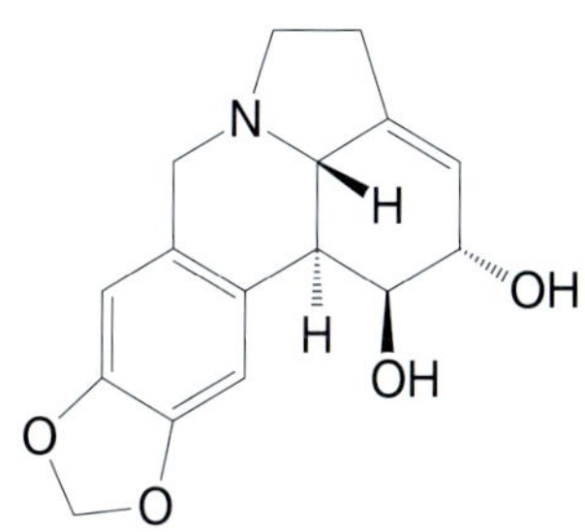

리코린

(9) 디기탈리스

디기탈리스는 디기톡신digitoxin이라는 독성성분을 함유하고 있으며 용혈작용이 있다. 과량섭취하면 중독을 일으킨다. 디기탈리스는 줄기와 잎이 컴프리comfrey와 비슷하여 잘못 알고 이용하여 중독이 되는 경우가 있다.

중독증상으로 오심, 구토, 맥박난조를 일으키고, 심해지면 심장정지로 사망하게 된다.

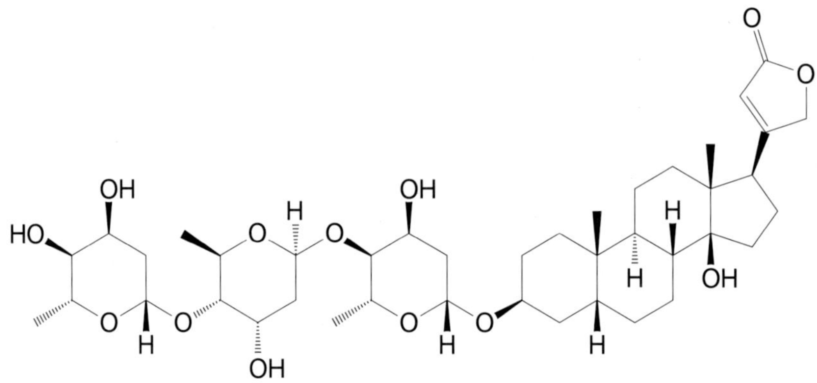

디기톡신

(10) 소철

소철에는 배당체의 한 종류인 시카신cycasin이라는 독성성분을 함유하고 있다. 베타-글루코시드β-glucoside의 분해에 의해 생성된 메틸 아조시메탄올methyl azoxymethanol에 의해 실험동물에서 간장, 신장, 장관 등에 종양이 발생하는 것으로 나타났다. 소철은 줄기, 종자 등에 들어 있는 전분의 정제가 불충분하여 중독을 일으키는 경우가 있으므로 주의해야한다.

중독증상으로는 메스꺼움, 구토가 급격히 나타나고 의식불명, 간장의 종창에 이어 사망하는 경우가 있다.

(11) 사사프라스

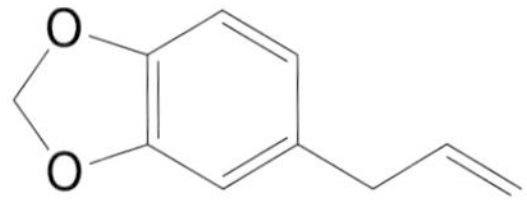

사프롤

사사프라스는 발암물질인 사프롤safrole을 다량 함유하고 있어 사용이 금지되었다. 사프롤 함유사료를 쥐에게 장기간 투여하면 간세포암 및 담관암이 발생한다.

Key point

표 5-2 주요 자연독에 의한 식중독과 독성성분

	종류	독성성분
동물성 식중독	복어독	테트로도톡신(tetrodotoxin)
	모시조개, 바지락, 굴	베네루핀(venerupin)
	섭조개(홍합), 대합조개	삭시톡신(saxitoxin)
	시가테라 중독(독꼬치, 고들메기)	시가톡신(ciguatoxin), 시가테린(ciguaterin)
	육식성 권패 소라고둥, 조각매물고둥	테트라민(tetramine)
식물성 식중독	독버섯	무스카린(muscarine), 무스카리딘(muscaridine), 콜린(choline), 뉴린(neurine) 등
	감자	솔라닌(solanine)
	썩은 감자	셉신(sepsine)
	목화씨	고시폴(gossypol)
	피마자	리신(ricin)
	청매(살구씨, 복숭아씨)	아미그달린(amygdalin)
	오색두(미얀마콩)	파세오루나틴[phaseolunatin, 리나마린(linamarin)]
	수수	듀린(dhurrin)
	콩류	사포닌(saponin)
	미치광이풀	히오시아민(hyoscyamine), 아트로핀(atropine), 스코폴라민(scopolamine)
	오디	아코니틴(aconitine)
	독보리(지내보리)	테뮬린(temuline)
	독미나리	시큐톡신(cicutoxin)
	독공목	코리아미트린(coriamyrtin), 튜틴(tutin)
	붓순나무	시키민(shikimin), 시키미톡신(shikimitoxin), 하나노민(hananomin)
	흰독말풀(가시독말풀)	스코폴라민(scopolamine), 히오시아민(hyoscyamine), 아트로핀(atropine)
	바곳(바꽃, 쌍란국)	아코니틴(aconitine), 메사코니틴(mesaconitine)
	꽃무릇	리코린(lycorine)
	디기탈리스	디기톡신(digitoxin)
곰팡이 독	아플라톡신 중독	아플라톡신(aflatoxin)
	황변미 중독	시트레오비리딘(citreoviridin), 류테오스키린(luteoskyrin), 아이슬랜디톡신(islanditoxin), 시트리닌(citrinin)
	맥각 중독	에르고톡신(ergotoxin), 에르고타민(ergotamine), 에르고메트린(ergometrine)

3 곰팡이 독

곰팡이 독인 미코톡신mycotoxin은 곰팡이가 생산하는 2차 대사산물로서 사람이나 가축에 급성 혹은 만성의 생리적·병리적 장해를 유발하는 유독물질군을 말한다. 그리스어의 곰팡이를 의미하는 mykes와 프랑스어의 독을 의미하는 toxicum에서 유래된 것이다. 미코톡신을 생산하는 곰팡이의 종류로는 100여 종이 넘으며, 주종에는 아스퍼질러스*Aspergillus*, 페니실리움*Penicillium*, 푸사리움*Fusarium* 등이 대표적이다. 또한 곰팡이중독증mycotoxicosis은 미코톡신을 경구적으로 섭취하여 일어나는 급·만성의 건강 장해를 말한다.

곰팡이가 식품에 발생하기 위해서는 온도, 수분활성(A_w), 산소, 수소이온농도, 영양, 보존료 유무 등의 여러 환경인자가 관여한다. 곰팡이는 세균에 비해 낮은 온도범위인 15~30℃에서 생육하고 최적온도는 20~25℃이다. 곰팡이가 독소를 생산하는 수분활성도는 0.93~0.98 정도로 수분활성도가 0.71~0.84 이하로 떨어지거나 pH가 3.4~5.5 이하로 떨어질 때 독소의 생성이 멈춘다. 그러므로 곡류가 주식인 우리나라의 경우 곡류를 저장할 때 건조한 상태로 낮은 수분활성도를 유지시켜야 곰팡이 독소를 안전하게 제어할 수 있다.

또한 곰팡이 독은 비교적 열에 안정해서 가공과정 중 분해되지 않고 잔류하며, 유독수확 전후 곡류나 그 가공품에 침입하여 증식하는 기회가 많다는 것, 만성독성 및 발암성이 매우 강한 종류도 있다는 점에서 식품위생상 중요시되고 있다.

1) 아플라톡신 중독

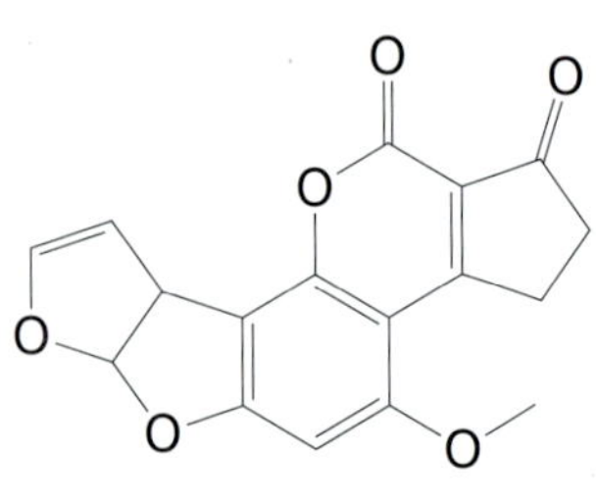
아플라톡신

아플라톡신Aflatoxin은 아스퍼질러스 플라버스*Aspergillus flavus*와 아스퍼질러스 파라시티쿠스*A. parasiticus*가 생산하는 독소로 생산균주는 지역적인 분포에 따라 심한 편차가 있다. 아스퍼질러스 플라버스는 쌀, 보리 등의 탄수화물이 풍부한 곡류와 땅콩 등의 콩류에 침입하여 아플라톡신 독소를 생성하며 독을 일으키며, 수분함량이 16% 이상, 상대습도가 80% 이상, 온도가 25~30℃일 때 전분질성 곡류에서

이 독소가 잘 생산된다. 아플라톡신은 디하이드로퓨란dihydrofuran 고리를 가지는 일군의 화합물을 총칭하는 것으로 B_1, B_2, G_1, G_2를 포함하여 약 16종류가 알려져 있으며, 이 중 독성은 B_1이 가장 강하다.

아플라톡신은 물에 녹지 않으나 아세톤acetone이나 클로로포름chloroform과 같은 유기용매에 녹고 강산·강알칼리에 의해 분해되며, 열에 안정하고 270~280℃ 이상 가열하지 않으면 분해되지 않는다. 우리나라 전통발효식품에 사용되는 국균 아스퍼질러스 오리제*A. oryzae*와 장류 제조에 쓰이는 아스퍼질러스 소재*A. sojae*는 분류상 아스퍼질러스 플라버스균 군에 포함된다. 아플라톡신은 메주, 된장, 간장 등에서 다량 검출되었다는 보고가 있고 강력한 발암성 때문에 규제가 상당히 엄격하다.

아플라톡신은 강력한 간독성 물질이고 가장 강력한 간암 유발물질로 인체에 간장독(간암)을 일으킨다.

2) 황변미 중독

황변미란 독소를 생산하는 곰팡이에 오염되어 외관이 황색으로 변질된 쌀을 말하며, 쌀 저장 시 습기가 차면 페니실리움*Penicillum*속 푸른곰팡이가 쌀에 번식하여 황변미독이 생성될 수 있으며, 황변미에 의한 중독을 황변미 중독이라 한다. 황변미 독에는 신장독인 시트리닌citrinin, 신경독인 시트레오비리딘citreoviridin, 간장독인 아이슬란디톡신islanditoxin 등이 있다 표 5-3.

황변미는 수분함량이 14~15% 이상인 쌀에서 페니실니움*Penicillium*, 아스퍼질러스*Aspergillus* 등의 곰팡이가 잘 생육하여 발생하며, 기후조건 때문에 저장곡류의 수분함량 조절에 문제가 많은 동남아시아산 쌀에 황변미가 많이 발생한다.

(1) 페니실리움 톡시카리움(대만 황변미)

페니실리움 톡시카리움*Penicillium toxicarium* 곰팡이는 1937년 대만의 황변미에서 분리되었으며, 분류학적으로 페니실리움 시트레오비리드*P. citreoviride*임이 확인되었다. 페니실리움 톡시카리움 곰팡이의 생성 독소인 시트레오비리딘citreoviridin은 강한 신경독으

표 5-3 **황변미 독소에 따른 특징**

황변미독소	곰팡이명	독소명	중독증
페니실리움 톡시카리움 (*P. toxicarium*) 대만 황변미중독	*P. citreoviride*	시트레오비리딘 (citreoviridin)	신경독(신경마비, 호흡장애,경련, 호흡마비)
페니실리움 아이슬란디쿰 (*P. islandicum*) 이집트산 황변미중독	*P. islandicum*	류테오스키린 (luteoskyrin, 지효성) 아이슬란디톡신 (islanditoxin, 속효성)	간장독(간경변, 간암, 간의 섬유화)
페니실리움 시트리눔 (*P. citrinum*) 태국 황변미중독	*P. citrinum*	시트리닌(citrinin)	급성·만성신장독, necrosis

로 상행성 마비, 호흡장해, 혈액순환 이상, 경련 등과 같은 증상을 나타내며, 만성중독으로는 빈혈을 일으키는 것으로 알려져 있다.

(2) 페니실리움 아이슬란디아(이집트산 황변미)

페니실리움 아이슬란디쿰*P. islandicum* 곰팡이는 1948년 이집트산 쌀에서 분리된 것으로 동남아시아, 일본, 미국, 유럽 등을 비롯하여 세계적으로 널리 분포하고 있다. 이 곰팡이는 심한 간장장해를 나타내고 발암성이 있으며, 지효성과 속효성의 독소를 생산한다. 대표적으로 지효성 독소로는 류테오스키린luteoskyrin이 있으며, 속효성 독소에는 아이슬란디톡신islanditoxin이 있다.

중독증상으로는 류테오스키린luteoskyrin의 독성을 투여한 2~3일 후에 나타나며 간소엽 중심세포의 괴사, 지방변성을 보이고 장기투여하면 간암이 발생한다. 아이슬란디톡신islanditoxin은 독성을 투여한 후 2~3시간이 경과한 후에 간소엽 문맥 주변부의 장해에 이어 간세포 전체에 걸친 괴사가 일어나고 장기 투여하면 간경변이 발생되지만 간암발생률은 류테오스키린보다 낮다.

(3) 페니실리움 시트리눔(태국 황변미)

페니실리움 시트리눔*P. citrinum* 곰팡이는 1951년 태국산 쌀에서 분리되었으며, 페니실리움 시트리눔 곰팡이의 독소는 시트리닌citrinin으로 페놀화합물이고 자외선을 쬐면 강한 레몬황색의 형광을 나타낸다. 시트리닌citrinin은 푸른곰팡이*P. citrinum* 외에도 여러 종류의 곰팡이에서 생산된다.

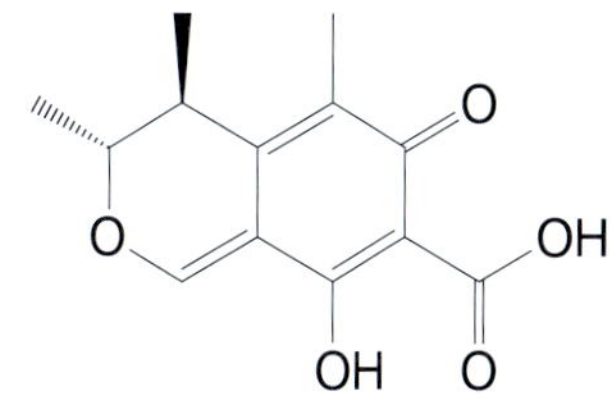

시트리닌

중독증상으로는 전형적인 신장독이 나타나며 급성 또는 만성괴사를 일으키고, 이때 신장에서의 수분 재흡수를 저해함으로써 소변량을 증가시킨다.

3) 맥각 중독

맥각ergot이란 맥각균인 클라비셉스 푸에푸레아*Claviceps puepurea*가 보리, 밀, 호밀 등의 개화기에 씨방에서 발생하는 암자색, 흑색, 흑갈색의 균핵으로 에르고톡신ergotoxine, 에르고타민ergotamine 등의 독소를 생성하는데, 이것이 혼입된 곡물을 섭취하면 맥각 중독을 일으킨다. 맥각독으로는 에르코타민ergotamine, 에르고톡신ergotoxine, 에르고메트린ergometrine 등의 유독 알칼로이드alkaloid가 함유되어 있으며 인체에 간장독을 일으킨다.

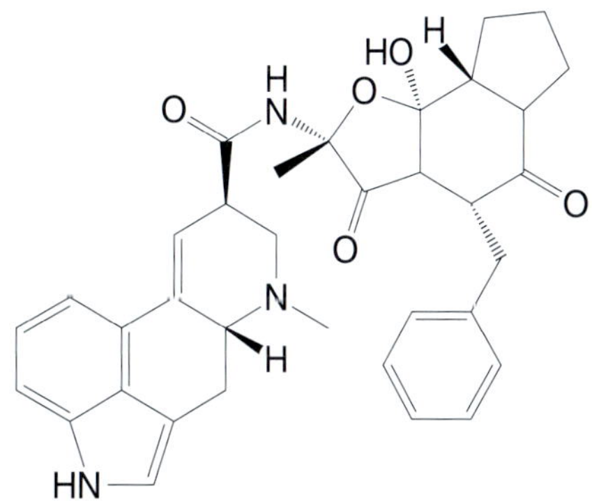

에르고타민

맥각독에 의한 급성중독증상으로는 구토, 설사, 복통 등의 소화기계 증상을 일으키고, 피부가 청백색으로 되며 신체의 표면에 냉감을 가지는 것이 특징이다. 그 후 심해지면 의식을 잃고 사망하기도 하며 임산부는 조산 또는 유산을 일으키기도 한다.

Key point

표 5-4 주요 미코톡신(mycotoxin)의 특징

미코톡신	주요 생산곰팡이	원인식품	독의 종류	중독증상
아플라톡신 (aflatoxin)	*Aspergillus flavus* *Aspergillus parasiticus*	땅콩, 곡류 치즈, 육류	간장독	간경변, 간암 신장암, 위암
시트레오비리딘 (citreoviridin)	*Penicillium citreoviride*	대만산 쌀	신경독	신경장해
류테오스키린 (luteoskyrin), 아이슬란디톡신 (islanditoxin)	*Penicillium islandicum*	이집트산 쌀	간장해	간장장해, 간암
시트리닌 (citrinin)	*Penicillium citrinum*	태국산 쌀	신장독	신장장해
에르고톡신 (ergotoxine), 에르고타민 (ergotamine), 에르고메트린 (ergometrine)	*Claviceps purpurea*	보리	신경독, 맥각독	구토, 현기증, 복통, 지각이상, 설사, 의식장해, 경련, 괴저
제랄레논 (zearalenone)	*Fusarium gramineaum*	곡류	푸사리움 (Fusarium) 독소	발정유발물질
슬라프라민 (slaframine)	*Rhizoctonia leguminocola*	목초류	유연독	침 흘림, 설사
오크라톡신 (ochratoxin)	*Aspergillus ochraceus*	곡류	신장독	신장·간장장해

6 식품과 감염병

6

감염이란 병균이나 병이 인간이나 동식물의 장기등에 침입하여 증식하는 것을 총칭한다. 감염병은 전염력이 강하여 소수의 병원체로도 쉽게 감염되고 많은 사람에게 쉽게 옮는 질병이다.

1 감염병

감염이란 병균이나 병이 인간이나 동식물의 장기 등에 침입하여 증식하는 것을 총칭한다. 감염병은 전염력이 강하여 소수의 병원체로도 쉽게 감염되고 많은 사람에게 쉽게 옮는 질병이다. 감염성 질환은 사람과 사람 사이 또는 다른 동물사이에 전파되는 것으로 감염병의 원인과 종류는 다음과 같다 표 6-1.

표 6-1 감염병의 원인과 종류

감염병의 원인	감염병의 종류(예)
식수 및 식품	장티푸스, 이질, 콜레라, 간염
공기전염, 사람 간 접촉	홍역, 감기, 디프테리아, 결핵
곤충매개	일본뇌염, 말라리아(학질), 황열, 쯔쯔가무시병
성적 접촉	임질, 매독, 후천성 면역결핍증(AIDS)
동물에서 사람	탄저, 광견병, 브루셀라증, 랩토스피라증

감염병이 집단적으로 발생하여 유행하기 위해서는 감염원(병원체 및 병원소), 감염경로, 감수성(숙주 또는 인간)의 세 가지 조건이 갖춰져야 발생한다 표 6-2.

표 6-2 감염병 발생의 조건

발생조건	발생의 요소	요건
감염원	병원체, 병원소	양과 질적으로 질병을 일으킬 수 있을 만큼 충분해야 함
감염 경로	병원소로부터 병원체 탈출 전파, 새로운 숙주로의 침입, 전파	병원체가 감염될 수 있는 환경조건이 구비되어야 함
감수성	숙주의 감수성	병원체에 대한 면역성이 없어야 하며 감수성이 있어야 함

감염병이 발생되는 과정은 병원체, 병원소, 병원소로부터 병원체의 탈출, 전파, 새로운 숙주의 침입 및 감수성 숙주감염의 6개 요소가 구비되어야 하며, 이 요소들이 연쇄적으로 이루어져야 감염병이 발생한다 그림 6-1. 제1급, 제2급, 제3급, 제4급 법정감염병의 특징 및 분류는 표 6-3과 같다.

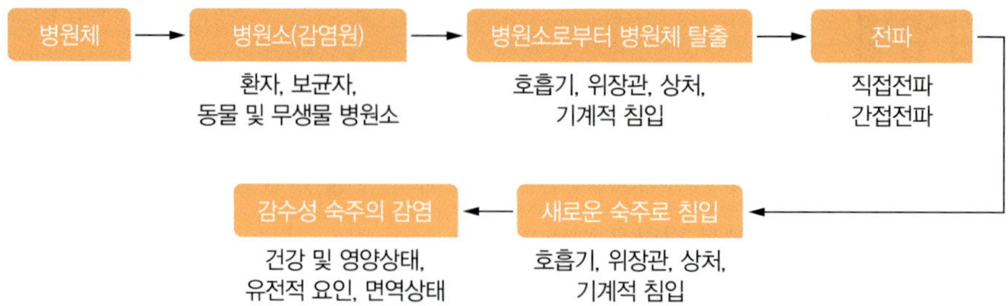

그림 6-1 | 감염병 발생과정

표 6-3 법정감염병의 특징 및 종류

구분	제1급감염병 (17종)	제2급감염병 (21종)	제3급감염병 (27종)	제4급감염병 (22종)
유형	생물테러감염병 또는 치명률이 높거나 집단 발생의 우려가 커서 발생 또는 유행 즉시 신고하여야 하고, 음압격리와 같은 높은 수준의 격리가 필요한 감염병으로서 다음 각 목의 감염병	전파가능성을 고려하여 발생 또는 유행 시 24시간 이내에 신고하여야 하고, 격리가 필요한 다음 각 목의 감염병	발생을 계속 감시할 필요가 있어 발생 또는 유행 시 24시간 이내에 신고하여야 하는 다음 각 목의 감염병	유행 여부를 조사하기 위하여 표본감시 활동이 필요한 다음 각 목의 감염병
종류	가. 에볼라바이러스병 나. 마버그열 다. 라싸열 라. 크리미안콩고출혈열 마. 남아메리카출혈열 바. 리프트밸리열 사. 두창 아. 페스트 자. 탄저 차. 보툴리눔독소증 카. 야토병 타. 신종감염병증후군 파. 중증급성호흡기증후군SARS 하. 중동호흡기증후군MERS 거. 동물인플루엔자인체감염증 너. 신종인플루엔자 더. 디프테리아	가. 결핵 나. 수두 다. 홍역 라. 콜레라 마. 장티푸스 바. 파라티푸스 사. 세균성이질 아. 장출혈성대장균감염증 자. A형간염 차. 백일해 카. 유행성이하선염 타. 풍진 파. 폴리오 하. 수막구균 감염증 거. b형 헤모필루스인플루엔자 너. 폐렴구균 감염증 더. 한센병 러. 성홍열 머. 반코마이신내성황색포도알균VRSA 감염증 버. 카바페넴내성장내세균속균종CRE 감염증 서. E형간염	가. 파상풍 나. B형간염 다. 일본뇌염 라. C형간염 마. 말라리아 바. 레지오넬라증 사. 비브리오패혈증 아. 발진티푸스 자. 발진열 차. 쯔쯔가무시증 카. 렙토스피라증 타. 브루셀라증 파. 공수병 하. 신증후군출혈열 거. 후천성면역결핍증AIDS 너. 크로이츠펠트-야콥병CJD 및 변종크로이츠펠트-야콥병vCJD 더. 황열 러. 뎅기열 머. 큐열 버. 웨스트나일열 서. 라임병 어. 진드기매개뇌염 저. 유비저 처. 치쿤구니야열 커. 중증열성혈소판감소증후군SFTS 터. 지카바이러스 감염증 퍼. 매독	가. 인플루엔자 다. 회충증 라. 편충증 마. 요충증 바. 간흡충증 사. 폐흡충증 아. 장흡충증 자. 수족구병 차. 임질 카. 클라미디아감염증 타. 연성하감 파. 성기단순포진 하. 첨규콘딜롬 거. 반코마이신내성장알균VRE 감염증 너. 메티실린내성황색포도알균MRSA 감염증 더. 다제내성녹농균MRPA감염증 러. 다제내성아시네토박터바우마니균MRAB 감염증 머. 장관감염증[1)] 버. 급성호흡기감염증[2)] 서. 해외유입기생충감염증[3)] 어. 엔테로바이러스감염증 저. 사람유두종바이러스감염증

구분	제1급감염병 (17종)	제2급감염병 (21종)	제3급감염병 (27종)	제4급감염병 (22종)
감시	전수감시[6]	전수감시	전수감시	표본감시[7]
신고[4]	즉시	24시간 이내	24시간 이내	7일 이내
보고[5]	즉시	24시간 이내	24시간 이내	7일 이내

[1] 장관감염증 : 살모넬라균 감염증, 장염비브리오균 감염증, 장독소성대장균(ETEC) 감염증, 장침습성대장균(EIEC) 감염증, 장병원성대장균(EPEC) 감염증, 캄필로박터균 감염증, 클로스트리듐 퍼프린젠스 감염증, 황색포도알균 감염증, 바실루스 세레우스균 감염증, 예르시니아 엔테로콜리티카 감염증, 리스테리아 모노사이토제네스 감염증, 그룹 A형 로타바이러스 감염증, 아스트로바이러스 감염증, 장내 아데노바이러스 감염증, 노로바이러스 감염증, 사포바이러스 감염증, 이질아메바 감염증, 람블편모충 감염증, 작은와포자충 감염증, 원포자충 감염증

[2] 급성호흡기감염증 : 아데노바이러스 감염증, 사람 보카바이러스 감염증, 파라인플루엔자바이러스 감염증, 호흡기세포융합바이러스 감염증, 리노바이러스 감염증, 사람 메타뉴모바이러스 감염증, 사람 코로나바이러스 감염증, 마이코플라스마 폐렴균 감염증, 클라미디아 폐렴균 감염증

[3] 해외유입기생충감염증 : 리슈만편모충증, 바베스열원충증, 아프리카수면병, 샤가스병, 주혈흡충증, 광동주혈선충증, 악구충증, 사상충증, 포충증, 톡소포자충증, 메디나충증

[4] 신고 : 소속이 없는 의사, 치과의사, 한의사 → 관할보건소 / 보고를 받은 소속 의료기관의 장 → 관할보건소장, 질병관리청장

[5] 보고 : 소속이 있는 의사, 치과의사, 한의사 → 소속 의료기관의 장 / 보건소장 → 관할 특별자치시장·특별자치도지사 또는 시장·군수·구청장 → 질병관리청장 및 시·도지사

[6] 전수감시 : 「감염병의 예방 및 관리에 관한 법률」 제11조에 의하여 모든 의사, 치과의사, 한의사, 의료기관의 장, 부대장(군의관), 감염병병원체 확인기관의 장이 신고 의무를 갖는 감시체계

[7] 표본감시 : 「감염병의 예방 및 관리에 관한 법률」 제16조에 따라 감염병 표본감시기관을 지정하고, 지정된 기관의 신고를 받아 운영하는 감시체계

출처: 질병관리청, 2025

감염병의 발생 조건에 따라 예방대책을 다르게 세워야 한다 표 6-4.

표 6-4 감염병 발생조건에 따른 예방대책

감염병 발생 조건	예방대책
감염원(병원체)의 경우	• 전염원(병원체)을 발견하고 그것을 격리 또는 제거시켜야 한다. • 환자의 발생신고를 적극적으로 실행하거나 보균자의 검색, 외래성 감염병의 검역 등을 잘 실행하여야 한다. • 오염 동물·곤충을 구제시켜야 한다. • 음식물의 오염을 방지하고 기구, 용기 등의 소독을 철저히 해야 한다.
감염 경로의 경우	• 전염경로가 되는 전파체나 조건을 제거시킨다. • 전파체가 될 수 있는 식품, 물, 우유 등의 오염을 방지시키고 생식을 금지하며 가열조리가 불충분한 음식의 섭취를 제한시킨다. • 기구, 용기, 손 등의 위생을 철저히 하여 오염되는 것을 방지한다.
감수성이 있는 숙주의 경우	• 면역력 또는 저항력을 증강시킨다. • 예방접종을 하여 면역력을 키우거나 충분한 휴식과 수면 등을 통하여 신체의 컨디션을 최상으로 유지시킨다.

2 경구감염병

1) 경구감염병의 정의

식품을 매개로 하여 미생물이 인체 내로 들어와 질병을 일으키는 것에는 경구감염병과 세균성 식중독의 두 가지가 있는데, 경구감염병은 음식물이나 음료수, 손, 식기, 완구류 등을 매개체로 하여 경구적으로 감염되는 병을 말한다. 경구 감염병과 세균성 식중독은 병원성 미생물에 의해 일어난다는 점에서 유사하지만 표 6-5 와 같은 차이점을 가지고 있다.

표 6-5 경구감염병과 세균성 식중독의 차이

항목	경구감염병	세균성 식중독
감염원	물 또는 식품	주로 식품
식품의 역할	운반매체	증식매체
감염균량	극소의 미량(약 10^3 이하)	다량의 균(약 10^6 이상)
감염관계	사람과 병원체 사이에 감염환 성립	종말감염
병원균의 독력	강하다	약하다
2차 감염	빈번하게 발생	거의 발생하지 않음
잠복기	일반적으로 길다	비교적 짧다
증상	장기간	일과성
면역성	있는 경우가 많다	없다
격리	있다	없다
관련법	전염병예방법	식품위생법

2) 경구감염병의 분류

경구감염병을 감염원 및 감염 경로에 따라 분류하면 표 6-6 과 같다. 감염원에 따라서는 세균, 바이러스, 원생동물에 의한 것 등 3가지로 분류할 수 있으며, 감염 경로에 따라서는 직접감염, 간접감염으로 나눌 수 있다.

표 6-6 경구감염병의 분류

기준	분류	특징	종류
감염원	세균	세균이 원인	세균성 이질, 장티푸스, 파라티푸스, 콜레라, 성홍열, 디프테리아
	바이러스	바이러스가 원인	전염성 설사증, 유행성 간염, 급성 회백수염
	원생동물	원생동물	아메바성 이질
감염 경로	직접감염	환자-보균자의 직접 접촉이 원인	
	간접감염	식품이나 물을 통해 병원체가 구강으로 들어감	

3) 경구감염병의 예방

- 환자의 분비물과 환자가 사용한 물품을 철저히 소독, 살균하고 음료수 소독을 철저히 하며 생식을 가능한 금지한다.
- 환자와 보균자의 조기발견, 쥐, 파리, 바퀴 등 매개체의 구제 및 식품과 음료수의 철저한 위생관리가 중요하다.
- 예방접종 및 충분한 영양섭취와 휴식이 필요하다.

4) 경구감염병 종류

(1) 장티푸스

장티푸스Typhoid fever는 일종의 열병으로 대표적인 경구감염병이다. 계절에 구분 없이 모두 발생하나 여름철에 균이 번식하기 좋으며 파리 등에 의한 전파 기회가 많기 때문에 8~9월에 가장 많이 발생한다. 연령으로는 20세 전후에서 가장 많이 발생하고, 남자가 여자보다 약간 많은 편이며, 치명률은 약 10~15% 정도가 된다.

① 원인균

장티푸스의 병원균은 살모넬라 타이피*Salmonella typhi*에 의해 발생된다. 살모넬라*Salmonella*속의 장내세균으로 그람음성 간균이며 협막과 아포는 없고 편모가 있어 운동을 한다. 살모넬라 식중독균과 같은 속이어서 성상도 비슷한 점이 많다. 저항성이 비교적 강한 편이어서 토양, 물, 얼음, 분변 중에서도 오래 생존할 수 있으나, 0.1% 승홍수, 5% 석탄산수에 의해 30분이면 사멸한다.

② 감염원

환자나 보균자의 배설물, 타액, 유즙이 감염원이 되며, 오염된 물이나 음식물, 파리, 생과일, 채소 등의 매개물 또는 환자나 보균자와의 접촉에 의해 감염된다. 원인식품으로는 얼음, 어패류, 두부 등이 있으며, 외국의 경우는 우유에 의해 감염되는 경우가 많다. 발병 후에는 배설물에 의해 균을 배출하므로 사람 사이의 전파경로만 차단하면 감염병을 예방할 수 있다.

③ 잠복기 및 증상

1~2주의 잠복기 후 발열, 권태감, 식욕부진, 오한, 설사 및 40℃ 전후의 고열과 붉은색 피부발진 증상이 있다. 열은 단계적으로 올라 1주일 정도에 최고에 달하며 1~2주간 고열이 지속되다가 점차 내려간다. 그 외에도 맥박이 느려지고, 백혈구의 감소, 비종 등이 나타난다.

④ 예방법

장티푸스 예방법으로는 보균자의 격리, 물과 음식물 등의 위생관리를 철저히 해야 하며, 백신vaccine에 의한 예방접종도 유효하다.

(2) 파라티푸스

파라티푸스Paratyphoid fever는 장티푸스와 같은 열병으로 여름철에 많이 발생한다. 일반적으로 남성에게 많이 발병하며 A형은 청장년층, B형은 청소년층에 많으며, C형의 경우 우리나라에서는 발병한 사례가 없다. 우리나라에서 발병한 파라티푸스는 B형이 A형에 비해 10배 많다.

① 원인균

병원체는 파라티푸스균*Salmonella paratyphi*으로 A, B, C형이 있으며, 장티푸스균과는 혈청반응과 발효반응에 의해 구별된다.

② 감염원

환자나 보균자의 배설물이 감염원이 되며, 직접 또는 간접적으로 감염되고 장티푸스와 비슷하다.

③ 잠복기 및 증상

잠복기는 1~3주이다. 증상은 장티푸스와 거의 같으며 병원체에 따라 약간씩 차이가 있으나 기간은 식중독과 같이 급성으로 짧고 경미하다. A형에 의한 감염은 장티푸스와 거의 같으나 사망률이 낮고, B형에 의한 감염은 흔하지만 증세가 가벼워 그냥 지나쳐버리는 경우가 많다. 그러나 B형 감염은 발열증상이 있고 급성으로 나타난다. C형에 의한 감염은 경과가 가볍고 사망률이 아주 낮다. 파라티푸스 환자는 격리해서 치료·관리해야 하며, 한 번 감염되고 나면 재감염이 잘 안 된다.

④ 예방법

장티푸스의 경우와 같이 위생관리를 철저히 하고, 백신 예방접종을 하는 것이 유효하다.

(3) 콜레라

콜레라Cholera는 인도의 갠지스강이 원발생지인 외래감염병으로 소화기계 감염병 중에서 가장 급성이다. 콜레라는 초여름에 시작하여 7~9월에 걸쳐 발생하고 때로는 10~12월까지도 계속된다. 연령으로는 20~40세의 청장년층에 많으며, 과거에는 치명률이 60% 정도였으나 근래에는 2% 이내이다.

① 원인균

콜레라의 병원체인 비브리오 콜레라*Vibrio cholera*균에 의해 발생되며, 그람음성간균의 통성혐기성이며, 협막과 아포는 없고 편모를 가지고 있어 운동을 한다. 콜레라균은 O항원 I군에 속하고 혈청형에 따라 Asia형(고전형) 콜레라균(*Vibrio cholerae*), El Tor형 콜레라균(*Vibrio cholerae* biotype eltor)으로 구분할 수 있다. 현재 유행하는 것은 El Tor형이다. 균은 저항력이 약하여 가열(56℃, 15분 또는 100℃, 1~2분)에 의해 사멸되고, 분변에서는 1~2일, 3% 석탄산에서는 5분이면 사멸한다. 또한 저온에 대한 저항력도 약하여 0~10℃에서 5~10일이면 사멸하므로 겨울철에 환자 발생은 거의 없다.

② 감염원

환자의 대변과 구토물을 통하여 균이 배출되어 물을 오염시킴으로써 경구적으로 감염되며, 환자나 보균자의 손 그리고 파리 등에 의해 간접 감염되기도 한다. 콜레라균은 바닷물에서 오래 생존하여 어패류를 오염시키므로 유행할 경우에는 어패류의 생식을 금하는 것이 좋다.

③ 잠복기 및 증상

수 시간에서 5일간의 잠복기 후 심한 위장장애 및 전신증상과 함께 쌀뜨물 같은 설사를 1일 10~30회 정도, 구토, 급속한 탈수, 피부건조, 체온저하 등의 증상이 나타난다. 설사와 구토가 심하므로 수분 손실이 많다. 갈증과 탈수가 심하게 일어나고, 사망원인이 대부분 탈수이므로 충분한 수분 섭취를 하도록 한다.

④ 예방법

예방법으로는 철저한 검역과 콜레라 발생지역의 출입을 금하여야 한다. 또한 사균백신에 의한 예방접종이 유효하며, 식품에 대한 위생관리와 인분처리, 청소와 파리구제 등 주위 환경을 청결하게 하며 탈수를 보충할 체액을 보급한다.

(4) 세균성 이질

세균성 이질Bacillary Dysentery; shigellosis은 6월 무렵부터 증가하기 시작하여 9월 무렵 최고에 이르고, 10세 이하의 어린이에게 주로 발생하며 치명률은 1.9~19.4%로 알려져 있다.

① 원인균

병원체는 이질균*Shigella*으로 그람음성의 비아포성 간균이며, 통성혐기성으로 편모가 없어 운동성이 없다. 이질균은 종류가 많으며 A군(*S. dysenteriae*), B군(*S. flexneri*), C군(*S. boydii*), D군(*S. sonnei*)의 4군으로 분류한다. 열에 약하여 60℃에서 10분간 가열로 사멸하지만, 저온에서는 강하다. 또한 5% 석탄산 또는 승홍수에 의해서도 사멸하고 분변 중에서 2~3일, 물속에서 2~6일이면 사멸한다.

② 감염원

환자와 보균자의 분변이나 파리 등의 매개체를 통하여 전염된다. 보통 물, 우유, 식품 등에 의한 것이나 가정에서 발생하는 감염은 환자나 보균자와의 직접 접촉에 의한 것이 많은 편이며, 환경위생이 불충분한 지역에서는 파리가 매개체가 된다.

③ 잠복기 및 증상

잠복기는 2~7일(보통 2~3일)이고, 점액이나 혈액을 수반하는 잦은 설사, 권태감, 식욕부진, 발열, 복통 등의 증상을 보이며, 발열은 38℃가 보통이나 40℃까지 오르기도 한다. 처음에는 물 같은 설사를 하다가 차차 점액, 혈변이 섞인다. 경증환자와 보균자가 문제가 된다.

④ 예방법

세균성 이질을 예방하기 위해서는 식사 전 오염된 손과 식기류의 소독을 철저히 하고 식품의 가열을 충분히 한다.

(5) 아메바성 이질

아메바성이질*Amoebic dysentery*; amebiasis은 이질아메바의 감염에 의해 생기는 소화기관 전염병으로 열대와 아열대지방에 많으며 우리나라에도 있다.

① 원인균

병원체는 원충에 속하는 이질아메바*Entamoeba histolytica*의 감염에 의해 일어나며, 발육기에 따라 영양형, 포낭전기형, 포낭형으로 나누어진다. 주로 포낭형이 경구감염에 의하여 소화관에 침입하면 소장하부에서 탈낭한 후 분열, 증식하여 8개의 작은 영양형이 되어 대장에 침입한다.

② 감염원

환자와 포낭보충자가 전염원이 되며 환자와 접촉, 음용수, 식품, 식품취급자, 곤충, 쥐 등에 의하여 감염된다.

③ 잠복기 및 증상

잠복기는 수 일에서 수 주이며 대장의 표층점박이 괴사 탈락되어 궤양이 생기며, 아메바가 증식함에 따라 병소가 확대되어 이질증상이 나타난다. 열은 없으나 분변에 점액이 많고 분량도 많다.

④ 예방법

아메바성 이질Amoebic dysentery; amebiasis의 예방법은 세균성 이질과 같으며, 음료수의 위생에 유의하여야 한다.

(6) 폴리오

폴리오Poliomyelitis는 소아마비 또는 급성회백수염이라고도 하며, 신경친화성의 폴리오바이러스에 의해 발생되는 급성열성질환이다. 발생은 연중 볼 수 있지만, 5~8월에 가장 많고 1~2세가 환자의 50% 정도로 가장 많이 발생한다. 선진국의 경우 성인층에서 발생하는 비율이 점차적으로 증가하는 추세이다.

① 원인균

폴리오미엘리티스바이러스Poliomyelitis virus는 중추신경성 마비를 일으키는 것으로 약품에 의한 저항성은 강하고 열에 쉽게 파괴되나, 저온에서는 극히 안정하여 -20℃ 이하에서도 오랫동안 감염성을 잃지 않는다.

② 감염원

바이러스가 감염자의 분변이나 인후분비액으로 배출되어 경구감염이나 비말감염에 의해 감염되는 경우가 많다. 바이러스는 입을 통해 침입한 후 인후 점막에서 증식하다 전신으로 확산되고 신경세포와 친화성이 있어 운동신경의 지배하에 있는 부분이 모두 마비를 일으키게 된다. 그러나 불현성 감염이 많아서 많은 사람이 알지 못하는 사이에 감염이 되었다가 면역되며 발병하여도 불완전형이나 비마비형이 많다. 감염자 수는 수백 명 중 한 명 정도이다.

③ 잠복기 및 증상

불현성 감염이 많아 불완전형, 비마비형의 경과를 거쳐 치유되는 경우가 많다. 마비형일 때 잠복기는 7~12일로 주로 5~10세 어린이에게 잘 감염되며, 증상은 감기와 같은 증상으로 시작하여 발열이 2~3일간 계속되며 후에는 열이 내려가면서 근육통, 피부지각 이상 등의 신경증상이 일어나고 갑자기 사지마비 증세가 나타난다.

④ 예방법

예방법으로는 예방접종이 유효하고 특히 생 세이빈Sabin vaccine에 의한 예방접종은 강한 면역을 만들기 때문에 널리 이용된다. 예방접종은 신생아의 경우 생후 1개월부터 한 달 간격으로 3회 접종시키고 추가접종은 18개월에 실시한다.

(7) 바이러스성 간염

세계 각지에 널리 분포하는 바이러스성 질환으로 어린이와 청년, 특히 집단생활자에게 많이 발생된다. 바이러스성 간염Viral hepatitis은 1970년 이후 A, B, C, D, E형이 발견되었으며 경구감염에 의한 유행성 간염에 속하는 것은 A와 E형이며, 혈액감염에 의한 것은 B, C, D형이 있다. 수혈 후 감염의 90% 이상을 차지하고 있는 non-A형과 non-B형(NANB) 간염을 C형 간염이라고 명명하게 되었고 이것이 가장 많다. C형 간염의 경우 전 감염자의 약 50%가 만성간염으로 되고 간경변이나 간암으로 진행되는 경우가 증가하고 있다 표 6-7 .

표 6-7 **바이러스성 간염의 특성**

분류	A형	B형	C형
원인균	A형 간염 바이러스 (Hepatitis A Virus, HAV)	B형 간염 바이러스 (Hepatitis B Virus, HBV)	C형 간염 바이러스 (Hepatitis C Virus, HCV)
특징	• 직경이 27 nm인 구형 단일사슬 RNA 바이러스	• 여름철에 가장 많이 발생 • 청소년 감염 많음 • 60℃에서 30분간 가열해도 생존 • 1 ppm의 염소용액에도 사멸되지 않음 • 건조에 내성	• 발병률은 B형 간염보다 조금 낮으나 만성화 가능성이 아주 높음 • 크기가 35~65 nm인 소형 RNA 바이러스
감염원	• 환자 혹은 불현성 감염자의 분변, 혈액 또는 이들에 의하여 오염된 음식물을 섭취함으로서 감염	• 환자의 혈액, 침, 소변이나 정액이 피부나 점막의 상처를 통해 침입하여 감염 • 주사침 사고, 약물남용자의 불결한 침, 장기이식, 성 접촉, 산모와 태아의 수직감염	• 수혈에 의한 감염의 90% 이상을 차지 • HCV를 함유한 혈액의 수혈이나 혈액제에 의해 전파 • 주사침 사고, 약물남용자의 불결한 침, 장기이식, 성 접촉, 산모와 태아의 수직감염
증상	• 38℃ 이상의 발열 증상 • 전신권태감, 오심, 구토, 황달, 복통, 설사, 두통, 인후통 • 예후가 좋고, 1~2개월 후 간기능이 정상화	• 잠복기는 약 1달 정도 • 38℃ 정도의 발열 및 오한, 두통, 위장장애 등을 거쳐 황달이나 간경변 증으로 발전 • 증세가 심하여 회복기까지 오래 걸림 • 간에 많은 상처를 남긴다.	• 발병은 잠행성 • 전신권태감, 식욕부진, 복부불쾌감, 오심, 구토 등의 증상
예방법	γ-글로불린의 근육주사로 잠정적인 면역	백신을 통해 예방	예방백신 없음

(8) 성홍열

성홍열은Scarlet fever 1년을 통하여 발생하는데, 특히 5월에 정점을 나타낸다. 5~10세의 어린이에게 잘 감염되며, 사망률은 나라에 따라 다르고 우리나라에서는 과거 34%를 나타냈다.

① 원인균

피부발진을 일으키는 용혈성Hemolysis 구균질환의 일종이다. 발적독소를 생성하는 A군 용혈성 연쇄상구균이 병원체이고, 그람양성구균으로 아포를 형성하지 않아 통상적인 소독으로 쉽게 파괴된다.

② 감염원

급성발진기 · 회복기의 환자 또는 부전형의 환자, 보균자와 직접 호흡접촉에 의한 전염이 보통이나 비말감염과 인후분비물의 식품오염을 통해서도 전파된다. 또한 매개체로 오염된 우유나 식품을 통해 전파될 수 있다.

③ 잠복기 및 증상

잠복기는 4~7일간이며 증상은 40℃ 내외의 발열과 편도선 종창, 붉은 발진이 온몸에 나타난다. 발진은 독소에 의해 발열 후 즉시 또는 12시간 이내에 신체에 빨갛게 생기는데 혀가 딸기와 같이 증대(딸기혀)되고 24~36시간이면 얼굴 이외의 전신에 확산된다.

④ 예방법

예방법으로 γ-글로불린에 의한 능동면역방법이 있으며, 치료에는 술폰아마이드, 항생제 투여방법이 있다.

(9) 디프테리아

디프테리아Diphtheria는 심근과 신경조직에 결합해서 장기조직에 장해를 일으키는 급성질환이다. 사계절을 통해 발생하지만 대부분 늦은 가을이나 이른 봄에 많으며 10세 이하, 특히 1~4세가 전 환자의 60%를 차지한다. 사망률은 5~32%로 보고하고 있다.

① 원인균

코리네박테리움 디프테리아*Corynebacterium diphtheriae*가 후두의 점막에서 증식하여 염증을 일으키고 체외독소를 분비하여 혈류를 통해 신체 각 부분에 질병을 유발한다. 그람양성간균으로 아포와 편모는 없고 일광, 열, 화학약품에 대한 저항력이 비교적 약하다.

② 감염원

주로 환자나 보균자의 코와 인후분비물, 기침 등의 비말감염을 통한 전파로 감염되지만 아이스크림, 생우유나 분비물로부터 오염된 식품을 통해 집단적 경구감염도 이루어진다.

③ 잠복기 및 증상

잠복기는 3~5일이며, 증상으로는 38℃ 내외의 고열이 급격히 나며 편도선이 빨갛게 붓고, 목젖 점막에 흰 점 모양의 위막이 생겨 연하곤란과 기침을 한다. 또한 생산된 독소로 인하여 전신증상이 일어나고 심장장해나 위막이 울대까지 퍼져 울대 안이 좁아져서 호흡곤란이나 기도폐쇄 등으로 질식을 일으키기도 한다.

④ 예방법

예방에는 조기진단이 중요하며 톡소이드toxoid에 의한 예방접종이 필요하다. 식품의 오염 방지와 환자 및 보균자의 접근 방지가 중요하다.

(10) 이즈미열

이즈미열Izumi fever은 천열이라고도 하며, 어린이에게 집단적으로 발생되는 바이러스성 급성발진성 질환이다. 39℃ 이상의 발열을 하는 성홍열과 유사하며, 주로 5월에 많이 발생한다.

① 원인균 및 감염원

병원체는 이즈미열 바이러스Izumi fever virus로 그 본체는 아직 확실하지가 않다. 음식물이나 물을 매개로 감염되고 접촉에 의한 감염도 생길 수 있다.

② 잠복기 및 증상

잠복기는 2~10일이며, 주요 증상은 발열, 발진, 위장증상을 나타내며, 열은 일시에 또는 2~3회 반복해서 나타난다.

3 인수공통감염병

1) 인수공통감염병의 정의

인수공통감염병이란 사람과 동물을 공통 숙주로 하는 병원체가 일으키는 감염병으로 척추동물과 사람 사이에서 전파될 수 있는 질병이다.

2) 인수공통감염병의 감염 경로

인수공통감염병은 사람과 동물 사이에 자연적으로 전파되며, 사람은 식육 또는 우유에 병원체가 존재할 경우 그것을 섭식하거나 감염동물, 분비물 등에 접촉하였을 때 2차 오염된 음식물에 의해 감염된다.

인수공통감염병의 감염 경로는 다음과 같다.

- 병원체가 들어 있는 식육, 동물의 유즙, 알과 그 가공품의 섭취로 감염
- 감염동물, 감염동물의 분비물 등에 접촉하여 직접 감염
- 감염동물의 배설물이나 오염물에 접촉한 파리, 쥐 등에 의해 오염된 음식을 사람이 섭취하여 감염

3) 인수공통감염병의 예방법

- 병에 걸린 동물을 조기 발견하여 격리·치료하고 예방접종을 철저히 하여 감염병 유행을 예방한다.
- 병에 걸린 동물의 사체와 배설물 소독 및 브루셀라증, 결핵, Q열의 예방을 위한 우유의 살균처리를 철저히 한다.
- 병에 이환된 가축의 고기, 뼈, 내장, 혈액의 식용을 삼간다.
- 수입가축이나 고기, 유제품의 검역 및 감시를 철저히 해야 한다.

4) 인수공통감염병의 종류

우리나라에서 식품위생상 문제가 되는 것은 식용동물에 의해 발병되는 인수공통감염병으로 탄저, 브루셀라증, 결핵, 돈단독증, 야토병, 살모넬라 등이다.

(1) 결핵

① 원인균

결핵Tuberculosis은 병원체인 결핵균*Mycobacterium tuberculosis*이 사람, 소, 조류 등에 의해 감염되어 발병하는 질병으로 사람에게 감염되는 사람형, 소에 감염되는 우형, 조류에 감염되는 조형 등이 있다. 모든 신체에 침범할 수 있는 만성감염병으로 호기성의 가늘고 긴 간균으로 아포와 편모가 없어 비운동성이고, 협막을 형성하는 내산성균이며, 내건성으로 우유를 살균할 경우 파괴된다.

② 감염원

사람의 결핵은 사람형 결핵균에 의해서도 일어나지만 병에 걸린 소의 우유나 유제품을 거쳐 우형 결핵균이 사람에게 경구적으로 감염되기도 한다. 특히 소의 결핵균은 살균이 되지 않은 우유를 통하여 사람에게 쉽게 감염되는데 그중에서도 유아의 결핵은 우형 결핵균에 의한 것이 상당히 많은 비중을 차지한다. 우유뿐만 아니라 이환된 쇠고기, 이환된 닭이 낳은 달걀도 위험하다.

③ 잠복기 및 증상

잠복기는 4~6주이며, 소의 결핵균은 주로 뼈나 관절을 침범하여 경부 림프선에 결핵을 일으킨다. 또한 폐에서 흔히 볼 수 있고 섬유조직을 산출하며 때로는 석회화를 보인다.

④ 예방법

예방법으로는 정기적으로 투베르쿨린tuberculin 검사를 실시하여 결핵 감염 여부를 조기에 발견하는 것과 오염된 식육과 우유의 식용을 금지하는 일이 중요하다. 결핵균의 오염을 막기 위해서는 우유의 살균을 철저히 하고, 식품을 충분히 가열한 후 섭취해야 한다.

(2) 탄저

탄저Anthrax는 세계에 널리 분포하는 감염병으로 일반적으로 소, 말, 염소, 양 등의 초식동물에 급성폐혈증을 일으키는 급성열성 질병이다. 감염 부위에 따라 피부탄저(접촉), 폐탄저(호흡기), 장탄저(경구)로 분류할 수가 있으며, 동물의 치사율은 75~100%이다.

① 원인균

병원체는 바실러스 안스라시스*Bacillus anthracis*로 그람양성간균으로 호기성이며 내열성이 크고 건조에 강하다. 균은 아포를 형성하는데 아포는 습열 100℃에서 2~5분이면 파괴되고, 건열에서는 150℃, 30~60분간 견디며, 10% 포르말린formalin에 15분 처리로 사멸된다. 무아포균은 60℃에서 15분 또는 80℃에서 1분이면 사멸된다.

② 감염원

탄저는 소, 돼지, 양, 산양 등에서 발병하나 조류는 체온이 높기 때문에 감염되지 않는다. 이와 같이 초식동물이 감염되는 것은 오염된 풀이나 사료를 먹기 때문이며, 동물에서 동물로 접촉 감염되는 일은 드물다. 그러나 사람의 감염은 목축업자, 도살업자, 피혁업자 등에게 피부 상처를 통하여 감염될 수 있고 경구적 또는 흡입에 의하기도 한다. 대부분은 피부탄저로 건강한 피부에는 균이 침입할 수 없으나 상처가 있으면 침입한다.

③ 잠복기 및 증상

잠복기는 4일 이내이며 피부탄저의 경우 침입 부위에 악성 농포를 만들고 주위에 침윤, 부종, 궤양을 일으킨다. 폐탄저는 기도를 통하여 감염되는데, 털에 묻어 있는 아포나 탄저로 죽은 가축의 뼈를 이용하여 만든 비료를 사용할 때 포자를 흡입하여 폐렴 증상을 일으키고 심하면 패혈증으로 사망한다. 장탄저는 경구감염되는데 감염된 수육을 충분히 가열조리하지 않고 먹으면 구토와 설사를 일으킨다.

④ 예방법

예방법에는 투베르쿨린 검사를 실시하여 이환동물의 조기발견, 격리, 치료를 실시하며 사체와 분비물, 혈액 등의 소독을 철저히 하여 토양에 오염되지 않도록 한다. 또 가축에 대한 예방접종을 실시한다.

(3) 브루셀라증

브루셀라증Brucellosis은 브루셀라균군이 사람에게는 열성 질환을 일으키며, 소, 돼지, 양, 염소 등에 전염성 유산을 일으키는 질환이다. 주기적으로 고저를 반복하는 고열이 발생되므로 파상열이라 한다.

① 원인균

병원체는 양이나 염소에 주로 감염되는 산양형균*Brucella melitensis*, 소에 주로 감염되는 우형균*B. abortus*, 돼지에 주로 감염되는 돈형균*B. suis*의 3종이 있다. 그람음성의 구·간균으로 아포를 형성하지 않으며 내성이 강하다. 균은 열에 약하여 58℃에서 10~15분으로 사멸되며, 우유의 저온살균에서는 3분 이내 사멸하나 건조 조건에서는 저항력이 강하다.

② 감염원

동물의 주 감염 경로는 유산이나 정상적인 분만 후 자궁분비물 속에 들어있는 병원균이 흘러내려 전파되고, 사람의 감염은 병에 전염된 동물의 유즙이나 유제품, 고기 등을 통한 경구감염이 많으며 경피감염이 되는 경우도 있다. 말타열균*B. melitensis*에 의한 감염이 가장 심한 증상을 나타낸다. 동물의 감염은 병원체에 따라 표 6-8과 같이 구분할 수 있다.

표 6-8 브루셀라증의 종류별 특징

병원체	*Brucella melitensis*	*Brucella abortus*	*Brucella suis*
감염동물	면양, 산양, 염소	소에서 주로 나타남	돼지에서 주로 나타남
매개체	젖, 오줌	유즙, 분뇨에 오염된 사료	생식기
주요 발생 지역	지중해지역, 남아프리카, 미국	유럽, 미국, 일본	미국, 유럽
특징	불현성 감염, 불규칙한 유산	유산	사람에 대한 병원성이 큼

③ 잠복기 및 증상

10~20일 정도의 잠복기를 거쳐 불규칙한 발열이 계속되며(파상열), 발한, 근육통, 불면, 관절통, 두통 등이 따른다. 발열은 말라리아와 비슷하여 오후에는 38~40℃의 고열이고, 오전에는 평열을 나타내며 이런 상태가 2~3일간 반복된다. 사람에게는 불현성 감염이 많고 간이나 비장이 붓고 패혈증을 일으키기도 한다.

④ 예방법

예방법으로는 가축의 예방접종을 비롯하여 도살, 격리, 소독 등을 철저히 하고, 우유의 살균과 수육의 가열조리도 철저히 해야 한다. 또한 항생물질과 설파아제를 이용하여 치료를 한다.

(4) 돈단독증

돈단독증Swine erysipelas은 돈단독균에 의해서 발생하는 돼지의 감염병으로 돼지의 패혈증을 일으킨다. 소, 말, 양, 닭에서도 볼 수 있으며 세계 각지에 널리 분포하는데, 보통 여름에 많이 발생하고 때로는 사람에게도 감염된다.

① 원인균

병원체는 돈단독균*Erysipelothrix rhusiopathiae*으로 그람양성간균으로 통성혐기성이며, 아포와 협막이 없어 운동성이 없다. 55℃에서 15분이면 사멸되지만 석탄산에 대한 저항력은 강하고 2% 포르말린formalin에 10분이면 사멸된다.

② 감염원

사람의 감염은 돼지 등 가축의 고기, 장기 또는 이환동물을 취급할 때 피부 상처를 통해서 이루어지며, 경구감염이 일어나는 경우도 있다. 돼지의 경우는 소화기 감염에 의하며 피부의 상처부위나 코 점막으로 침입하는 경우가 있다.

③ 잠복기 및 증상

사람의 경우 잠복기는 10~20일이다. 증상은 병원균 침입부위가 빨갛게 붓고 발열과 임파절에 염증이 생기고 중증의 경우 패혈증으로 사망한다. 돼지의 경우 주된 증상으로 패혈증상이 나타나고 관절염 등이 나타난다.

④ 예방법

예방법으로는 이환동물의 조기발견, 격리치료 및 소독을 철저히 하고 예방접종을 한다. 돼지의 예방접종에는 약독생균백신이 사용되며, 치료제로서 항생물질이 효과적이다.

(5) 야토병

야토병Tularemia은 산토끼나 설치류 동물 사이에 유행하는 감염병으로 사람에게도 감염이 되고 세계 각지에 널리 퍼져 있다.

① 병원체

야토병균*Franeisella Tularensis*에 의해 발병하며 호기성의 그람음성 구·간균으로, 세균 중에서 가장 작다. 배양기에서는 발육하지 못하며, 혈액 및 기타 특수성분을 필요로 한다. 56~58℃에서 10분이면 사멸하고, 0.1% 포르말린formalin에서 24시간 처리로 사멸된다. 사망률은 약 4% 정도이며 질병에 이환된 후에는 강한 면역을 얻는다.

② 감염원

동물의 감염은 전염된 산토끼나 동물에 기생하는 진드기, 벼룩, 이 등에 의해 전파되고 동물과 산토끼의 상호 간 접촉에 의해 감염이 된다. 사람의 감염은 감염된 산토끼의 혈액, 오줌, 침 등을 손으로 직접 만지거나 가죽을 벗길 때, 고기를 요리할 때 경피감염이 되며, 충분히 가열하지 않은 고기를 섭취함으로써 경구감염이 되기도 한다.

③ 잠복기 및 증상

잠복기는 1~14일(보통 3~4일)이며, 주요 증상은 두통, 오한, 전열, 발열이다. 균의 침입 장소가 피부일 때는 농포가 생기고, 궤양, 국소의 림프선이 붓는다.

④ 예방법

예방법으로는 토끼고기를 조리할 때 가열을 충분히 하고 유원지에서 생수를 마시지 않는다. 산토끼를 취급하는 사람들에 대한 예방접종이 연구되고 있으며 치료제로 항생물질이 쓰이고 있다.

(6) 렙토스피라증

렙토스피라증Leptospirosis, Weil's disease은 9~11월 추수기에 농부들이 주로 감염되는 2종 감염병으로 지정된 급성 발열성 질환이다.

① 원인균

렙토스피라*Leptospira*라는 병원체에 의해 생기는 감염병으로 황달출혈성 렙토스피라*L. icterahaemorrhagiae*, 개렙토스피라*L. canicola* 등이 알려지고 있다. 건조에 의해 급속하게 사멸되고 물의 염소 소독에 의해 완전히 파괴된다.

② 간염원

소, 개, 돼지, 쥐 등이 감염되는데 사람은 전염된 쥐의 오줌으로 오염된 물, 식품 등에 의해 경구적으로 감염된다.

③ 잠복기 및 증상

잠복기는 5~7일이며, 주요 증상은 39~40℃ 정도의 고열과 오한, 두통, 근육통과 심장, 간, 신장에 장애를 일으킨다. 1~5일간 계속 되어 발병 후 6일 무렵에는 황달기에 들어가며 황달이 심할 때는 점막의 출혈, 간이 붓고, 발진이 나타난다.

④ 예방법

예방법으로는 사균 백신과 손, 발의 소독 및 쥐의 구제가 필요하다.

(7) 비저

비저Glanders는 말의 비강, 인후, 장에 있는 고름이나 점액에 균이 존재하고 피부나 점막을 침해하여 궤양과 결절을 일으키는 급성 또는 만성병이다.

① 원인균

병원체 비저균*Pseudomonas mallei*에 의해 발병되는 것으로 그람음성의 호기성 간균으로 아포와 협막이 없고, 편모가 없어 운동성이 없는 병원체이다. 건조, 일광에 약하고 55℃에 10분, 90~100℃에는 3분이면 사멸한다.

② 감염원

사람에게 감염된 경우에는 고통이 심한 질병으로 60%가 치명적이고 병든 동물에 접촉하는 기회가 많은 사람이 경구감염, 경피감염, 경기도감염에 의해 이환된다.

③ 잠복기 및 증상

사람의 경우 잠복기는 3~5일로 두통, 39~40℃의 발열, 권태가 시작되고 궤양, 림프선의 종창, 근육통, 관절통을 일으킨다. 동물에게는 말, 당나귀, 노새, 산양, 고양이 등의 호흡기 및 소화기 궤양을 일으킨다.

④ 예방법

Mallei skin test로 진단을 하며 사람 사이의 이환을 주의하고, 병에 걸린 동물의 철저한 처리와 고기 섭취 시 충분한 가열을 필요로 한다.

(8) 리스테리아증

리스테리아증Listeriosis은 소, 양, 산양, 말, 돼지 등의 가축과 닭, 오리 등의 가금에 많이 감염되며 때로는 사람에게도 감염된다. 사람은 동물과 직접 접촉하거나 오염된 식육, 유제품 등을 섭취하여 감염되고 오염된 먼지를 흡입하여 감염되기도 한다.

① 원인균

리스테리아균*Listeria monocytogenes*은 육류에서 검출빈도가 높다. 이 균은 그람음성간균으로 운동성이 있으며, 카탈라아제catalase 양성의 혐기성 균이다.

② 감염원

우유, 식육 등의 동물성 식품, 비살균 우유로 만든 치즈, 샐러드, 생선회, 냉동만두,

냉동피자, 소시지, 가열이 불충분한 식육이나 닭고기, 즉석섭취식품 등이다.

③ 잠복기 및 증상

잠복기는 3일에서 수 주일이며 증상은 다양한데, 뇌척수막염과 임산부의 자궁내막염, 태아사망을 유발한다. 신생아가 감염되면 높은 사망률을 나타낸다.

④ 예방법

예방법으로는 식육을 철저히 가열조리하고 채소류는 잘 세척하며, 손과 조리기구를 청결하게 하는 것이 중요하다. 가축은 무독생균백신으로 예방하고 사람의 경우 페니실린penicillin, 테트라사이클린tetracycline으로 임상적 치유가 가능하다.

(9) 광우병

소광우병Bovine Spongiform Encephalopathy, BSE은 1986년 영국에서 처음 보고된 소의 퇴행성 신경질환으로 변형프리온 단백질에 오염된 조직이나 골육분 첨가사료를 통해 발생한다. 육우의 성장 촉진을 위해 단백질과 칼슘 보충용으로 양의 부산물이 함유된 사료를 사용하였기 때문으로 추정한다. 1970년대 말 영국의 일부 공장에서 죽은 동물 및 그 부산물을 동물사료로 가공하는 방법을 고온열처리에서 저온가공방법으로 바꾼 후 이 사료를 먹은 소에게서 발병한 것으로 알려져 있다.

원인체는 변형프리온prion 단백질이다. 신경세포의 프리온구조가 변형되어 해로운 단백질로 변한 변형 프리온은 정상 프리온을 자기와 비슷한 병변 단백질로 만듦으로써 뇌 신경세포를 파괴하여 스펀지 모양으로 만든다. 감염된 동물의 뇌조직에 스폰지와 같은 구멍을 내고 손상시켜 결국 죽게 되는 신경병으로 건강한 소가 약해지고 신경질적으로 변하며 다리에 이상을 보인다.

인간광우병variant Creutzfeldt-Jakob desease, vCJD은 광우병에 걸린 소고기를 먹음으로써 발병되는 것으로 추정된다. 광우병과 비슷한 질병으로는 양의 스크래피screpie, 사람의 크로이츠펠트-야곱병Creutzfeldt-Jakob desease, CJD, 고양이의 광묘병 등이 있다.

7

기생충과 위생동물

1 | 식품과 기생충

2 | 식품과 위생동물

7

기생충은 자연계에서 독립적으로 생명을 유지할 수 없으며, 반드시 다른 종류의 생물체에 의존하여 생명을 유지한다. 대부분의 기생충은 인체의 장내에 기생하며 소화를 방해하고 영양소를 이용하여 사람에게 소화불량과 영양결핍 증세 등의 피해를 준다.

1 식품과 기생충

기생충은 자연계에서 독립적으로 생명을 유지할 수 없으며, 반드시 다른 종류의 생물체에 의존하여 생명을 유지한다. 대부분의 기생충은 인체의 장내에 기생하며 소화를 방해하고 영양소를 이용하여 사람에게 소화불량과 영양결핍 증세 등의 피해를 준다.

우리나라에서는 기생충질환 예방법의 일환으로 '장내기생충 실태조사'를 1971년도부터 시작하여 5~7년 주기로 2014년까지 8차례의 조사가 실시되었다. 국내 장내기생충 감염률은 제8차 전국 장내 기생충 감염실태조사 이후 꾸준히 감소하고 있다. 하지만 식품매개성 기생충은 크게 감소하지 않았다. 8차 실태조사 이후 질병관리본부 매개체분석과에서는 장내기생충 퇴치사업을 수행하고 있으며, 매년 장내기생충 감염률을 조사하고 치료 및 예방 교육을 실시하고 있다. 2012년도 8차 조사에서 하나의 기생충이라도 감염된 전체 충란양성률은 2.6%이고, 충란양성자수는 130만여 명으로 추정하였다. 기생충의 감염이 가장 높은 것은 간흡충으로 전체 충란양성률의 8.7%이며 남성(3.24%)의 양성률이 여성(1.95%)의 경우보다 높고, 요코가와흡충의 경우도 남성이 여성보다 높게 나타난 것으로 조사되었다. 현재 1970년대의 토양을 매개로 하던 회충, 요충, 편충 등의 양성률은 줄었으나, 한국인의 민물고기 생식습관과 교통수단의 발달로 민물고기를 접할 수 있는 기회가 증가되어 다양한 경로를 통해 간흡충 감염률이 지속적으로 나타나고 있다. 표 7-1 그림 7-1, 7-2.

표 7-1 장내기생충 실태조사(1971~2012년, 총 8차)

(단위: %)

연도	피검자수	충란양성률	회충	구충	편충	간흡충	폐흡충	장흡충	유무구조충
제1차('71)	24,887	84.3	54.9	10.7	65.4	4.6	0.09	0	1.9
제2차('76)	27,178	63.2	41.0	2.2	42.0	1.8	0.07	0	0.7
제3차('81)	35,018	41.1	13.0	0.5	23.4	2.6	0	1.2	1.1
제4차('86)	43,590	12.9	2.1	0.1	4.8	2.7	0.002	1.0	0.3
제5차('92)	46,912	3.6	0.3	0.01	0.2	2.2	0.0	0.3	0.06
제6차('97)	45,832	2.4	0.06	0.007	0.04	1.4	0.0	0.3	0.02
제7차('04)	20,370	3.7	0.05	0.0	0.3	2.0	0.002	0.5	0.0
제8차('12)	23,956	2.6	0.03	0.0	0.41	1.9	0.000	0.26	0.04

출처: 질병관리본부, 2013

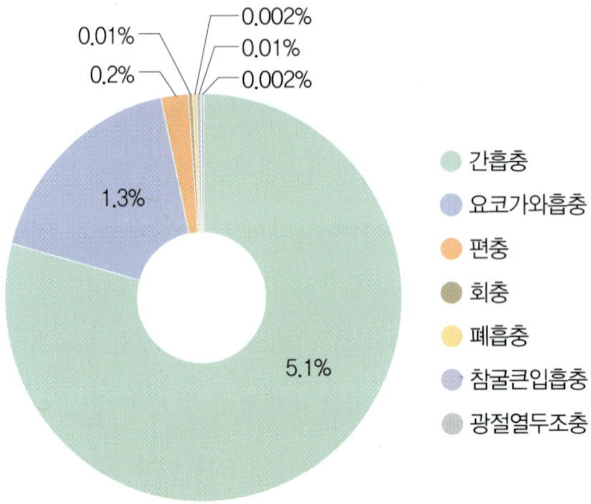

그림 7-1 | 장내기생충 감염실태 비율

출처 : 질병관리본부, 2014

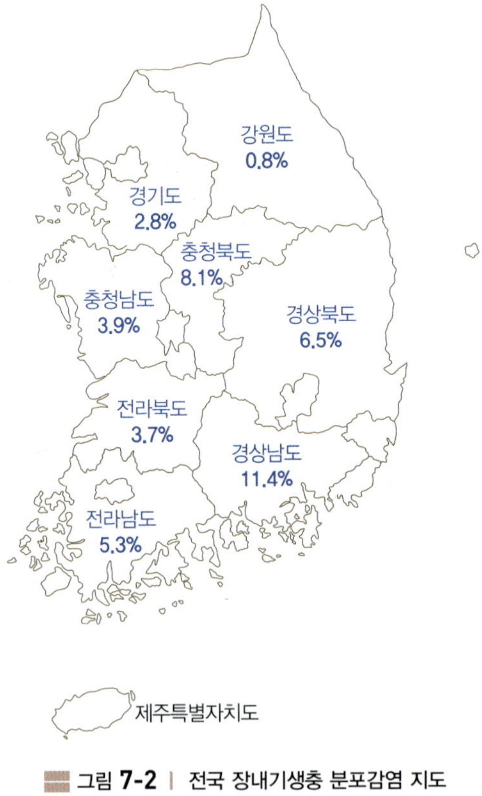

그림 7-2 | 전국 장내기생충 분포감염 지도

출처 : 질병관리본부, 2014

1) 채소류에서 감염되는 기생충

(1) 회충

회충Ascaris lumbricoides은 전세계에 골고루 분포되어 있으며 따뜻하고 습한 지방과 환경위생 시설이 미비한 지방에서 토양을 매개로 감염되며, 감염률은 높은 편이다. 우리나라에서도 전국에 분포하고 있으며, 특히 농촌에 많고 성인보다는 어린이들에게 감염률이 높다. 1970년대 한국에서 가장 많이 감염되는 인체 기생충이었으나 1995년 이후 충란양성률이 0.02%까지 감소하였다.

① 특징 및 감염

회충은 긴 원주상으로 성충의 길이는 수컷 15~31 ㎝, 암컷 20~35 ㎝로 사람의 장내에 기생하는 선충 중 가장 크며, 지름은 3~6 ㎜ 정도이다. 암컷은 하루에 10~20만 개의

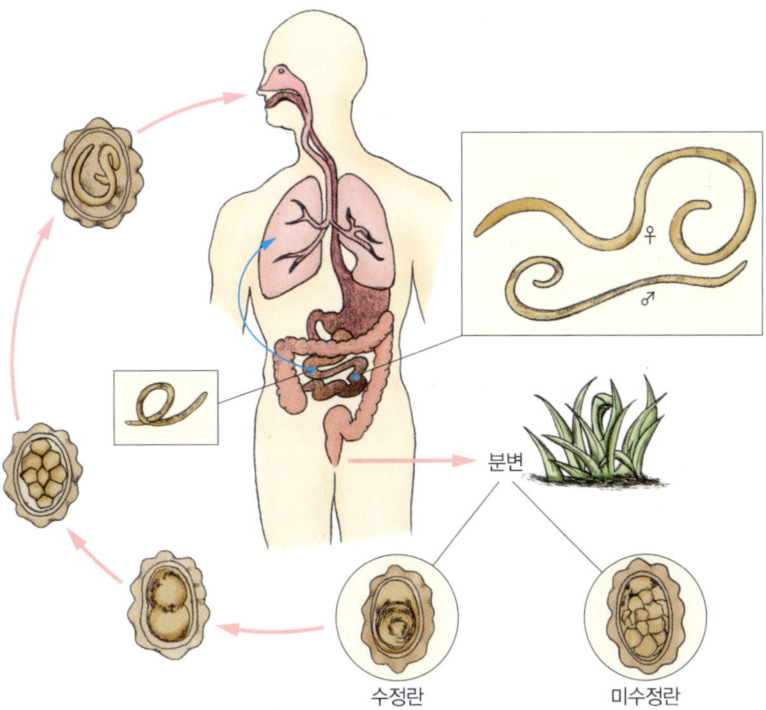

그림 7-3 | 회충의 감염 경로

알을 낳고 충란은 분변과 함께 배출되어 흙 속에서 2~5주 지난 후 감염형이 되어 채소류 등을 경구적으로 섭취하면 감염된다. 인체의 장에서 약 15시간 안에 탈피하여 장간막을 뚫고 간을 통하여 폐로 침입한다. 2회 탈피 후 기관지, 인후, 식도를 돌아서 다시 장으로 되돌아와 성충이 되어 소장에서 약 1개월 정도 기생한다 그림 7-3.

② 증상 및 예방법

회충에 감염되도 증상이 나타나지 않는 경우가 많다. 하지만 심하면 복통, 권태, 피로감, 두통, 발열 등을 일으키고, 어린이의 경우 이미증을 나타내며, 맹장이나 수담관 등에 침입하여 장폐색증, 복막염 등을 일으킨다.

회충의 충란은 인체 밖에서도 약 1년간 감염능력을 가지며, 건조와 저온에 대한 저항성이 강하지만 열에는 약하여 75℃에서 1초, 65℃에서 10분 이상의 가열로 죽는다. 예방을 위해서는 채소의 세정, 용변 후 식사 전 손의 청결, 집단구충을 철저히 실천한다. 근본적인 대책으로 분변의 완전처리를 위해 화장실을 수세식으로 바꾸고 인분을 사용하지 않는 청정채소를 보급하는 방법이 있다.

(2) 십이지장충

십이지장충Hookworm disease은 '구충'이라고도 불리며, 회충보다 건강장해가 심하고 경구 및 경피감염이 모두 가능하므로 유의할 필요가 있다.

① 특징 및 감염

십이지장충의 성충 길이는 수컷 7~8 mm, 암컷 10~13 mm로 지름은 0.4~0.6 mm 정도이다. 암컷은 하루에 1만 개의 타원형 알을 낳고, 분변과 함께 체외로 나온 충란은 습기가 많은 흙속에서 며칠 후 부화하여 작은 막대 모양(라브디티스rhabditis)의 유충이 된다. 그 후 탈피하여 감염형(필라리아filaria)의 유충이 되고, 약 1주 정도 후 감염형의 피낭유충이 된다. 인체 내로 들어간 유충은 약 5~6주 만에 성충이 되어 평균 5~7년 동안 기생한다.

경구감염의 경우, 십이지장의 조금 아래쪽인 공장 부근에서 기생하며 예리한 이빨로 장벽에 교착하고 이동성이 없다. 경피감염의 경우, 유충이 피부를 통하여 혈관, 림프관

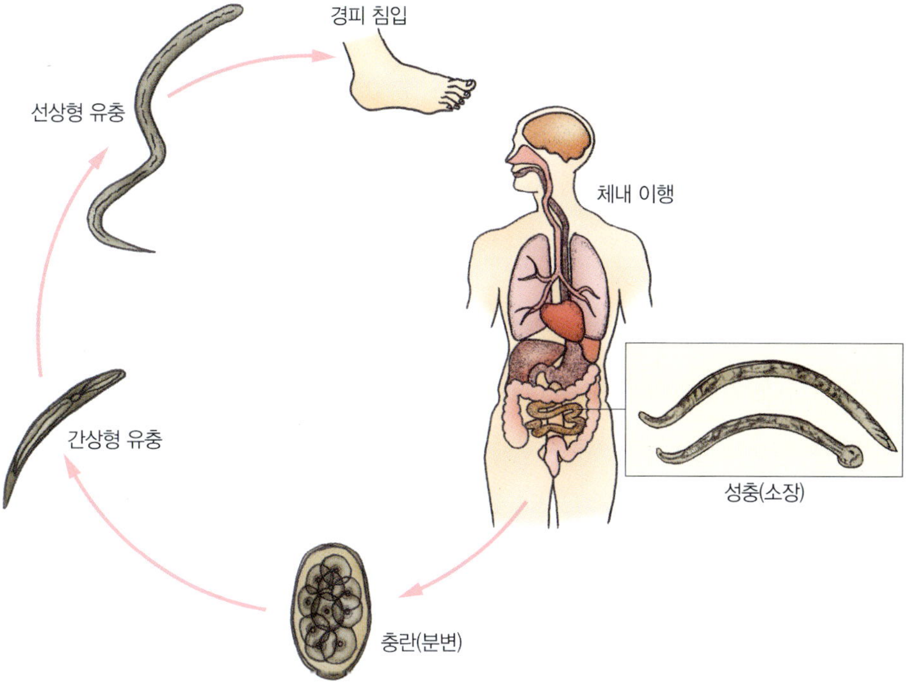

그림 7-4 | 십이지장충의 감염 경로

을 타고 폐순환을 거친 다음 기관지, 인두를 거쳐 소장의 점막층에 부착, 기생하여 직접 흡혈하고 장으로 되돌아와 성충이 된다 그림 7-4.

② 증상 및 예방법

십이지장충은 한 마리가 하루에 0.2 mL 정도의 피를 빨아먹으므로 감염 시 철분결핍성빈혈증을 일으키기 쉬우며 심계항진, 전신권태, 부종, 피부건조, 손톱의 변화 등의 증상이 나타나며 특히 경피감염에 주의해야 한다.

구충란은 회충란에 비하여 저항력이 약하여 분변 중의 생존기간이 2개월 정도로 알려져 있으며, 열에서는 70℃에서 1초 만에 죽고 직사광선을 쪼이면 짧은 시간 내에 죽는다. 예방법으로는 회충과 마찬가지로 채소의 세정, 손의 청결, 집단 구충 등을 철저하게 실천하고, 오염된 논밭을 맨발로 돌아다니지 않도록 한다.

(3) 편충

편충은 영어로 'whip worm' 이라고 부르며 '채찍벌레' 라는 뜻이다. 꼬리는 손잡이 같이 보이는 두꺼운 부분에 해당되고 몸체가 가느다란 부분이다. 편충은 열대와 아열대를 비롯하여 전 세계에 분포되어 있으며, 1970년대 우리나라에서도 감염률이 65.4%로 높았지만 2004년에는 0.3%로 감염률이 감소하였다.

① 특징 및 감염

편충의 성충 길이는 수컷 30~45 mm, 암컷 40~50 mm로 수컷이 좀 작다. 말채 모양의 형태로 앞부분의 3/5는 가늘고 긴 식도로 되어 있으며, 나머지 2/5는 육질로서 굵고 그 내부에는 생식기, 장관 등이 있다. 충란은 방추형으로 흙속에 수 주에서 18개월까지

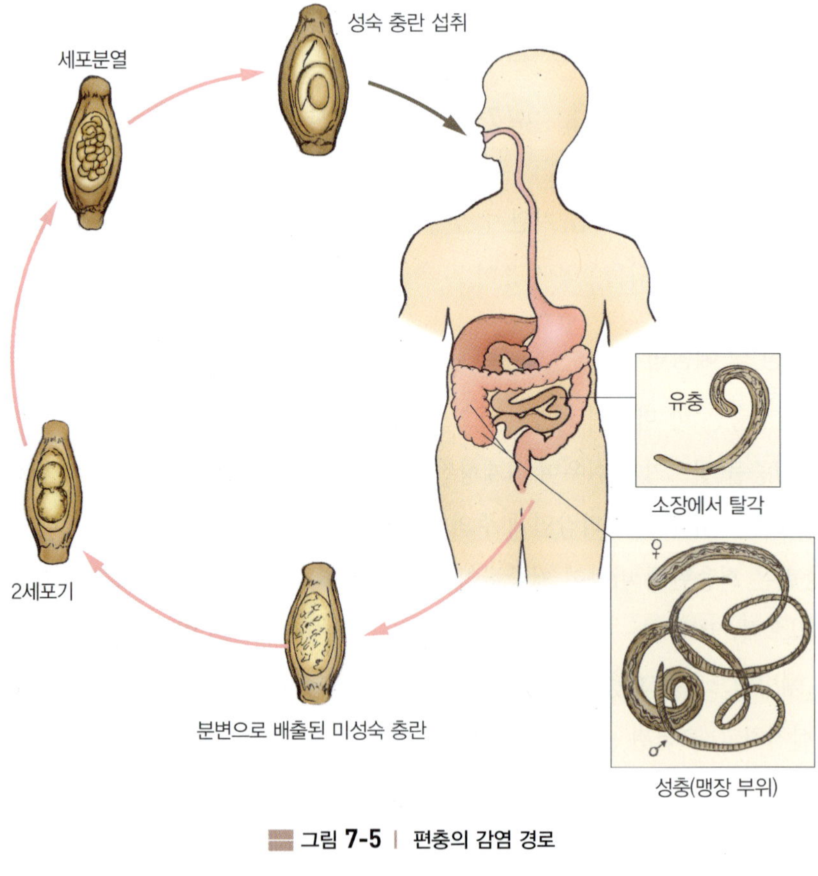

그림 7-5 | 편충의 감염 경로

생존하면서 감염형으로 변한다. 유충이 음식물과 함께 경구감염 되면 소장 상부에서 부화되고 유충은 점막을 따라 맹장 근처까지 내려가서 맹장과 대장 상부에 기생한다 그림 7-5.

② 증상 및 예방법

편충의 증상은 주로 무증상이나 빈혈, 신경증상, 맹장염 등을 일으킬 수 있으며, 예방법은 회충과 같다. 기생에 따른 병해는 심하지 않으나 자각증상이 없어 구충하기 어렵다.

(4) 요충

요충Seat worm은 세계적으로 널리 분포되어 있으며, 농촌보다는 인구밀도가 큰 도시와 어린이에게 감염률이 높다. 성인에게도 흔하며 가족 내 감염을 일으킨다.

① 특징 및 감염

요충의 성충은 방추형의 가늘고 흰 모양으로 수컷은 2~5 ㎜, 암컷은 8~13 ㎜ 정도이다. 맹장 내에 기생하며 암컷은 밤에 장에서 나와 항문 주위에 산란을 한다. 수 시간 후 감염형이 되고 성충은 항문 근처를 기어 다녀 매우 가렵고 손으로 긁게 되며 오염된 손을 거쳐 직접 경구감염된다. 오염된 음식물이나 식기 등을 통해서 경구감염되기도 한다. 충란이 소화관에 들어가면 두 번 탈피하면서 소장에서 대장으로 서서히 이동하고 성충이 되기까지 약 2개월이 걸린다 그림 7-6.

② 증상 및 예방법

요충의 증상은 알을 낳기 위하여 항문으로 나오기 때문에 항문 주위와 회음부에 소양증이 생겨서 가렵고 긁힘, 습진, 피부염, 불면증, 신경증 등이 있다. 여자는 백대하증 등이 일어나며 어린이는 오줌을 싼다. 예방법으로는 가족 모두 구충을 하는 것이 중요하며, 손, 항문 근처, 속옷 등을 깨끗하게 유지하는 방법과 항문이 가려워도 맨손으로 긁지 않는다.

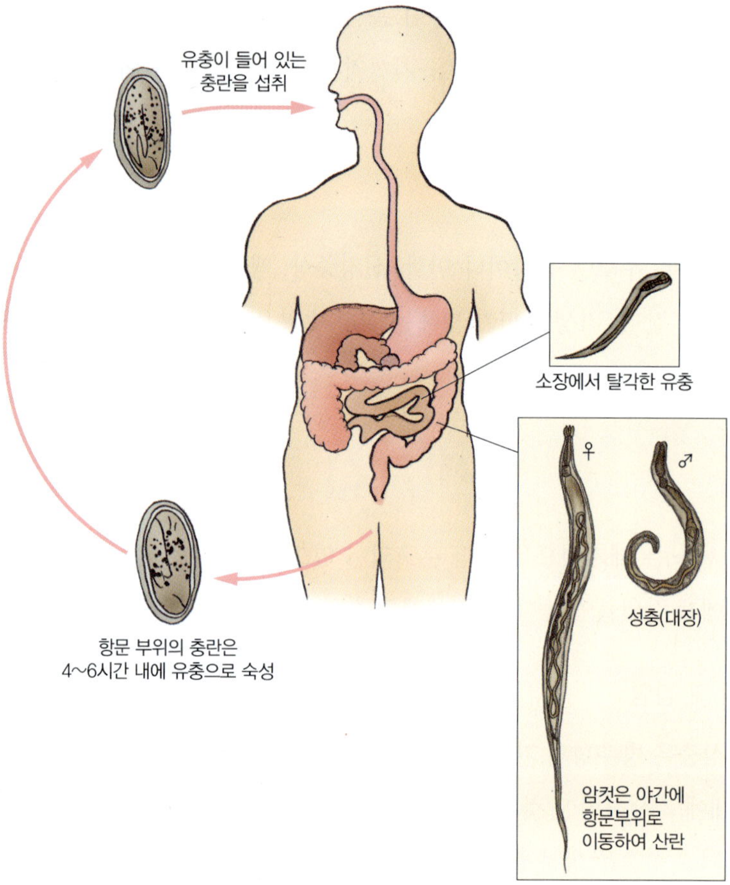

그림 7-6 | 요충의 감염 경로

(5) 동양모양선충

동양모양선충은 우리나라와 일본에서의 감염률이 비교적 높으며, 동양과 중남미에 주로 분포한다.

① 특징 및 감염

동양모양선충은 털 모양의 형태로 아주 가늘고 작은 선충으로 수컷 4~6 ㎜, 암컷 5~7 ㎜로 충란은 비교적 큰 편이며 구슬알과 비슷하다. 분변에 섞여 배설된 충란은 3~4일이 지나면 자충이 생기고 구충처럼 작은 막대 모양(라브디티스rhabditis)유충과 감염형

(필라리아filaria)유충 시기를 거쳐 최종적으로 소장에 두부를 파묻고 기생하며 구충보다 피부감염력은 약하다. 일시적으로 장점막 내에 침입하는 일은 있으나 체내 이행성은 없다.

② 증상 및 예방법

동양모양선충은 감염이 되어도 대부분은 자각하지 못하며 특별한 병변도 없다. 그러나 다수에 감염된 때에는 장점막에 염증을 일으키고, 소화기계 증상과 빈혈을 일으킨다. 예방법으로는 회충 및 구충과 같이 채소의 세정, 손의 청결, 집단구충 등을 철저히 실천해야 한다.

2) 육류에서 감염되는 기생충

(1) 무구조충

무구조충Beef tape worm은 세계적으로 많이 분포하고 있으며 우리나라에서도 흔히 볼 수 있는 조충으로 일명 '민촌충'이라고도 한다. 낭충은 쇠고기를 통하여 인체에 감염되므로 '쇠고기 촌충'이라고도 한다.

① 특징 및 감염

무구조충의 길이는 10~12 m, 체절이 1,000개 이상이며 두부에는 4개의 흡반이 있는 마름모꼴로 두정부에 갈고리가 없는 것이 특징이다. 충란은 분변과 함께 편절이 외부로 배출되어 목초에 묻은 것을 중간숙주인 소가 먹으면 장내에서 육구유충이 되어 장벽을 뚫고 근육 안에 들어가 피낭하여 무구낭충이 된다. 낭충은 주로 근육에 기생하지만 림프선, 식도 등에서도 발견이 되며, 사람에게 경구감염되면 소장 상부에 기생하며 성충이 된다 그림 7-7.

② 증상 및 예방법

무구조충은 일반적으로 감염증상이 없지만 복통, 소화불량, 오심, 구토 등 소화기계 증상이 나타날 수 있으며, 매일 다수의 편절이 자동적으로 항문에서 배출되어 움직이

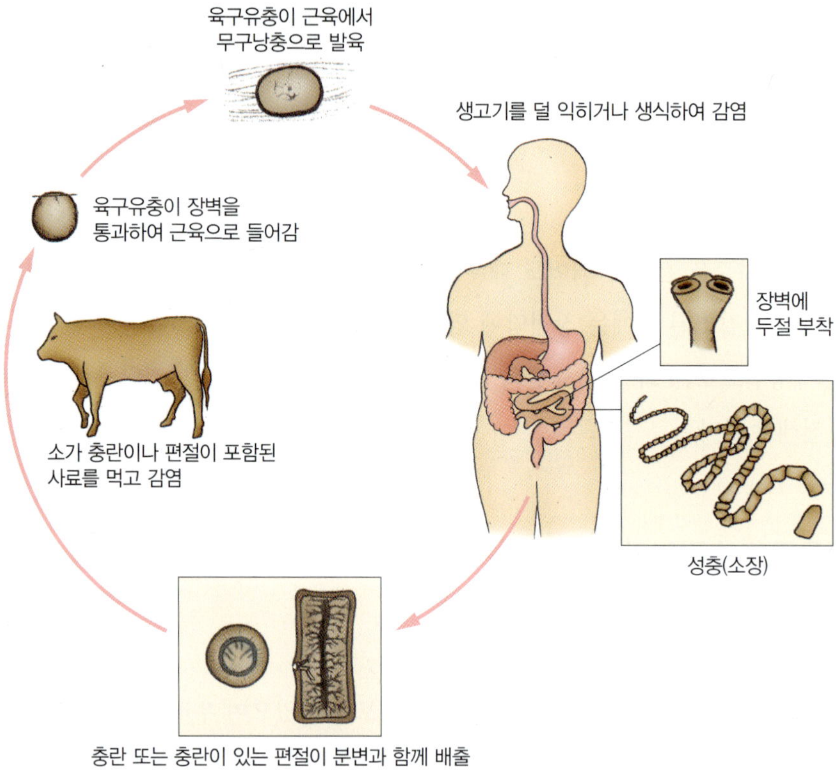

그림 7-7 | 무구조충의 감염 경로

므로 매우 불쾌하다. 예방법으로는 쇠고기를 충분히 익혀서 먹고, 쇠고기의 검사를 철저히 해야 한다.

(2) 유구조충

유구조충Pork tape worm은 돼지고기로부터 감염되어 '돼지고기 촌충'이라고 하며, 두부에 갈고리를 가지고 있어 '갈고리촌충'이라고도 한다.

① 특징 및 감염

유구조충의 길이는 2~8 m, 폭 5~6 ㎜, 체절은 700~1000개이다. 두부는 구형으로 22~33개의 갈고리가 있으며, 4개의 흡반이 둘러싸고 있다. 분변과 함께 배출된 편절 또는 타원형의 충란은 중간숙주인 돼지가 섭취하고 소장에 들어가 부화한 후 근육 속

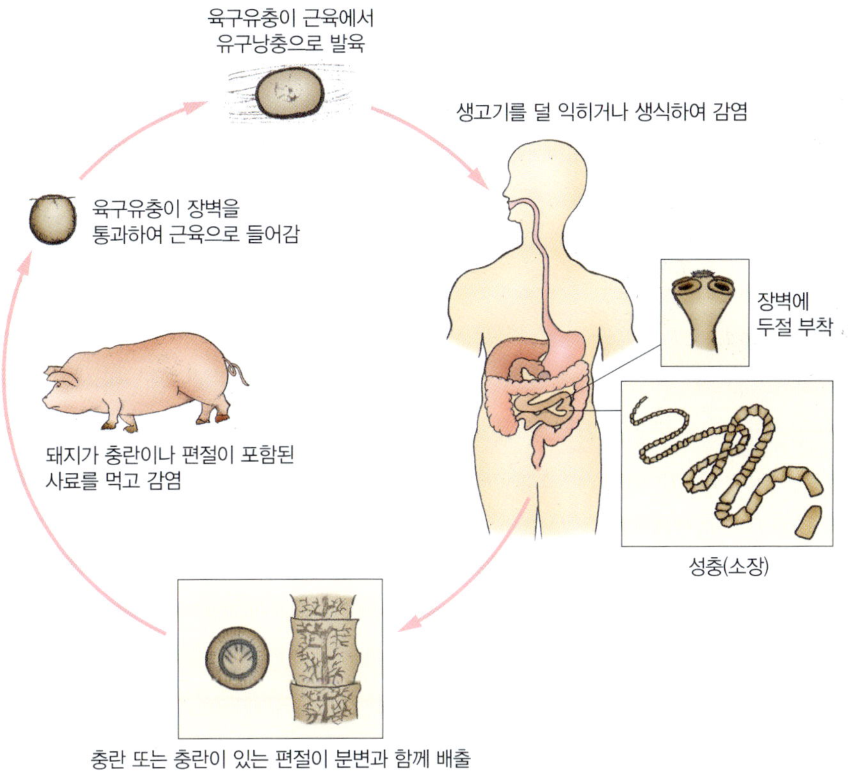

그림 7-8 | 유구조충의 감염 경로

으로 침입하여 유구낭충이 된다. 사람이 이 돼지고기를 섭취하면 감염되고 소장에서 성충이 된다. 충란을 사람이 먹었을 때 장내에서 낭충이 기생하며 특유의 증상을 나타낼 수도 있으며, 이를 인체 유구낭미충증이라고 한다 그림 7-8.

② 증상 및 예방법

유구조충에 감염되면 무증상인 경우도 많지만 소화불량, 설사, 영양불량 등을 나타내며, 예방법은 돼지고기의 생식을 금하는 것이다.

(3) 선모충

선모충*Trichinella spiralis*은 서양과 중국 등에 분포되어 있는 기생충으로 우리나라에서는 아직 보고된 적이 없다. 사람을 비롯하여 돼지, 개, 고양이, 쥐의 근육 내의 낭에 코일 모양으로 존재하며 다숙주성 기생충이다.

그림 7-9 | 선모충을 가지고 있는 멧돼지

① 특징 및 감염

선모충은 인체 내에서 기생하는 선충류 중에서 가장 작은 것으로 선충의 길이는 수컷이 1.5 ㎜, 암컷이 3~4 ㎜ 정도이며, 수컷이 암컷에 비해 상당히 작고 유충은 0.1 ㎜ 정도이다. 성충은 소장 상부의 점막 내에 기생하여 유충을 낳는데 유충은 분변으로 나가는 일은 거의 없으나 혈관과 림프선을 통하여 이동하며 온몸의 횡문근 내에서 발육하고 피낭하여 기생한다. 이 피낭유충을 갖는 날고기를 다른 동물이 섭취하면 그 장내에서 유충이 탈낭하고 소장점막에 침입하여 성충이 된다. 자충의 경우 죽지 않고 수 년 및 수십 년간 생존하며 사람 몸에서 25~31년간 생존한 보고도 있다 그림 7-9, 7-10.

② 증상 및 예방법

선모충에 감염되면 설사, 복통 등의 위장증상을 일으키고 발열, 근육통 등이 생긴다. 또한 횡격막이나 심근을 침해하는 경우 사망하는 경우도 있다. 사람의 감염은 주로 피낭유충을 갖는 돼지고기의 생식에 의하므로 예방법으로 돼지고기의 생식을 금한다.

야생동물을 먹고 선모충에 감염된 사례

1) 1997년, 지리산에서 잡은 오소리를 먹고 우리나라에서 남자 네 명이 감염됨.
2) 2001년, 강원도에서 멧돼지를 먹고 다섯 명이 감염됨. 멧돼지를 먹고 선모충에 감염된 국내 첫 번째 사례임.
3) 2002년, 강원도에 살던 40대 남자가 멧돼지를 잡아 가족이 먹었는데, 네 명 모두 선모충에 감염됨
4) 2003년, 강원도 주민 13명이 멧돼지 육회를 사먹은 뒤 모두 선모충에 감염됨.
5) 2010년, 강원도 양구군에서 잡은 멧돼지의 육회를 먹은 열 명이 선모충에 감염됨.
6) 2010년, 강원도에서 사냥해 온 멧돼지를 마을주민 20여 명이 나누어 먹었고, 육회를 먹은 12명만 선모충에 감염됨.
7) 2012년, 충북의 한 식당에서 자라회를 먹고 여섯 명이 감염됨.

출처 : 서민, 2013

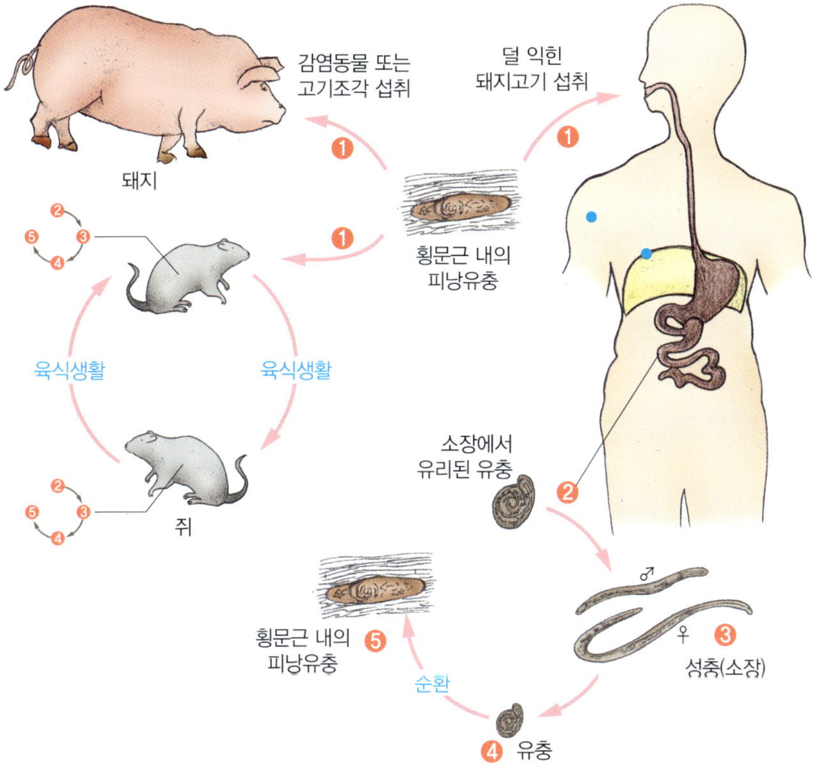

그림 7-10 | 선모충의 감염 경로

3) 어패류에서 감염되는 기생충(Clonorchis sinensis)

(1) 간디스토마

간디스토마Clonorchiasis, Chinese liver fluke는 '간흡충'이라고도 하며, 우리나라에서는 낙동강, 영산강, 섬진강, 한강 등의 강변지역 주민이 많이 감염되며 민물고기를 생식하는 생활습관을 가지고 있는 지역주민이 많이 감염된다.

① 특징

간디스토마의 성충은 가늘고 길며 구두주걱 모양으로 길이는 10~25 ㎜이고, 충란은 아주 작고 타원형으로 황갈색의 두꺼운 난각이 있다. 충란이 장을 거쳐 분변에 섞여 배출되면 민물에 서식하는 제1중간숙주인 왜우렁이에게 먹힌다. 발육한 유충이 물속으

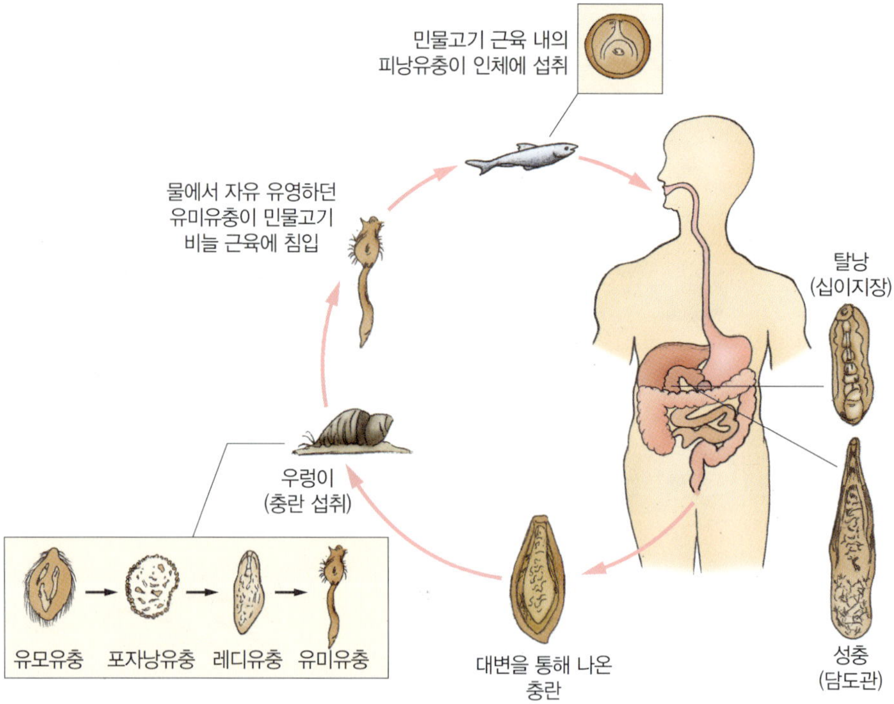

그림 7-11 | 간흡충의 감염 경로

로 빠져나와 제2중간숙주인 담수어(참붕어, 잉어, 피라미, 모래무지, 향어)에게 먹히면 피하조직이나 근육 내로 들어가 피낭유충이 된다. 감염된 민물고기를 생식한다든지 조리과정 중 조리기구를 통해서 다른 음식물을 거쳐 경구감염되면 유충은 장내에 들어가서 탈낭하여 유약디스토마가 되고 담관에 기생하여 성충이 된다 그림 7-11, 7-12.

그림 7-12 | 민물회 섭취로 간디스토마에 감염되면 담도암 발생 확률의 증가

② 증상 및 예방법

간디스토마가 소수 기생하는 경우에는 특별한 증상을 나타내지 않으나 다수가 기생하면 간비대, 복수, 황달, 야맹증, 간경화, 위장장애, 담즙색소 양성 등의 증상을 나타낸다. 예방법으로는 담수어, 왜우렁이의 생식을 금하고 민물고기 회를 먹는 습관을 금지하고 조리 후 조리기구를 깨끗이 씻는다. 인분으로 인한 호수나 강의 오염을 차단시킨다.

(2) 폐디스토마

폐디스토마Paragonimus, Oriental lung fluke는 '폐흡충'이라고도 한다. 중국, 일본, 동남아 지역에 많이 분포되어 있으며 우리나라에서는 산간지역과 남해안, 제주도 유역에 많이 분포되어 있다. 현재는 참게와 가재의 유행지가 많이 사라져 감염률은 낮아졌으나 홍역에 감염된 소아에게 가재 생즙을 먹이는 습관이 있는 지역에서 많이 유행하였다.

① 특징

성충은 편평한 나뭇잎 모양으로 7.5~16.0 ㎜ 정도이고, 객담이나 대변으로 나온 충란은 비교적 커서 회충알의 두 배 정도로 날개가 있고 갈색이다. 충란은 25~30℃의 물속에서 14~21일 내에 유모유충을 형성, 부화한 뒤 물속을 떠돌아다니다가 제1중간숙주인 다슬기에게 먹힌다. 다슬기 내에서 포자낭유충, 레디유충, 유미유충의 발육과정을 거

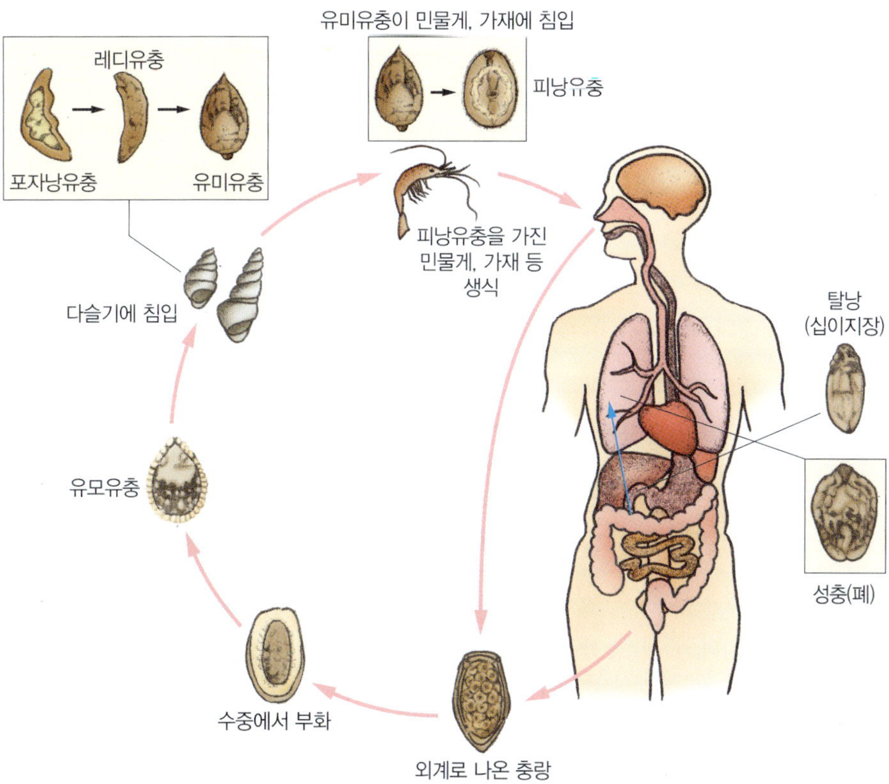

그림 7-13 | 폐흡충의 감염 경로

쳐 제 2중간숙주인 갑각류(게, 가재) 등의 아가미, 내장, 근육 등에 들어가 피낭유충이 된다. 이러한 갑각류(게, 가재)를 생식하면 감염되어 유충은 소장 상부에서 탈낭하고 장점막을 뚫고 횡격막, 흉강을 거쳐 폐에 침입하여 작은 기관지 부근에서 성충이 된다 그림 7-13.

② 증상 및 예방법

폐디스토마가 폐에 기생할 때의 증상은 만성적인 경과를 보여 폐결핵 초기 같이 기침, 객담, 객혈 등의 증상을 일으키고 흉통을 느끼며 전신경련, 발작, 실어증, 시력장애를 나타낸다. 예방법으로는 게나 가재의 생식금지, 유행지역의 생수 음용금지, 환자 객담의 위생적 처리가 있으며, 조리기구와 용기에 의한 2차 오염을 차단하기 위해 세척하고 살균한다.

(3) 요코가와흡충

요코가와흡충Metagonimus은 '장흡충' 이라고도 하며, 일본을 비롯한 동양 각국에 분포한다. 우리나라에서도 섬진강 유역을 중심으로 비교적 높은 감염률을 나타내고 있으며, 1981년부터 충란 감염이 보고되고 있는데 여성보다 남성의 감염률이 높다.

① 특징

요코가와흡충의 성충은 1.0~1.5 ㎜의 아주 작은 장내 흡충으로 모양이 간흡충과 비슷하며, 충란은 담갈색으로 장내에 산란하여 알이 분변과 함께 배출된다 그림 7-14. 사람과 개, 고양이, 돼지 등의 육식동물과 펠리컨 같은 조류의 소장 점막에 기생한다. 피낭유충은 열과 화학약품에 강하며, 식초에 1시간, 0.3% 염산이나 간장에서도 6시간 동안 견디며, 70℃에서도 15분간 죽지 않는다. 충란은 제1중간숙주인 다슬기에서 부화한 후 주위 조직에 들어가 유모유충, 포자낭유충, 레디유충, 유미유충 등의 발육과정을 거친 후 다시 물속으로 빠져나와 제2중간숙주인 담수어(잉어, 붕어, 은어)에 침입하여 피낭유충이 된다. 사람이 이러한 담수어를 생식하면 감염되고 공장 상부에 기생한다 그림 7-14.

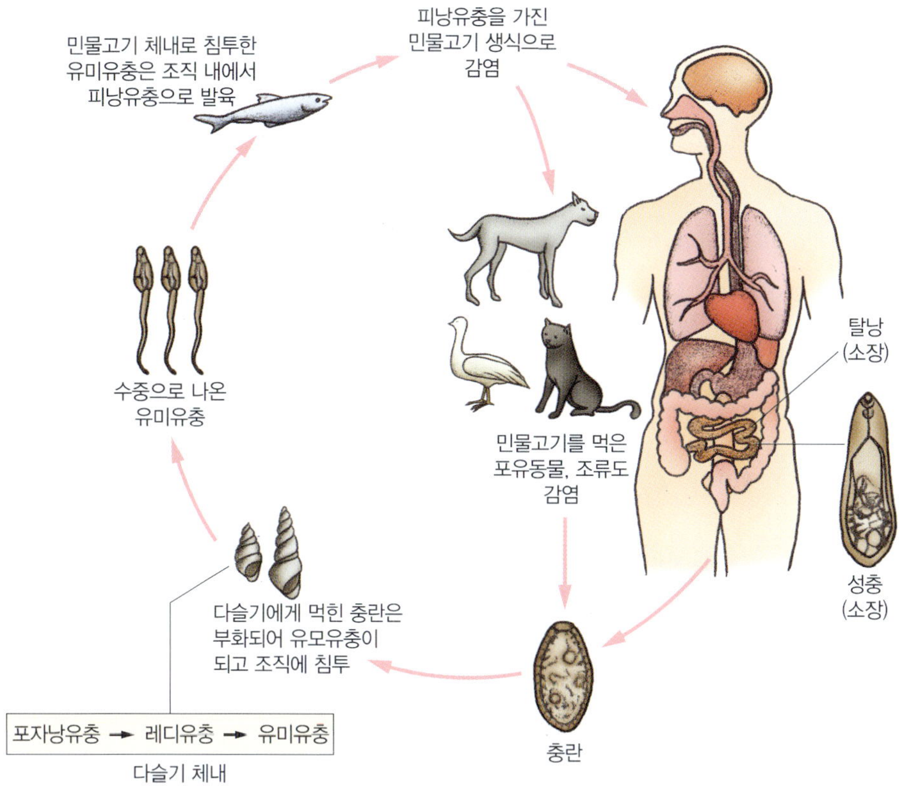

그림 7-14 | 요코가와흡충의 감염 경로

② 증상 및 예방법

요코가와흡충은 대부분 무증상이지만 흡충이 소장 점막에 기생하면 염증을 일으키며 복통, 설사, 식욕 이상, 두통, 신경증세, 만성장염, 빈혈 등을 일으킨다. 예방법으로는 담수어, 특히 은어의 생식을 금한다.

(4) 광절열두조충

광절열두조충Fish tape worm은 인체에 기생하는 조충 중에서 가장 길어 '긴촌충'이라고도 하며, 일본, 유럽, 미국 등에 많고 우리나라에서는 농어를 통한 감염이 보고되고 있다.

① 특징

광절열두조충은 성충의 길이가 3~10 m이고, 폭 10~12 ㎜의 각 체절이 3,000~4,000개에 달하는데 폭이 길이보다 넓기 때문에 광절이라고 한다. 곤봉 모양의 두절이 있고 2개의 흡구가 있어 장점막에 흡착 고정한다. 타원형의 충란은 분변으로 배출되어 15~25℃의 물속에서 11~15일 후 부화되어 제1중간숙주인 물벼룩이 섭취한 후 제2중간숙주인 연어, 송어, 농어 등의 담수어가 물벼룩을 먹으면 근육이나 간에서 성장한다. 감염된 담수어를 사람이 섭취하면 장관에서 성충이 되어 소장 상부에 기생한다 그림 7-15.

② 증상 및 예방법

광절열두조충은 복통, 설사 등의 소화기장해와 빈혈, 영양장애 등의 증상을 나타내

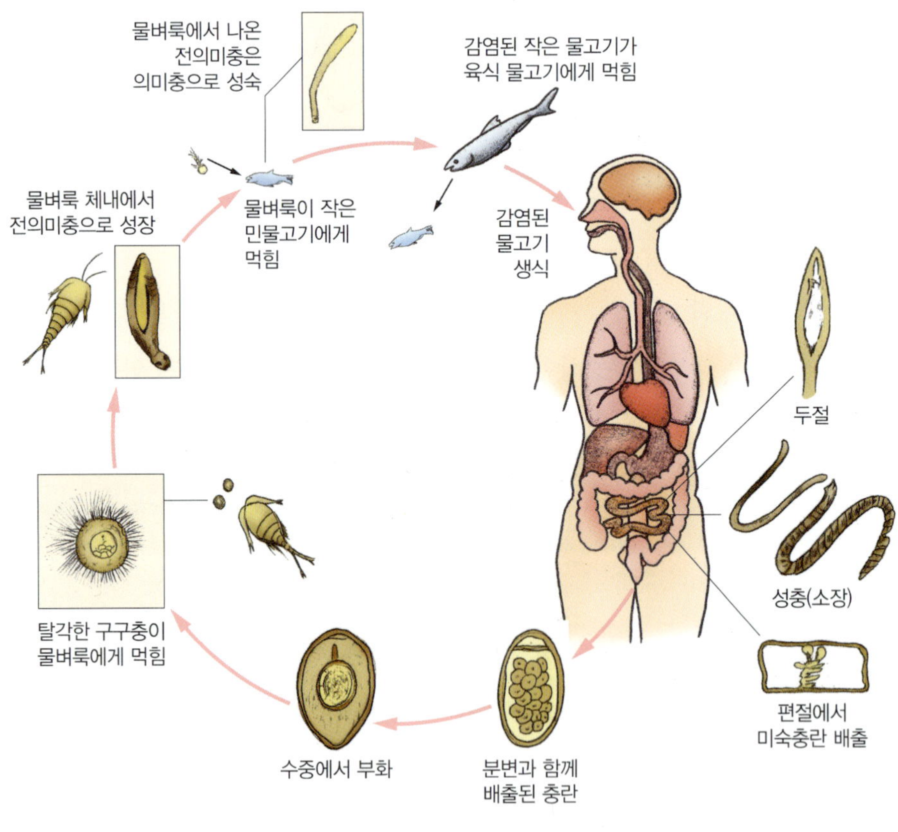

그림 7-15 | 광절열두조충의 감염 경로

며, 특별한 증상을 나타내지 않을 수도 있다. 그러나 배변을 할 때 충체의 일부가 항문에 늘어지는 것은 불쾌감을 준다. 예방법으로는 농어, 연어 등의 반담수어나 담수어의 생식을 피하고, 열에 약해 50℃에서 몇 분이면 죽기 때문에 완전히 익혀 먹는다. 유충의 경우 -10℃에서 24시간이면 죽고, 말리거나 간장에 졸여도 죽는다.

(5) 유극악구충

유극악구충Gnathostoma lpinigerum은 일본과 동남아시아에 널리 분포하는 선충으로 우리나라에서의 발생보고는 없다.

① 특징

유극악구충의 성충 길이는 수컷 11~25 ㎜, 암컷 25~55 ㎜이며, 머리 부분에 갈고리 형태를 가지고 있다. 개, 고양이 등을 종말숙주로 하며 사람은 종말숙주가 아니어서 유

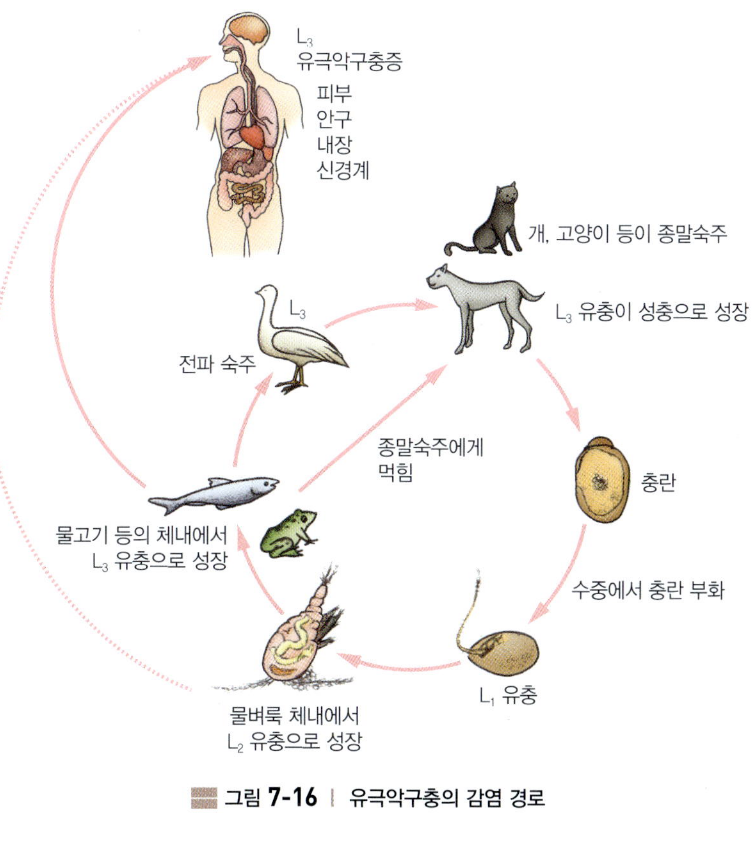

그림 7-16 | 유극악구충의 감염 경로

충이 기생하더라도 성충이 되지 못한다. 분변과 함께 배출된 충란은 물속에서 부화하여 제1기 유충으로 부화된 후 제1중간숙주인 물벼룩에 먹혀 제2중간숙주인 민물고기(가물치, 메기 등)가 섭취하면 근육 또는 피하조직으로 옮겨가 유충이 된다. 이것을 종말숙주가 생식하면 감염되어 피부유종을 일으킨다 그림 7-16.

② 증상 및 예방법

유극악구충의 증상은 피하조직에 이동하여 피부종양, 복통, 구토, 발열 등이 나타나며, 예방법으로는 가물치나 메기 등의 담수어 생식을 금지하고 섭취 시 가열조리한다.

(6) 고래회충

고래회충Anisakis은 '아니사키스' 라고도 하며, 고래, 돌고래, 참조기, 오징어 등의 해산어류에 기생하는 회충의 일종이다. 우리나라와 일본에서는 바닷물고기의 생식을 즐기므로 보건위생상 문제가 되는 기생충이다.

① 특징

고래회충의 성충길이는 수컷 8 ㎝, 암컷 12 ㎝ 정도이다. 해산 포유류로부터 배출된 충란은 바닷물 속에서 부화하여 제1기 유충이 되고, 제1중간숙주인 크릴새우 등의 소갑각류에게 섭취되어 제2기 유충이 된다. 이것이 제2중간숙주인 바닷물고기(고등어, 조기, 청어, 대구, 갈치, 오징어 등)에 섭취되면 내장이나 근육 내에서 제3기 유충이 된다. 감염된 물고기를 사람이 생식하면 감염되지만 인체 내에서는 성충이 되지 못한다. 사람은 중간숙주인 바닷물고기를 섭취함으로써 유충이 위장벽에 기생하여 육아종을 형성한다.

② 증상 및 예방법

고래회충은 복통, 메스꺼움, 구토 등을 일으키고, 예방법으로는 바닷물고기의 생식을 금하고 조리 시 내장을 완전 제거한다. 유충은 저온에 대한 저항력이 약하여 -20℃로 냉각하면 5~6시간 안에 사멸하며, 70℃로 가열하면 죽는다.

Key point

표 7-2 주요 기생충 감염의 원인식품

원인식품		기생충
채소류	채소, 과일	회충, 편충, 요충, 십이지장충, 동양모양선모충
육류	쇠고기	무구조충
	돼지고기	유구조충, 선모충
어류	왜우렁이→담수어(붕어, 잉어)	간디스토마
	다슬기→담수어(은어, 붕어)	요코가와흡충
	물벼룩→연어, 송어, 농어	광절열두조충
	크릴새우→바닷물고기(오징어, 대구, 고등어)	고래회충(아니사키스)
	물벼룩→민물고기(가물치, 메기)	유극악구충
갑각류	다슬기→갑각류(참게, 가재)	폐디스토마

2 식품과 위생동물

식품위생상 깊은 관련이 있는 대표적인 위생동물에는 쥐, 파리, 바퀴, 진드기 등이 있다. 위생동물은 병원미생물을 매개로 하여 직접 인체 내에 침입하여 감염시키거나 식품에 운반하여 식품을 변질시키고, 식품의 외관과 미각 등을 손상시키거나 악화시키기도 한다. 살서나 방충을 함으로써 경제적 피해를 주고 화학약제 사용에 대한 안전성에 대한 불안감을 주기도 한다.

1) 쥐

쥐Rats는 설치목, 쥐과에 속하는 포유동물로 약 2,000여 종이나 되지만 우리나라에는 약 20여 종이 있다. 우리나라에서 식품위생상 위해가 되는 대표적인 가주성 쥐로는 지붕쥐(곰쥐), 생쥐, 시궁쥐(집쥐) 등 3종이 있으며 주택 내 또는 그 주변에서 서식한다.

(1) 쥐의 종류

시궁쥐(집쥐)는 집쥐류 중 가장 크며 몸무게 400~500 g, 몸길이 200~270 ㎜, 꼬리 165~205 ㎜로 꼬리가 몸길이보다 조금 짧거나 같고 귀가 두껍고 작다. 마루 밑이나 시궁창의 측벽 등에 작은 구멍을 파고 살며 높은 곳을 오르내리지 못한다.

지붕쥐(곰쥐)는 시궁쥐보다 몸집이 작고 몸무게 300~400 g, 몸길이 145~200 ㎜, 꼬리 250 ㎜로 꼬리가 몸길이보다 길며 귀가 크다. 집의 천정이나 다락 속에 보금자리를 만들고 살며 실내에서 활동을 하고 높은 곳을 잘 오르내리며 동작이 빠르다.

생쥐는 몸집이 아주 작아서 몸무게 20 g, 몸길이 80~100 ㎜이고, 꼬리가 몸길이와 비슷하고 일반가옥이나 고층건물의 상층까지 분포되어 있다그림 7-17, 7-18.

들쥐는 3종의 가주성 쥐를 제외한 모든 쥐류를 의미하며, 등줄쥐는 우리나라에서 우점종이므로 유행성출혈열의 원인을 제공하기 때문에 주의해야 한다.

(2) 쥐의 생활사

쥐는 연간 5~6회 임신, 임신기간 3주, 1회에 약 5~12마리를 생산한다. 시궁쥐는 평균 8~12마리, 지붕쥐는 6~8마리, 생쥐 5~6마리의 새끼를 낳으며 생후 2주부터 죽을 때까지 단단한 물건을 갉는 습성이 있다. 생후 2~3개월이면 성체로 성장하며, 수명은 약

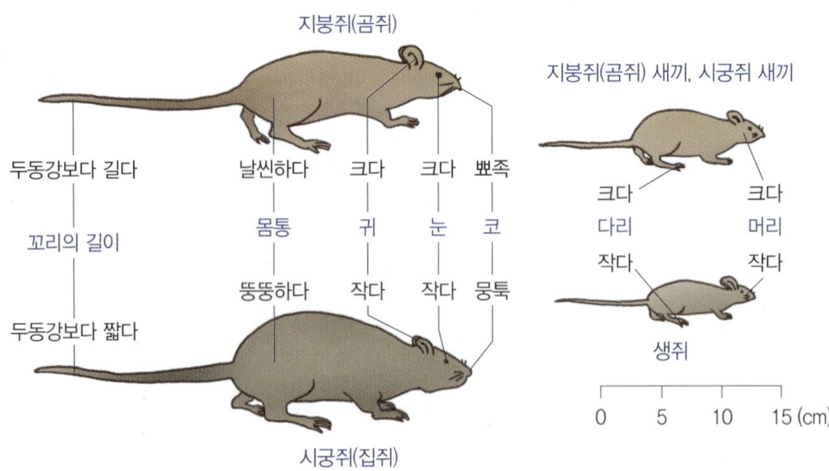

그림 7-17 | 가주성 쥐의 형태적 비교

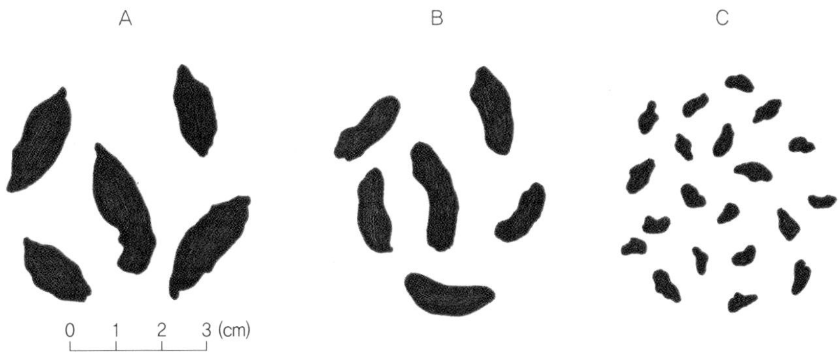

그림 7-18 | 시궁쥐(A), 곰쥐(B) 및 생쥐(C)의 분변

2~3년이고, 색맹으로 시각은 나쁘지만 청각, 후각, 촉각은 매우 발달해 있다. 잡식성이며, 야행성이고 행동반경이 좁으며 일정한 통로와 정해진 서식처가 있다.

(3) 쥐와 관련한 식품위생

쥐는 무슨 물건이든지 갉는 습성이 있어서 식품이나 기물을 파괴하고, 농작물에 피해를 주며 식품을 오염시켜 각종 전염병(렙토스피라증, 서교증, 패스트, 발진열)과 식중독(살모넬라), 기생충(선모충, 왜소조충, 일본주혈흡충)을 매개한다.

(4) 쥐의 구제

쥐의 구제는 쥐의 습성이나 생태를 잘 파악하여 환경개선을 하는 것이 무엇보다 중요하다. 둥지나 먹이를 제거하고, 가옥 및 부엌 등은 쥐의 침입을 막을 수 있는 구조로 설계하고 음식물의 보관과 쓰레기 처리에도 유의해야 한다. 또한 살서제와 쥐덫, 쥐틀을 이용하여 쥐를 박멸한다. 대표적인 살서제에는 쿠마린coumarin계의 만성출혈독제인 와파린warfarin이 쓰이는데 인수에 대한 안정성이 크고 혈액응고 저지작용에 의한 내출혈을 일으켜 살서율도 좋으므로 많이 사용된다. 급성독제인 황인제, 비소제, 인화아연 등도 오래 전부터 사용되었고, 최근에는 프라톨fratol도 많이 사용되는데 모두 인수에 맹독성이므로 주의해야 한다.

Key point

표 7-3 쥐 종류에 따른 특징

종류	특징
시궁쥐 (집쥐)	• 집쥐류 중 가장 크다. • 몸무게 400~500 g, 몸길이200~270 ㎜, 꼬리 165~205 ㎜ • 꼬리가 몸길이보다 조금 짧거나 같다. • 귀가 두껍고 작다. • 마루밑, 시궁창의 측벽 등에 작은 구멍을 파고 산다. • 높은 곳을 오르고 내리지 못한다.
지붕쥐 (곰쥐)	• 시궁쥐보다 몸집이 작다. • 몸무게 300~400 g, 몸길이145~200 ㎜, 꼬리 250 ㎜ • 꼬리가 몸길이보다 길다. • 시궁쥐보다 귀가 크다. • 집의 천정, 다락 속에 보금자리를 만들고 산다(실내활동). • 높은 곳을 잘 오르고 내리며 동작이 빠르다.
생쥐	• 몸집이 아주 작다. • 몸무게 20 g, 몸길이 80~100 ㎜ • 꼬리가 몸길이와 비슷하다. • 일반가옥, 고층건물 상층까지 분포한다.

2) 파리

파리Flies는 쌍시목에 속하는 곤충으로 그 종류가 수천 종이 되며, 집파리, 쉬파리, 검정파리, 금파리, 초파리, 벼룩파리 등이 식품위생상 문제가 되고 있다.

(1) 파리의 종류

집파리는 우리나라에서 가장 흔한 가주성 파리이며 도시보다 농촌에 많고 쓰레기, 퇴비, 축사 등에서 많이 발생한다.

쉬파리 중에서 대표적인 것으로 똥파리는 변소, 쓰레기, 돼지우리, 닭장 등에서 발생하며, 변소에서 발생하는 대부분의 구더기가 똥파리의 유충이다. 쉬파리는 난태성이어서 이미 부화된 알을 어류 등에 낳아 구더기가 생기게 하여 불결함과 불쾌감을 준다.

검정파리류는 청색을 띠고 있으며 높은 발생률을 보이는 것은 큰검정파리이다. 봄과 가을에는 인가 주변에서 발견되고 여름에는 산으로 이동하여 적어진다. 파리의 구조 및 형태는 그림 7-19~7-21과 같다.

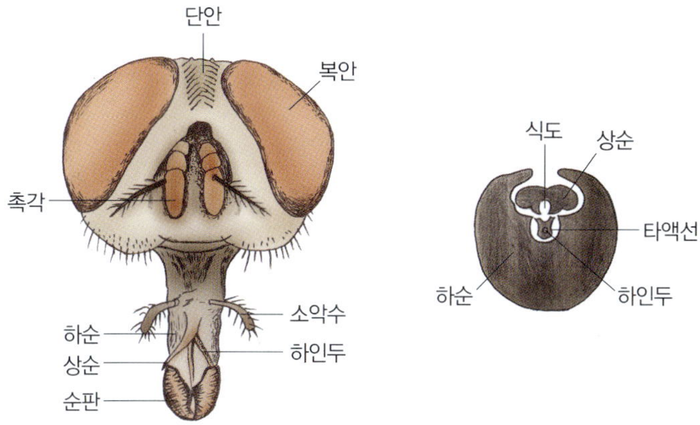

그림 7-19 | 파리의 두부(전면)와 구기(口器)의 횡단도

그림 7-20 | 파리목 곤충의 촉각횡단도

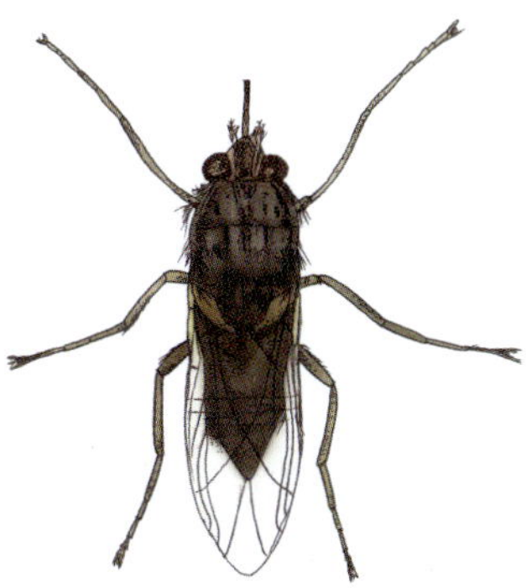

그림 7-21 | 체체파리의 형태

(2) 파리의 생활사

파리는 알→유충→번데기→성충의 생활사를 갖는다. 성충은 발육하기 좋은 곳에 산란을 하는데, 한번에 50~150개, 일생 동안 5~6회 산란한다. 그 후 부화하여 성충이 되면 2번 탈피하고, 성장이 끝난 유충은 먹이 중에서 기어나와 비교적 건조한 곳에서 번데기가 되어 성충이 되며, 5~10일 있으면 산란을 하게 된다. 산란은 최초의 10일 이내에 완료하며, 파리의 수명은 평균 30일 정도이다.

- 완전변태는 알→유충→번데기→성충의 4단계의 형태적 변화를 거쳐 성충이 되는 것을 말하며, 모기, 파리, 벼룩, 나방, 등에 등이 있다 그림 7-22.

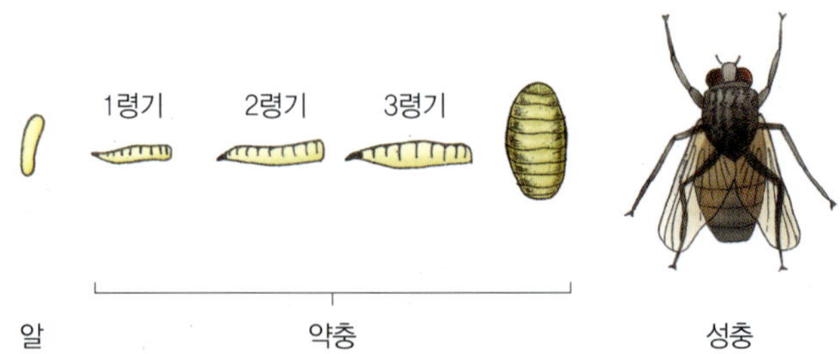

그림 7-22 | 완전변태를 하는 곤충의 생활사(파리)

- 불완전변태는 알에서 나온 유충이 번데기 과정을 거치지 않고 성충이 되는 곤충을 말하며, 알→유충→성충의 발육단계를 거치며 이, 바퀴, 빈대, 진드기 등이 여기에 속한다. 불완전변태를 하는 곤충의 경우는 유충대신 약충 혹은 자충이라고 부르기도 한다 그림 7-23.

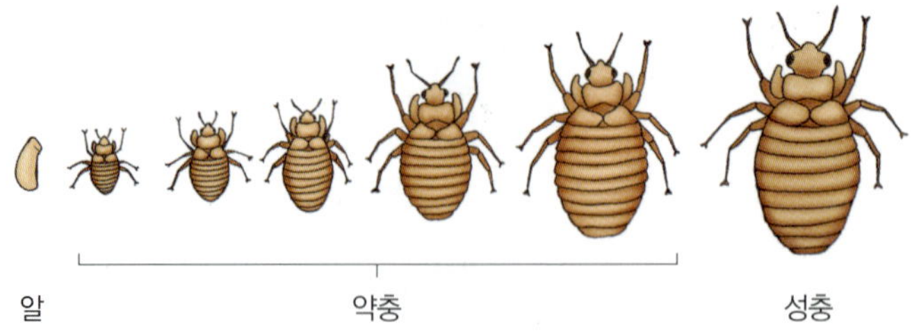

그림 7-23 | 불완전변태를 하는 곤충의 생활사(빈대)

(3) 파리와 관련된 식품위생

파리는 병원체를 기계적으로 전파하면서 날아다니며 불결한 것과 접촉하고 각종 음식물이나 식기류에 덤벼들어 불쾌감이나 불결감을 준다. 또한 세균성 소화기계 질환(이질, 장티푸스, 콜레라, 살모넬라증 등) 및 감염병(소아마비, 결핵, 나병, 화농성 질환 등)을 전파시키거나 회충, 십이지장충, 요충, 편충 등의 유충을 전파시켜 기생충증을 발병시킨다. 파리의 유충이 식품에 섞여 소화관에 침입하면 파리 유충증을 일으켜 설사, 복통, 구토, 발열, 혈변 등의 증상을 나타내기도 한다.

(4) 파리의 구제

가장 이상적인 파리의 구제방법은 환경위생개선과 파리의 발생원을 제거하는 것이다. 파리의 발생원에는 쓰레기, 변소, 퇴비, 축사 등이 있으며 이를 위생적으로 철저히 관리하는 방법이 있다. 또한 살충제, 접촉제, 독살제를 이용하여 구제하는 방법으로 다이아지논diazinon, 말라티온malathion, nalad, 다이메토에이트dimethoate 등을 직접 분무하거나 DDVP를 연무 또는 훈증하는 방법이 있다.

3) 바퀴

바퀴Cockroaches는 바퀴목에 속하는 곤충으로 약 4천 종이 알려져 있으며, 약 4억 년 전부터 지구상에 나타났다. 우리나라에는 독일바퀴를 비롯하여 9종이 분포되어 있으며, 독일바퀴, 이질바퀴, 검정바퀴, 일본바퀴의 4종이 가주성으로 밝혀져 있다.

(1) 바퀴의 종류

① 독일바퀴

독일바퀴Blattella germanica는 우리나라에서 가장 흔히 발견되는 바퀴이다. 특징으로는 몸길이가 1~1.5 ㎝로 가주성 바퀴 중에서 가장 작고, 밝은 황갈색을 띠며 암컷은 수컷에 비해 약간 검은 편이다. 또한 전흉배판에는 흑색의 두 줄 종대가 있다 그림 7-24.

그림 7-24 | 독일바퀴

② 이질바퀴

이질바퀴Periplaneta americana는 우리나라 남부지방에 국한되어 분포한다. 특징으로는 몸길이가 3.5~4 ㎝로 가주성 바퀴 중에 가장 크고, 광택이 있는 적갈색이다 그림 7-24.

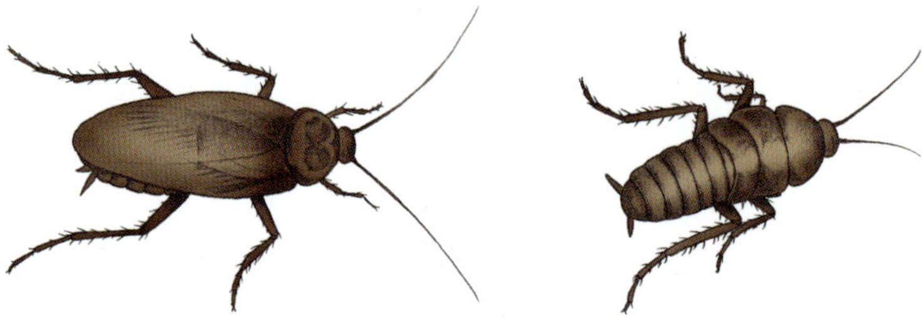

그림 7-25 | 이질바퀴

③ 검정바퀴

검정바퀴Periplaneta fuliginosa는 먹바퀴라고도 불리며, 몸길이가 3~4 ㎝이고 흑갈색을 띄며 몸과 날개 모두 강한 광택이 있는 특징을 가지고 있다 그림 7-26.

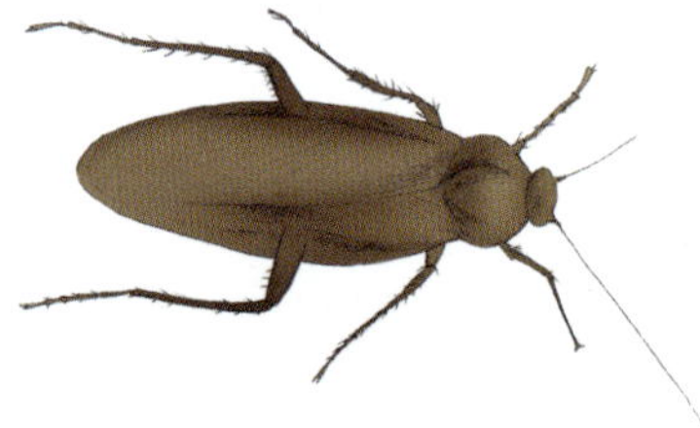

그림 7-26 | 검정바퀴

④ 일본바퀴

일본바퀴Periplaneta japonica는 집바퀴라고도 하며, 검정바퀴와 아주 비슷하고 몸집이 조금 작은 편이다. 암컷의 특징은 날개가 짧아 복부 중앙부까지만 닿아 쉽게 식별할 수 있고, 수컷의 특징은 몸집이 가늘고 흉부배면이 약간 울퉁불퉁하여 검정바퀴와 구분할 수 있다 그림 7-27.

그림 7-27 | 일본바퀴

(2) 바퀴의 생활사

바퀴는 불완전 변태, 즉 알→유충→성충의 과정을 거쳐 발육하는 곤충으로 다른 곤충에 비해 성장속도가 느린 편이다. 알에서 부화된 유충은 종류에 따라 4~5회, 7~8회의 탈피를 하면서 1~10개월에 거쳐 성충이 된다. 성충이 되면 교미활동을 하고 암컷은 죽을 때까지 산란을 계속한다. 종류에 따라 다르지만 성충은 3~4개월에서 1년 이상의 수명을 갖는다.

(3) 바퀴와 관련된 식품위생

군거생활을 하는 가주성 바퀴는 높은 온도와 먹이가 충분할수록 많은 번식을 하는데 이와 같은 조건을 잘 갖춘 건물이 많은 도시, 특히 아파트에 집중되어 서식한다. 대체로 주방의 벽틈, 찬장 뒤, 냉장고 뒤 온도와 습도가 적절하고 으슥한 곳이라면 서식이 가능하고 야간 활동성으로 낮에는 은신처에 숨어 있다가 밤이 되면 먹이를 찾아 활동한다. 행동이 상당히 빠르고 잡식성이어서 사람이 먹는 식품을 다 좋아하며 인분이나 책, 풀, 비닐제품 등도 갉아 먹는다.

바퀴는 불쾌감과 공포감을 주며 분변이나 오물을 먹을 뿐 아니라 이리저리 돌아다니며 불결한 것들을 묻혀 다니며 옮기기도 하고 이질바퀴와 같이 큰 종류는 물어서 상처를 내기도 한다. 간접적으로는 병원체를 기계적으로 운반하여 페스트, 나병, 장티푸스, 이질, 콜레라, 결핵, 소아마비 등의 질병을 일으킨다.

(4) 바퀴의 구제

바퀴의 구제에서 가장 중요한 것은 바퀴가 서식하는 곳과 음식물을 제거시켜 청결을 유지하는 것이다. 또한 살충제를 이용하는 방법에는 독먹이법, 훈증법 및 훈연법, 잔류분무의 방법이 있다. 독먹이법은 붕산, 디프테렉스dipterex 등의 살충제를 이용하여 식독작용을 일으키게 하여 구제하는 방법이다. 훈증법과 훈연법은 속효성으로 휘발성 살충제를 50 μ 이하의 미세입자로 충분히 연무하거나 가연물질과 함께 연소시켜서 바퀴가 숨어있는 틈까지 살충제를 침투시키는 방법으로 피레트린pyrethrin과 DDVP 등을 사용한다. 잔류분무는 바퀴 구제에 가장 효과적이고 경제적인 방법으로 살충제를 분

Key point

표 7-4 바퀴 종류에 따른 특징

종류	특징
독일바퀴 (Blattella germanica)	• 몸길이가 1~1.5 ㎝, 가주성 바퀴 중에 가장 작다. • 밝은 황갈색이며 암컷은 수컷에 비해 약간 검은 편이다. • 우리나라에서 가장 많이 발견되는 바퀴이다. • 전흉배판에 흑색의 두 줄 종대가 있다.
이질바퀴 (Periplaneta americana)	• 몸길이가 3.5~4 ㎝, 가주성 바퀴 중에 가장 크다. • 광택이 있는 적갈색이다. • 우리나라 남부지방에 국한되어 분포한다.
검정바퀴 (Periplaneta fuliginosa)	• 먹바퀴라고 부르기도 한다. • 몸길이가 3~4 ㎝ • 흑갈색을 띠며 몸, 날개 모두 강한 광택이 있다.
일본바퀴 (Periplaneta japonica)	• 검정바퀴와 아주 비슷하다. • 몸집이 조금 작은 편이다. • 암컷 특징 : 날개가 짧아 복부 중앙부까지 밖에 닿지 않는다. • 수컷 특징 : 몸집이 가늘고 흉부배면이 약간 울퉁불퉁하다.

무하거나 분제를 살포하는 방법이다. 다이아지논diazinon, 크로르데인chlordane, 프로폭서propoxur 등을 사용한다.

4) 진드기

진드기Mite & tick는 거미강에 속하는 진드기목으로 약 1만 여 종의 종류가 알려져 있으며, 그중 100여 종이 식품과 관계되어 있다. 진드기는 몸길이에 따라 큰 진드기류와 작은 진드기류로 나뉜다.

(1) 진드기의 종류

식품에서 발생하는 진드기는 대부분이 작은 진드기류이다. 식품위생과 관련된 주요 진드기에는 긴털가루진드기, 수중다리가루진드기, 보리가루진드기, 설탕진드기, 집고기진드기, 작은가루진드기, 먼지진드기 등이 있다. 식품에서 발생하는 진드기류의 특

표 7-5 식품에 발생하는 진드기류

종류		특징
가루진드기류	긴털가루진드기	• 몸길이 0.3~0.5 ㎜의 유백색~황백색 • 곡류, 곡분, 빵, 과자, 건조과일, 치즈, 건어, 초콜릿 등의 다양한 식품에서 발견된다. • 가루진드기류 중에서 가장 흔하게 발생하고 피해가 크다.
	수중다리가루진드기	• 몸길이 0.4~0.6 ㎜의 유백색 • 저장식품, 종자, 치즈, 건조과일 등에서 발생한다. • 대량 발생 시 식품에 곰팡이 냄새를 발생시킨다. • 유럽에서 가장 흔한 종류이다.
	보리가루진드기	• 몸길이 0.4~0.6 ㎜의 유백색, 타원형 • 곡물, 건어물에서 주로 많이 발견된다.
	설탕진드기	• 몸길이 약 0.4 ㎜의 유백색, 달걀형 • 조제 설탕이나 된장 등의 표면에 많이 번식한다. • 건조 과일에서도 많이 발견된다.
	집고기진드기	• 몸길이 0.5~0.6 ㎜의 타원형 • 체표면에 점박이가 있다. • 설탕, 치즈에 발생한다. • 미국 등에 많이 분포한다.
	작은가루진드기	• 몸길이 0.3~0.5 ㎜ • 밀가루, 건조 달걀, 흑설탕 등에 발생한다.
먼지진드기류		• 몸길이 0.1 ㎜ 정도로 아주 작다. • 사람의 분뇨, 객담에서 발견된다. • 식신혈충증 등 인체 내 진드기증의 원인이다. • 보리먼지진드기는 식품 중 곡물, 곡분, 건물 등에 발견된다.

성은 표 7-5와 같다. 기타 진드기의 주요 구조 및 형태는 그림 7-28~7-34과 같다.

(2) 진드기의 생활사

진드기는 일반적으로 알→유충→약충→성충의 단계를 거쳐 발육을 하지만 일부 약충기를 거치지 않는 것도 있으며, 대개 자유생활을 하나 몇 종은 동·식물에 기생하기도 한다.

(3) 진드기와 관련된 식품위생

진드기의 습성은 세 가지로 나눌 수 있으며, 식품을 영양원으로 하여 번식하는 것,

식품에 발생한 세균과 곰팡이류를 먹는 것, 이러한 진드기가 다른 곤충 등에 기생하거나 또는 그것을 포식하는 것으로 나눌 수가 있다. 진드기는 변온동물로서 20℃ 이상의 온도, 상대습도 75~85%, 먹이 중의 수분 15~20%, 단백질과 탄수화물은 필수적으로 함유한 환경조건을 갖춰야 번식하기가 좋고 지방이 있으면 더욱 좋다. 번식요인 중 가장 중요한 요소는 온도, 수분, 영양 3가지 요소이다. 진드기가 발생하기 쉬운 식품으로는 번식요인 3가지를 갖춘 건조과일, 염장어패류, 건어물, 치즈 등 밀봉하지 않고 오래 방치한 식품이다.

진드기가 번식하면 불쾌감을 줄 뿐 아니라 식품을 손상·변질시켜 식품의 가치를 떨어뜨린다. 진드기의 존재는 식품의 섭취를 못하게 할 뿐만 아니라 식품과 함께 인체에 침입하면 진드기증acariasis을 일으킨다.

(4) 진드기의 구제

진드기를 구제하려면 환경을 깨끗이 하고 식품의 보관을 잘하여 진드기가 증식할 수 없도록 해야 한다. 식품의 저장장소의 통풍을 잘하여 방습에 힘쓰고 곡분이나 과자 등은 충분히 건조시켜 수분함량을 10% 이하, 습도를 60% 이하로 유지하여 보관하도록 한다.

또한 식품에 따라서 가열, 냉동, 저온보관, 포장 등의 방법을 이용하기도 하는데, 진드기는 60℃에서 5분간 열처리하여 사멸시키거나 0℃ 정도의 냉장 및 냉동을 하여 진드기의 증식을 억제한다. 진드기의 침입을 방지하기 위해 알루미늄박이나 밀폐용기로 식품을 밀봉하고, 살충제 등의 약제를 사용하여 박멸한다. 약제를 사용한 방법에는 잔류분무가 가장 효과적으로 말라티온malathion, 디아지논diazinon, 스미티온sumithion, DDVP 등의 약제가 사용되고 있다. 특히 마루 밑, 벽틈, 창틀 등에 침입하기 쉬우므로 이런 곳에 중점적으로 분무하는 것이 효과적이다.

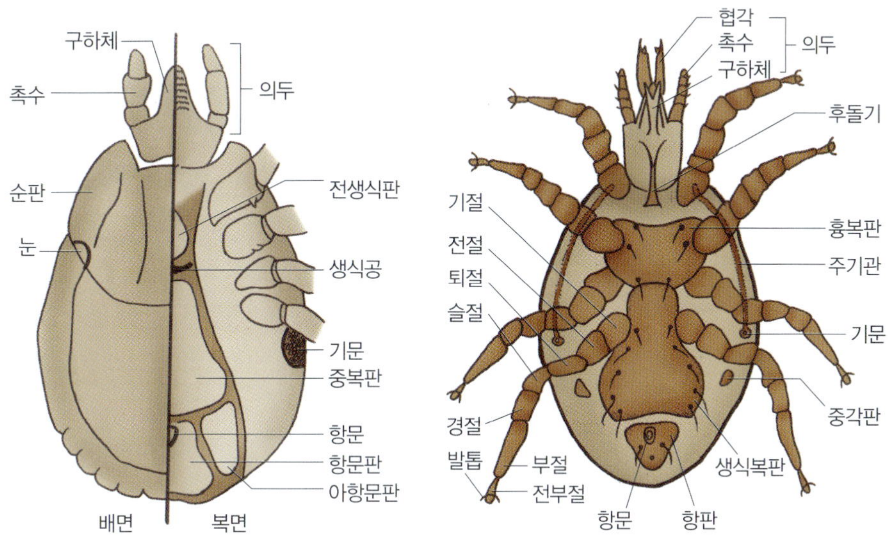

그림 7-28 | 진드기의 형태

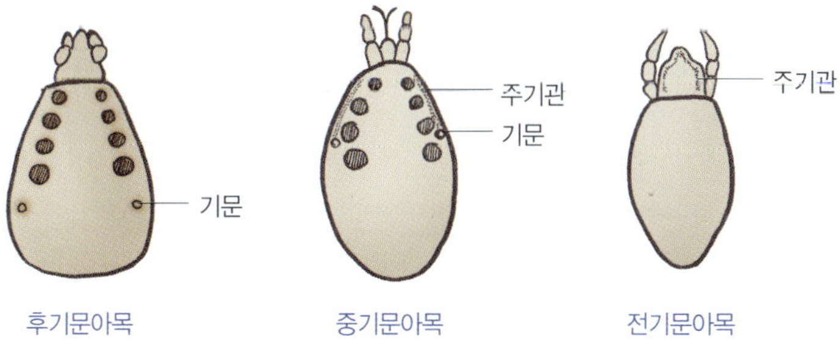

그림 7-29 | 진드기 호흡기계에 의한 아문(亞門) 분류

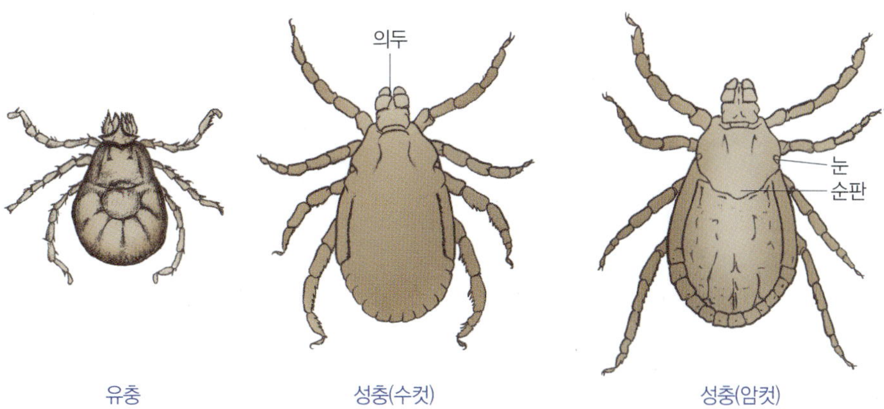

그림 7-30 | 참진드기의 형태

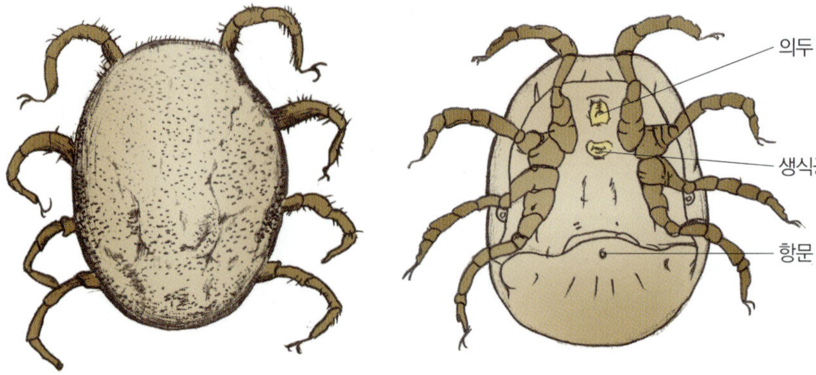

그림 7-31 | 물렁진드기의 형태

그림 7-32 | 털진드기의 약충(좌)과 성충(우)

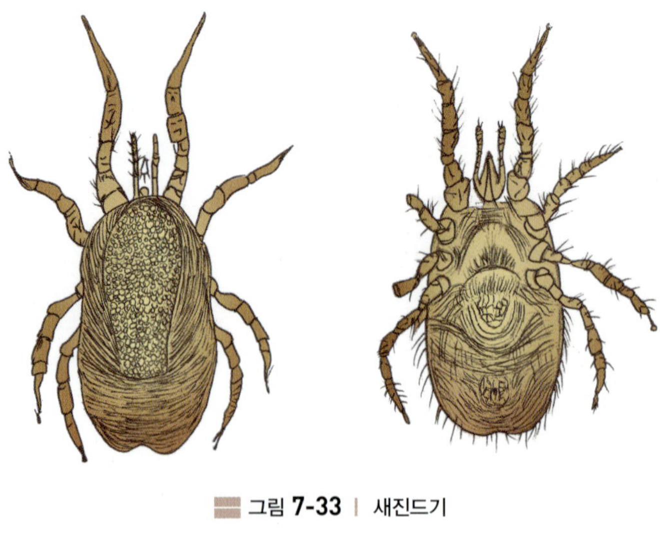

그림 7-33 | 새진드기

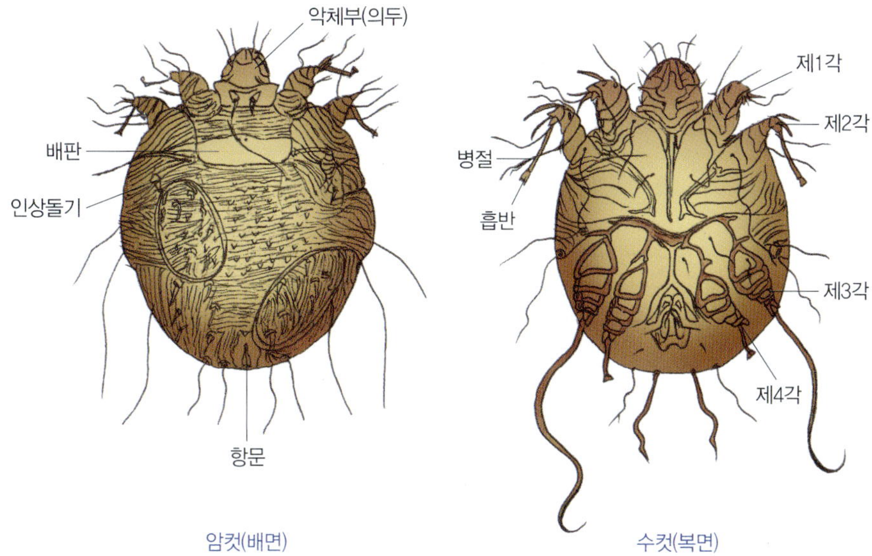

그림 7-34 | 옴진드기

5) 기타 곤충

곤충류는 날개가 없는 무시아강과 날개가 있는 유시아강으로 구분되며, 유시아강은 어릴 때에 날개의 싹이 보이는데, 불완전변태를 하는 외시류와 유충이 성충과는 전혀 달라 완전변태를 하는 내시류로 구분된다.

위생곤충이란 인체에 직접 또는 간접적으로 해를 주거나 의학이나 위생학에 관계가 있는 곤충을 말한다. 일반적으로 위생곤충 속에는 곤충이 아닌 진드기, 전갈, 거미, 지네 등도 포함하는 일이 많고, 가축이나 조수(鳥獸)의 위생, 또는 식품위생에 관계있는 곤충을 포함시키기도 한다. 곤충의 주요 구조 및 형태는 그림 7-35~7-38와 같다.

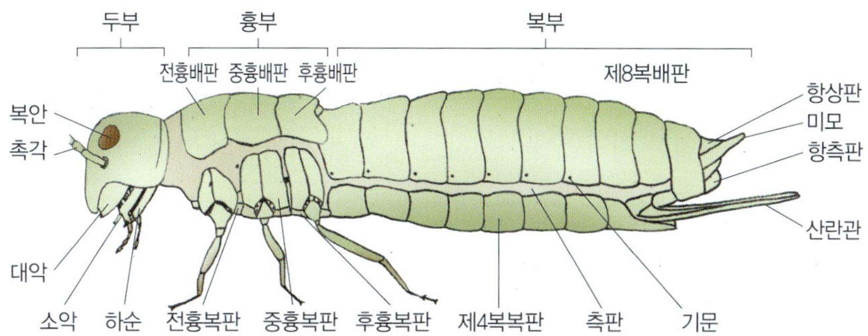

그림 7-35 | 곤충의 일반적인 형태

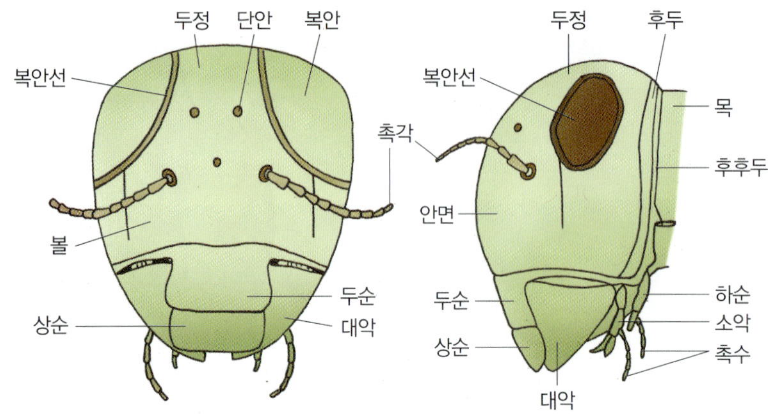

그림 7-36 | 곤충의 두부(頭部)

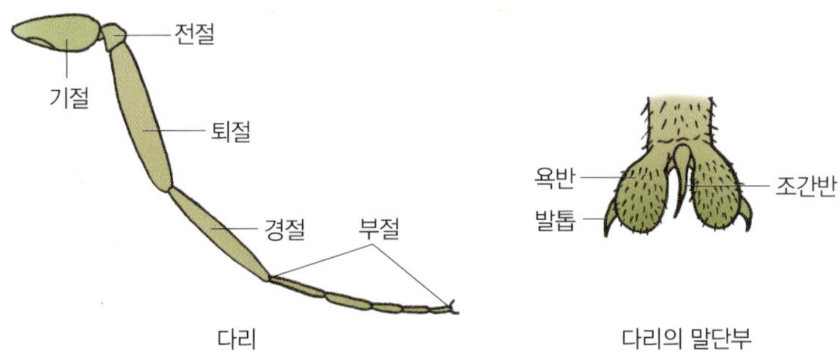

그림 7-37 | 곤충의 다리

(1) 이

이Lice는 외부기생성인 흡혈곤충으로 사람이나 가축 등의 포유류에 기생하여 피해를 주며, 일부는 전염병을 매개하는 위생해충이다.

① 이의 종류

이과Pediculidae에는 몸이Pediculus humanus와 머릿이Pediculus humanus humanus가 있으며 머릿이는 사람의 불결한 머리털에 기생하는데, 알은 머리털의 기부 가까이에 분비물을 분비하여 고착시킨다.

② 이의 생활사

암컷은 1일 3~10알, 일생에 약 300개의 알을 낳고 유충기는 약 10일이다. 몸은 일반

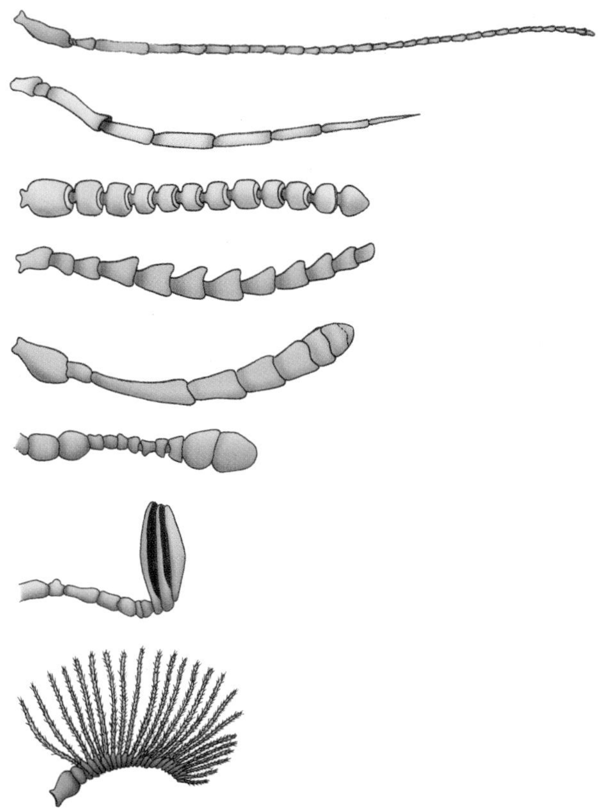

그림 7-38 | 촉각의 여러 형(型)

적으로 아주 작거나 소형으로 몸길이 0.5~0.6 ㎜의 등배로 납작하다. 색은 담황색 또는 농갈색을 띠며 날개는 없고 더듬이는 3~5마디로 되어 있으며, 머리는 작고 다소 원뿔형으로 입이 있고 그 아랫면의 양쪽과 중앙에 치돌기가 있어서 흡혈할 때 상대의 체표에 고착한다. 다리는 굵고 발톱이 잘 발달되어 숙주의 체표에 붙는 데 적응되었다.

알은 숙주의 체모 또는 의복 등의 섬유에 한 알씩 낳으며, 타원형으로 빛깔은 광택이 나는 진주 백색 또는 유백색을 띤다. 유충은 성충과 마찬가지로 흡혈성이며, 3~4회 탈피한 뒤에 성충이 되고 성충의 수명은 보통 30~50일로 그 사이에 흡혈하고 교미하고 산란한다.

③ 이와 관련된 위생

이가 기생하면 머리가 가렵고 긁으면 습진 등이 생기기 쉬우며 발진(發疹)티푸스,

회귀열 등의 전염병을 매개할 수 있다. 이는 암·수 모두 하루에 2회 정도 흡혈하는데, 한번에 1~2 ㎎ 정도의 피를 섭취하며 고온과 고습에 부적당하고 빛을 싫어한다.

(2) 모기

모기Mostuitoes는 지구상에 약 3,500종이 알려져 있고, 한국에서는 56종이 기록되어 있다. 국내에 서식하는 주요 모기의 종류는 작은빨간집모기, 중국얼룩날개모기(학질모기), 토고숲모기 등이다.

① 모기의 종류

작은빨간집모기는 일본뇌염 바이러스를 매개하는 모기로 크기가 4.5 ㎜ 정도로 소형이며, 다리의 각 절 끝에 작고 흐린 백색띠가 있는 것이 특징이다. 중국얼룩날개모기는 학질모기라고도 하며 말라리아를 매개하고 날개에 백색반점과 흑색반점이 각 2개씩 있다. 학질모기는 휴식 시 45~90° 의 자세를 유지한다. 토고숲모기는 흑갈색 바탕에 금색 비늘로 된 종대가 있는 것이 특징이며, 사상충을 매개하고 흡혈대상은 사람, 돼지, 소 등이다.

② 모기의 형태 및 생활사

모기는 다른 곤충과 같이 머리·가슴·배 3부분으로 되어 있다. 성충은 주둥이, 촉각, 촉수가 발달되어 있으며, 알에서 성충까지 발육하는 데 필요한 기간은 약 2주 정도이다. 모기의 유충과 번데기는 수서생활을 하며 모기유충을 장구벌레라고 한다. 이후 번데기가 되어서도 다른 곤충의 번데기와는 다르게 활발하게 움직이며, 번데기에서 성충이 되는 과정을 우화라 한다. 우화 후에 성충이 되면 지상생활을 하고 성충의 수명은 1개월 정도이다. 모기의 주요 형태 및 특징은 그림 7-39~7-41과 같다.

③ 모기와 관련된 위생

암모기는 산란하기 위해 흡혈을 하며 모기가 숙주의 피를 흡혈할 때 숙주를 찾을 수 있는 것은 주로 체취 때문이다. 숙주를 찾는 1차 요인은 탄산가스(CO_2)이며, 2차 요인은 시각, 체온, 습기이다. 모기는 높은 기온과 많은 강수량의 조건이 성립되면 개체수

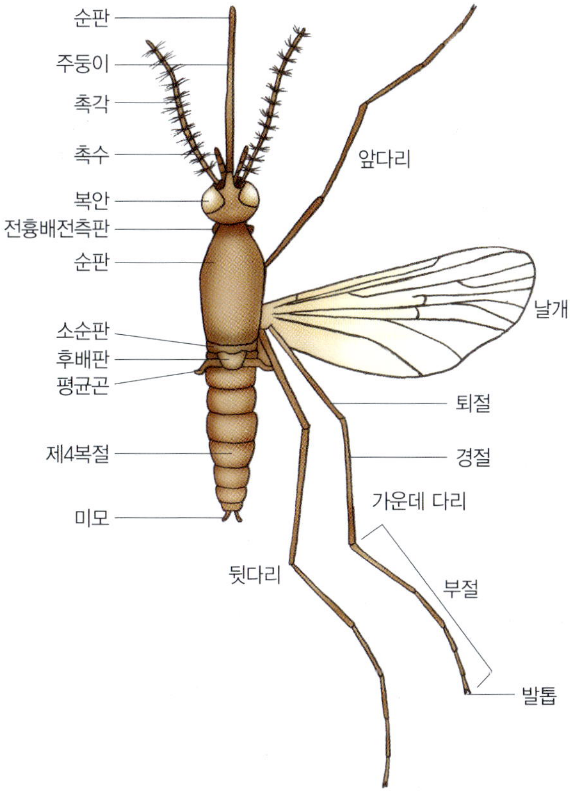

그림 7-39 | 모기(♀)의 형태

그림 7-40 | 모기의 앉는 자세

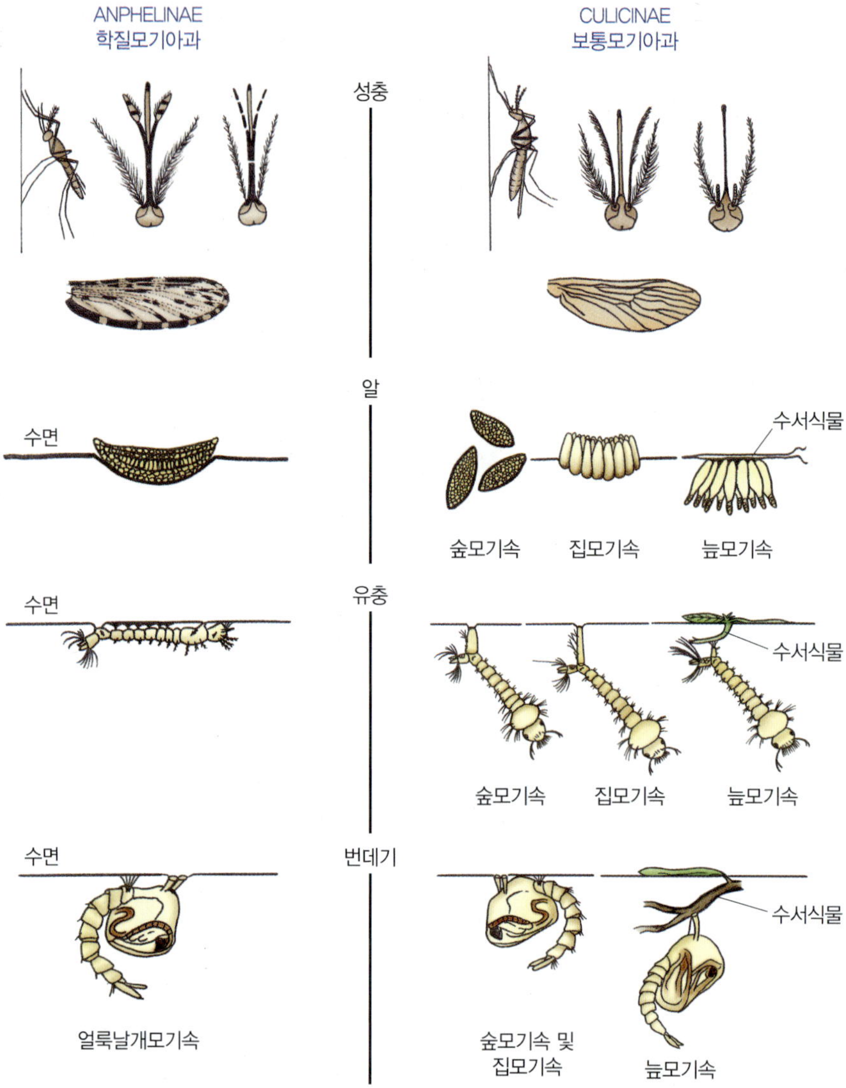

그림 7-41 | 학질모기아과와 보통모기아과 간의 형태적 비교

가 폭발적으로 증가한다.

(3) 등에모기

등에모기Biting midges는 등에모기과에 속하는 작은 흡혈성 곤충으로 일명 쌀겨모기라고도 한다. 날개는 특이한 시맥상과 무늬가 있으며 유충, 번데기, 성충의 완전변태를

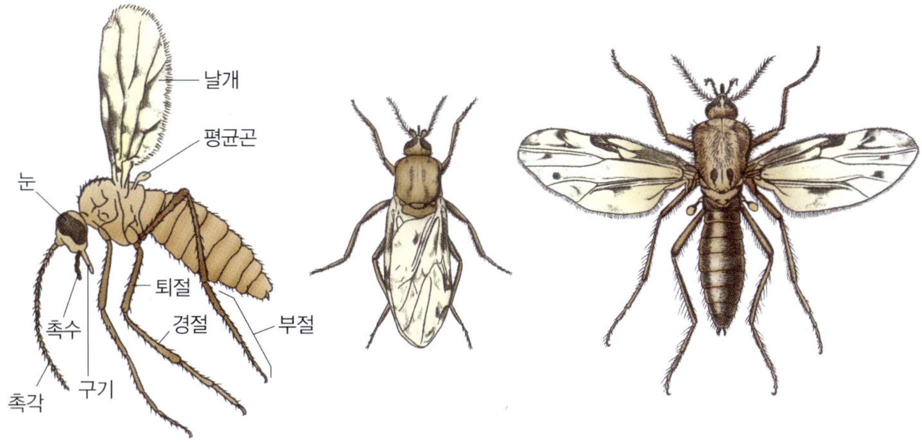

그림 7-42 | 등에모기

한다 그림 7-42.

(4) 모래파리

모래파리Sand flies는 나팡파리과의 체장이 5 ㎜ 이하의 매우 작은 곤충으로 모래파리열(파파티시열), 칼라아잘(내장리슈만편모충증) 등을 매개한다 그림 7-43.

(5) 깔다구

깔다구Non-biting midges는 파리목 깔따구과의 날벌레로 형태가 모기와 유사하여 '모기붙이'라고도 하며 완전변태를 한다 그림 7-44. 분포지역은 한국, 일본, 유럽, 북아메리카이며, 몸길이는 약 11 ㎜로 아주 작은 모기처럼 생겼지만 물지는 않는다. 이른 봄부터 나타나고 흔히 황혼녘에 무리를 지어 다닌다. 유충은 작은 구더기 모양으로 몸 빛깔은 녹색·흰색·붉은색이며, 진흙이나 연못 등의 물속 또는 썩어가는 식물체에서 살고 곤충과 물고기의 중요한 먹이가 된다. 깔따구는 질병을 매개하지는 않으나 불쾌곤충(뉴슨스Nuisance)의 대표적인 해충 또는 알레르기 질환의 알레르기원으로 방제 대상이 되고 있다.

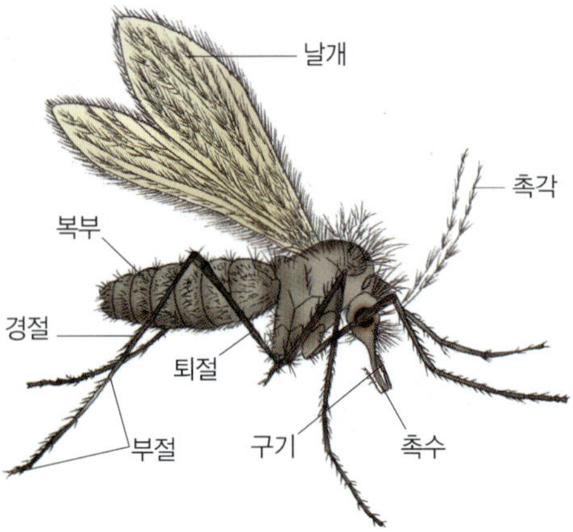

■ 그림 7-43 | 모래파리 성충(♀)

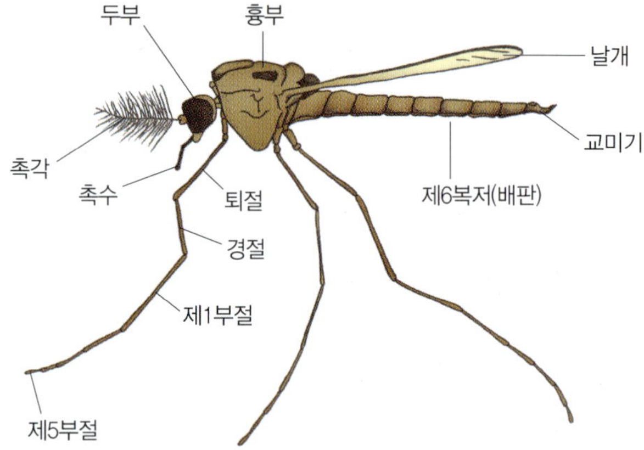

■ 그림 7-44 | 깔따구 성충(♂)의 형태

(6) 빈대

빈대Bedbug는 납작하게 눌린 형태이며, 흡혈을 한다. 암컷은 제4복판에 홈이 있어 교미공copulatory을 형성하는데 그 속에 베레제기관이라는 생식기관이 있고 이 기관은 정자를 일시 보관하는 장소로 빈대의 특징적인 부분이다 그림 7-45. 불완전변태를 하며 빛을 싫어하여 야간에 활동한다. 빈대는 사람을 흡혈하여 여러 질병을 전파시키는 것으

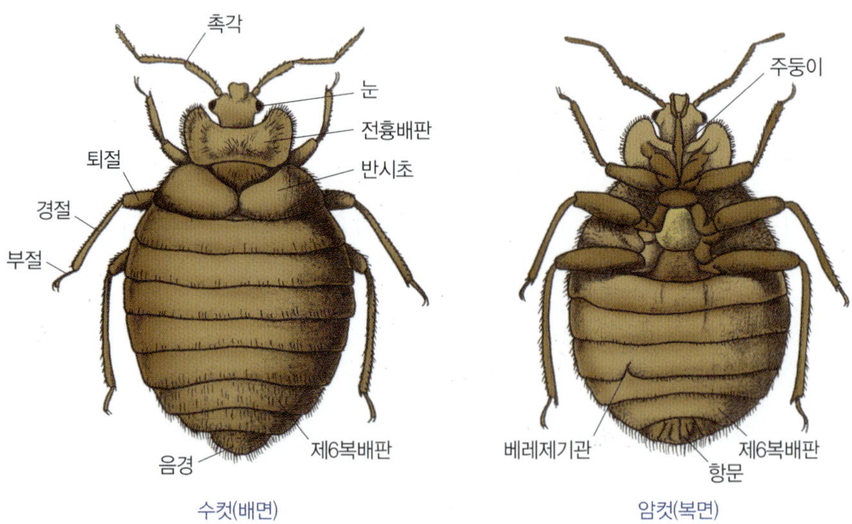

■ 그림 7-45 | 빈대의 성충

로 의심되어 왔으나 어떤 질병도 매개한다는 증거는 아직 없다.

(7) 벼룩

벼룩Flea은 좌우 측면이 편평하여 동물의 털 사이를 기어다니는데 적응되어 있으며, 주둥이는 흡혈에 적합하다 그림 7-46. 벼룩의 두부에는 날카로운 구조로 된 소악이 있는데 이는 숙주의 틈을 가르며 빠져나가는 데 쓰인다 그림 7-47. 완전변태를 하며 암수 모두 흡혈을 하고 쥐벼룩은 사람을 흡혈한다. 몸길이의 약 100배 정도 점프를 하며 수명은 6개월 정도이다. 알을 낳는 장소는 마루의 갈라진 틈, 먼지 속, 부스러기, 숙주에 산란한다. 성충이 되어 사람과 동물에 기생하며 흡혈을 하여 흑사병(페스트), 발진열 등을 매개한다.

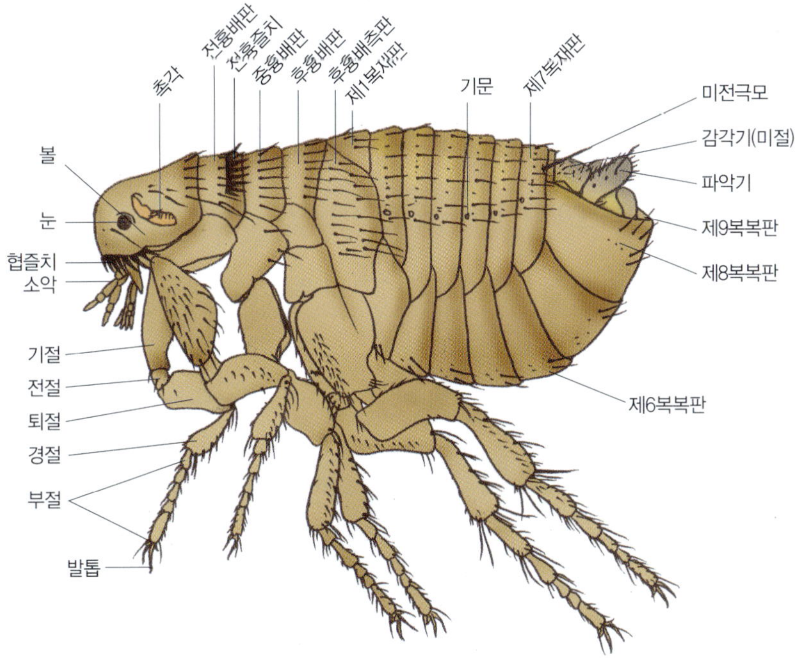

그림 7-46 | 벼룩의 형태(♂)

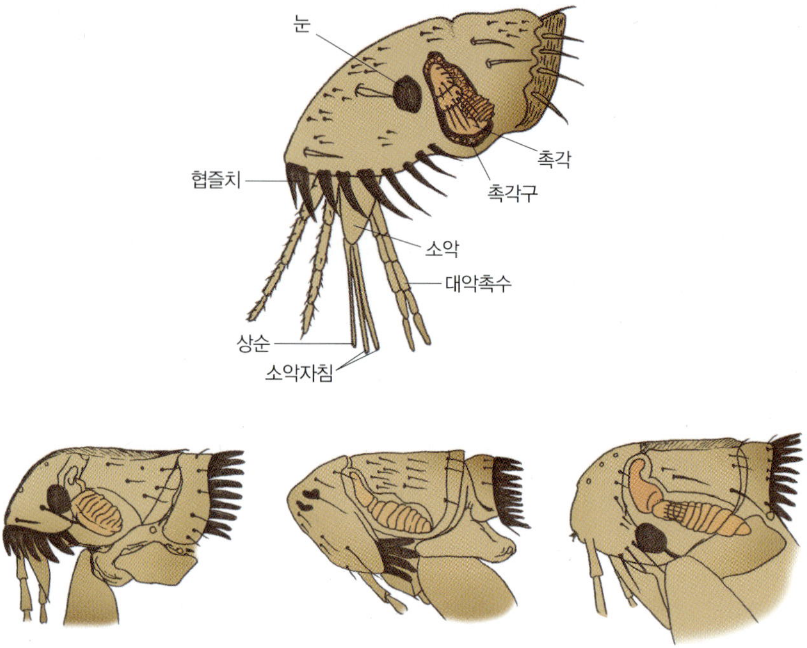

그림 7-47 | 벼룩의 두부(頭部)

(8) 그 외 식품위생상 알아두어야 할 곤충

곤충 중에 식품위생상 더 알아야 할 곤충으로는 독나방과 말벌이 있는데 모두 사람에게 피해를 준다.

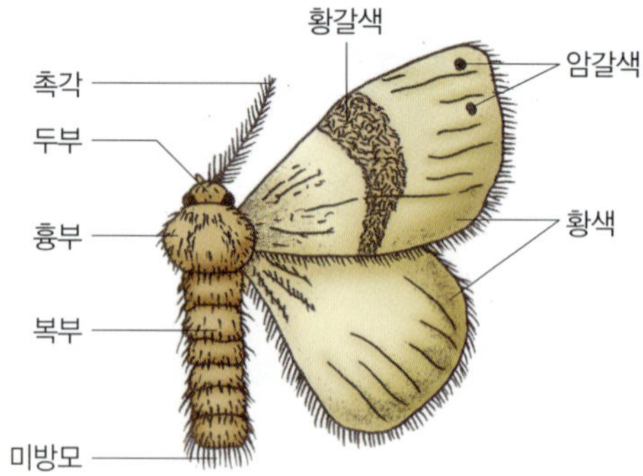

그림 7-48 | 독나방의 형태

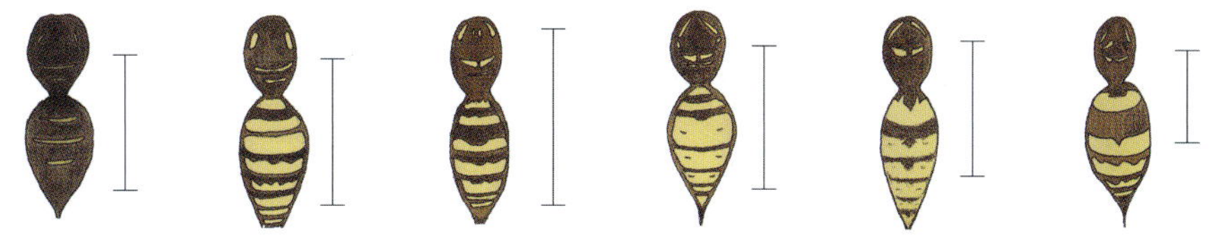

그림 7-49 | 한국산 말벌과에 속하는 일부 종들의 형태적 특징

독나방은 나비목에 속하는 나방 중 유충의 털에 독성물질이 들어 있는 종류가 있다. 독모나 독극모를 가지고 있는 농림해충으로 과수류나 관상식물에 피해를 주며 사람에게도 피해를 준다. 인체에 피해를 주는 30여 종 가운데 우리나라에는 10여 종이 서식한다 그림 7-48.

말벌은 말벌과에 속하며 황색 또는 적갈색으로 검은 무늬가 있어 종의 분류에 중요한 특징을 부여한다. 사람을 공격하는 종으로는 장수말벌, 털보말벌, 좀말벌, 말벌, 땅벌 등이 있다 그림 7-49.

8 식품첨가물

1 | 식품첨가물의 정의와 조건
2 | 식품첨가물의 안전성 평가
3 | 1일 섭취허용량 및 사용기준의 설정
4 | 식품첨가물의 용도 및 정의
5 | 식품첨가물의 종류

8

식품관련 국제무역과 가공식품 생산의 증대로 식품의 색, 맛, 모양 등의 관능적인 특성 개선, 식품의 변질 방지, 식품 품질 개량 및 유지, 영양가의 보강, 식품가공 보조를 통한 상품적 가치를 향상시킬 목적으로 식품첨가물이 많이 사용되고 있다. 식품첨가물은 「식품위생법」으로 사용이 허용된 종류, 사용 가능한 식품, 사용량 등을 정하고 있다.

1 식품첨가물의 정의와 조건

1) 식품첨가물의 정의

식품첨가물은 식품을 조리·가공 또는 제조과정에서 식품의 상품적 가치의 향상, 식욕 증진, 보존성, 영양강화 및 위생적 가치를 향상시킬 목적으로 식품에 첨가되는 화학적 합성품을 말하며, 식품공업의 발달과 더불어 식품첨가물의 이용은 점차 증가추세에 있다. 식품첨가물에 대한 다양한 정의는 다음과 같다.

- 세계식량기구(FAO)와 세계보건기구(WHO)의 합동전문위원회 : "식품첨가물이란 식품의 외관, 향미, 조직 또는 저장성을 향상시키기 위한 목적으로 소량으로 식품에 첨가되는 비영양물질"이라고 정의하고 있다.
- 우리나라 「식품위생법」(제1장 제2조) : "식품첨가물이란 식품을 제조·가공·조리·보존하는 과정에서 감미, 착색, 표백 또는 산화방지 등을 목적으로 식품에 사용되는 물질을 말한다."라고 정의하고 있다.

2) 식품첨가물의 지정요건과 현황

식품첨가물은 식품의 대량생산, 영양가치 향상, 보존기간 증가, 기호성 향상, 품질향상 등을 목적으로 사용하나 그 안전성이 문제시되는 경우가 많으므로 충분히 검토하여 다음의 지정요건 및 구비조건을 갖추어야 한다.

(1) 지정조건

- 국제적으로 안전성이 입증된 것
- 국제적으로 널리 사용되고 있는 것
- 과학적으로 검토가능한 출처를 구비하고 있는 것
- 식품첨가물의 사용이 식품소비자에게 이점이 있는 것
- 화학분석 실험 등으로 식품에 첨가한 첨가물을 확인할 수 있는 것

(2) 구비조건

- 사용방법이 간편하고 미량으로도 충분한 효과가 있어야 한다.
- 독성이 적거나 없으며 인체에 유해한 영향을 미치지 않아야 한다.
- 물리적, 화학적 변화에 안정적이어야 한다.
- 값이 싸야 한다.

(3) 지정현황

1962년 1월 20일 「식품위생법」이 제정·공포됨과 동시에 식품첨가물의 기준 및 규격을 제정할 수 있는 근거가 마련되었고, 같은 해 「식품위생법시행령」의 제정에 따라 계피알데히드 등 217품목의 식품첨가물이 최초로 지정되었다. 1973년 11월에는 식품첨가물에 관한 기준과 규격을 상세히 적은 '식품첨가물공전'이 처음 작성되어 공포되었고, 현재까지 개정·발간하고 있다.

현재 우리나라가 지정하고 있는 식품첨가물은 2022년 기준으로 618개 품목이 지정되어 사용되고 있다 표 8-1.

표 8-1 식품첨가물 지정현황

국가	내용
한국 (618)	• 식품첨가물(618)
CODEX (750)	• 식품첨가물(559) • 영양강화제(191)
EU (490)	• 색소(63) • 감미료(22) • 색소 및 감미료 이외의 첨가물(302) • 영양강화제(103)
미국 (1,611)	• 직접첨가물(1,567) • 색소첨가물(44)
일본 (821)	• 지정첨가물(403) • 기존첨가물(418)

2 식품첨가물의 안전성 평가

최근에는 과학기술의 발달에 의해 여러 가지 화학물질이 식품의 오염원이 되는 경우가 많으며, 특히 식품의 제조, 가공, 조리 또는 저장과정에 그 성분의 변화나 상호 반응에 의하여 유독물질이 생기기도 한다. 그러므로 식품위생상 식품의 안전성을 평가하는 문제는 무엇보다 중요하며 식품첨가물과 같이 의도적으로 식품에 사용되는 화학물질에 대한 안전성 평가는 더욱 중요시되고 있다.

1) 급성 독성시험

실험대상동물에게 실험물질을 1회만 투여하여 단기간에 독성의 영향 및 급성중독 증상 등을 관찰하는 시험방법으로 화학물질의 독성을 검토할 때 제일 먼저 실시된다.

반수치사량 또는 중위치사량 LD_{50}(50% lethal dose)은 다음과 같이 구한다.

- 실험대상 동물의 50%가 사망할 때의 투여량을 말하며, 체중 1 ㎏당 ㎎수 또는 g수로 표시한다.
- 10마리 정도의 동물을 이용하여 단계적으로 용량을 달리하여 투여하고 1주일 이상 관찰하여 각 용량의 사망률을 알아내서 통계처리하여 LD_{50}을 산출한다.
- LD50의 수치가 낮을수록 독성이 강하며 실험물질을 경구, 경피, 피하, 근육, 복강, 정맥 등에 투여한다.

국내에서는 독극물의 분류를 독약, 극약, 보통약으로 구분하는데, 독약은 LD_{50}(경구)값이 30 mg/kg 이하이며, 30~300 mg/kg이면 극약, 300 mg/kg 이상이면 보통약으로 구분한다.

2) 아급성 독성시험

아급성 독성시험은 실험대상동물에 1~3개월 동안 치사량 이하의 여러 용량으로 연속 경구 투여하여 사망률 및 중독증상을 관찰하는 시험방법이다. 만성독성시험의 투여량을 결정하기 위하여 예비시험으로 실시되는 경우가 많다.

3) 아만성 독성시험

일반적으로 아만성 독성과 아급성 독성은 같이 사용되는 경우가 많지만 아만성 독성 시험의 주요 목적이 치사가 아니므로 아급성 독성과는 다르다.

- 아만성 독성시험은 발암성을 제외한 모든 만성 독성에 대한 정보와 실험물질의 표적장기, 축적성, 기형유발 가능성 등의 출처를 제공해 준다.
- 이 실험은 만성독성시험의 투여량 등 기타 조건을 설정하는 데 필수적이다.

- 실험동물은 적어도 2가지 동물의 암·수를 대상으로 쥐는 암·수 각각 10~20마리, 개처럼 큰 동물은 암·수 각각 4~8마리를 필요로 한다.
- 실험물질의 투여는 보통 90일을 하며, 1개월에서 1년 정도 급여한다.

4) 만성 독성시험

식품첨가물의 독성 평가를 위해 가장 많이 사용하고 있으며 실험물질을 장기간 투여했을 때 어떠한 장해나 중독이 일어나는가를 알아보는 시험이다. 만성 독성시험은 식품첨가물이 실험대상동물에게 어떤 영향도 주지 않는 최대의 투여량인 최대무작용량을 구하는 데 목적이 있다.

- 실험동물은 적어도 2가지 동물의 암·수에 대하여 사용하며 흰쥐나 생쥐, 설치동물이 아닌 개 또는 원숭이가 되는 것이 보통이다.
- 4가지 이상의 투여량군을 설정하여 흰쥐나 생쥐는 각 투여량군마다 암·수 각각 25마리 또는 그 이상을 사용하며 약 2년 동안 사육하고 개나 원숭이는 각 투여량군마다 암·수 각각 4~5마리를 사용하여 1~2년간 사육한다.
- 실험물질은 보통 사료에 섞어 투여하고 투여용량은 최대내량maximum tolerates dose, MTD과 0.25 MTD, 0.125 MTD를 사용한다.
- 실험의 모든 기간을 통하여 사료와 물의 섭취량, 체중변화 외에도 동물의 운동, 일반증상, 생존일수, 사망률 등을 관찰, 혈청학적 검사, 생화학적 검사, 요검사, 병리조직학적 검사 등을 실시한다.

5) 유전독성 시험

유전독성genotoxicity이란 핵산염기서열이나 염색체에 변형을 일으켜 세포의 기능이나 형태에 이상을 가져와 돌연변이를 유발하는 것을 말한다. 유전독성을 기초로 하여 시험물질의 돌연변이 유발성이나 발암가능성의 여부를 *in vivo*, *in vitro*실험을 통해 정성적으로 표시하려는 일련의 시험을 말하며, 방법에는 크게 유전자 돌연변이, 염색체 이상, DNA 손상을 검사하는 방법으로 분류할 수 있다.

6) 최기형성 시험

최기형성 시험teratogenicity test은 임신한 동물에 시험물질을 투여하여 태중에 있는 새끼에게 미치는 영향을 평가하는 시험으로 각종 기관이 형성되는 시기에 투여된 화합물이 기형유발 여부 및 차세대의 신체발달, 반사기능, 학습기능 발달 등의 이상 유무를 확인하기 위한 시험이다.

7) 발암성 시험

시험동물의 전 일생에 걸쳐 실험물질을 투여하여 발암성의 유무를 알아보는 시험이다. 투여량과 사육기간 등 만성독성시험과 같으며 종양의 발생이 대조군보다 빠르거나 많은 정도를 통계적으로 해석하여 발암성 유무를 구분한다. 화학물질의 발암성은 사용되는 동물의 유전적 인자의 영향이 크므로 시험동물의 종류와 계통의 선택이 중요하며 생존기간이 짧고 예민하게 반응하는 쥐나 생쥐가 시험동물로 많이 이용된다.

8) 번식독성 시험

번식독성 시험reproductive toxicity test은 실험물질을 암수 모두에게 투여한 후 교배시켜 생식선 기능, 발정주기, 교미, 임신, 임신기간, 출산, 수유, 이유 및 새끼의 성장 등 차세대에 미치는 영향을 평가하기 위한 시험이다.

3 1일 섭취허용량 및 사용기준의 설정

식품첨가물은 독성시험을 거쳐 안전성이 확보된 경우 한계량을 결정할 필요가 있다.

1) 최대무작용량(No Observed Effect Level, NOEL)

식품첨가물이 마우스 등 동물실험에서 독성을 나타내지 않는 양, 즉 어떤 영향도 주지 않는 최대투여량을 말한다.

2) 1일 섭취허용량(Acceptable Daily Intake, ADI)

사람이 어떤 물질을 일생 동안 매일 먹어도 유해한 작용을 일으키지 않는 양으로 체중 1 ㎏당 1일 섭취허용량을 말한다. 체중 ㎏당 mg수로 표시하며 최대무작용량을 구한 다음 종간 차이(동물과 사람), 인간 내 차이(사람과 사람)를 고려하여 100분의 1 수준으로 결정하거나 안전계수 100으로 나누어 결정한다 그림 8-1.

안전계수(safety factor)

동물과 사람 간의 민감도 차이 10배와 사람과 사람 사이의 민감도 차이 10배 및 상승효과를 고려하여 주로 100으로 정한다.

그림 8-1 | 1일 섭취허용량 설정방법

일반적으로 식품이나 식품첨가물의 섭취량은 무작용량의 범위 내에 있으며, 식품첨가물은 1일 섭취허용량이 무독성량의 1/100 이하가 되도록 사용기준이 정해져 있다.

4 식품첨가물의 용도 및 정의

국제식품규격위원회COEDX에서 분류한 식품첨가물의 기능적 용도 및 정의는 표 8-2와 같으며, 식품 등 표시기준에서 명칭과 용도를 함께 표시하여야 하는 식품첨가물을 표 8-3에 제시하였다.

표 8-2 식품첨가물의 기능적 용도 표시 및 정의

	기능적 용도 표시	정의
1	산(acid)	산도를 높이는 데 사용되거나 신맛을 주는 식품첨가물
2	산도조절제(acidity regulator)	식품의 산도 또는 알칼리도를 조절하는 네 사용되는 식품첨가물
3	고결방지제(anticaking agent)	식품의 구성성분이 서로 엉겨 덩어리를 형성하는 것을 방지하는 식품첨가물
4	소포제(antifoaming agent)	거품이 일어나는 것을 방지하는 식품첨가물
5	산화방지제(antioxidant)	지방의 산패, 색상의 변화 등 산화로 인한 식품 품질 저하를 방지하여 식품의 저장기간을 연장시키는 식품첨가물
6	증량제(bulking agent)	식품의 열량에 관계 없이 식품의 증량에 기여하는 공기나 물 이외의 식품첨가물
7	착색제(color)	식품에 색소를 부여하거나 복원하는 데 사용되는 식품첨가물
8	발색제(색도유지제, color retention agent)	식품의 색소를 유지·강화시키는 데 사용되는 식품첨가물
9	유화제(emulsifier)	물과 기름과 같이 섞이지 않는 두 개 또는 그 이상의 물질을 균일하게 섞어주거나 이를 유지시켜주는 식품첨가물
10	유화제 염류(emulstfying salt)	가공치즈의 제조과정에서 지방이 분리되는 것을 방지하기 위해 단백질을 안정화시키는 식품첨가물
11	응고제(firming agent)	과일이나 채소의 조직을 견고하게 유지되도록 하거나 겔화제와 상호작용하여 겔을 형성하거나 강화하는 식품첨가물
12	향미증진제(flavor enhancer)	식품의 맛이나 향미를 증진시키는 식품첨가물
13	밀가루개량제 (flour treatment agent)	제빵의 품질이나 색을 증진시키기 위해 밀가루나 반죽에 추가되는 식품첨가물
14	기포제(foaming agent)	액체 또는 고체 식품에 기포를 형성시키거나 균일하게 분산되도록 하는 식품첨가물
15	겔화제(gelling agent)	겔 형성으로 식품에 물성을 부여하는 식품첨가물

출처 : 식품의약품안전처, 2014

표 8-3 식품 등 표시기준에서 명칭과 용도를 함께 표시하여야 하는 식품첨가물

용도 표시	식품첨가물의 명칭 표시
합성감미료	삭카린나트륨
	아스파탐
	글리실리진산이나트륨
	글리실리진산삼나트륨
	수크랄로스
	아세설팜칼륨
합성착색료	식용색소녹색 제3호
	식용색소녹색 제3호 알루미늄레이크
	식용색소적색 제2호
	식용색소적색 제2호 알루미늄레이크
	식용색소적색 제3호
	식용색소적색 제40호
	식용색소적색 제40호 알루미늄레이크
	식용색소적색 제102호
	식용색소청색 제1호
	식용색소청색 제1호 알루미늄레이크
	식용색소청색 제2호
	식용색소청색 제2호 알루미늄레이크
	식용색소황색 제4호
	식용색소황색 제4호 알루미늄레이크
	식용색소황색 제5호
	식용색소황색 제5호 알루미늄레이크
	동클로로필
	동클로로필린나트륨
	철클로로필린나트륨
	삼이산화철
	이산화티타늄
	수용성안나토
	카르민
합성보존료	데히드로초산
	데히드로초산나트륨
	소르빈산
	소르빈산칼륨
	소르빈산칼슘
	안식향산
	안식향산나트륨
	안식향산칼륨
	안식향산칼슘
	파라옥시안식향산메틸
	파라옥시안식향산에틸
	프로피온산
	프로피온산나트륨
	프로피온산칼슘

표 8-3 식품 등 표시기준에서 명칭과 용도를 함께 표시하여야 하는 식품첨가물 (계속)

용도 표시	식품첨가물의 명칭 표시
산화방지제	디부틸히드록시톨루엔 부틸히드록시안 몰식자산프로필 에리쏘르빈산 에리쏘르빈산나트륨 아스코르빌스테아레이트 아스코르빌파르미테이트 이·디·티·에이이나트륨 이·디·티·에이칼슘이나트륨 터셔리부틸히드로퀴논
표백용은 "표백제"로, 보존용은 "합성보존료"로, 산화방지제는 "산화방지제"로 표시(6종)	산성아황산나트륨 아황산나트륨 차아황산나트륨 무수아황산 메타중아황산칼륨 메타중아황산나트륨
살균용은 "합성살균제"로, 표백용은 '표백제"로 표시(4종)	고도표백분 차아염소산나트륨 표백분 합성살균제
발색용은 "발색제"로 보존용은 "합성보존료"로 표시(3종)	아질산나트륨 질산나트륨 질산칼륨 발색제
향미증진제	천연카페인 L-글루타민산나트륨

출처 : 식품의약품안전처, 2014

5 식품첨가물의 종류

1) 보존료 및 보존제

보존료 및 보존제chemical preservatives & antimicrobial agents는 식품저장 중 미생물의 증식에 의해 일어나는 부패 및 변질을 방지하기 위해 사용되는 방부제로서, 살균작용보다는 부패미생물에 대하여 정균작용 및 효소의 발효억제 작용을 한다.

(1) 보존료의 조건

보존료는 부패미생물의 증식억제 효과가 커야 하며, 식품에 나쁜 영향을 주지 않아야 한다. 독성이 없거나 낮아야 하며, 사용법이 간편하고 값이 싸야 하며, 공기, 빛, 열에 안정하고 pH에 의한 영향을 받지 않아야 한다. 무미, 무취이고 자극성이 없어야 하며 소량으로도 효과가 크고 장기적으로 사용하여도 해가 없어야 한다.

그러나 이러한 조건을 모두 만족시키는 보존료는 거의 없으며 허용된 보존료라도 식품의 섭취량과 빈도 등을 고려하여 식품에 첨가하는 양을 규제하고, 특정한 식품에 한해서만 그 효력을 발휘하는 최소량을 첨가하도록 사용기준이 마련되어 있다.

(2) 보존료의 효과

보존료의 효과는 pH에 의해 크게 변하는 것이 많고 pH가 낮을수록 효과는 커진다. 현재 허용되어 있는 보존료는 파라옥시안식향산 에스테르류를 제외하면 모두 유기산이나 그 염류인 산형보존료이다. 산형보존료는 산성용액에서 비해리분자가 증가하여 보존효과를 발휘하기 때문에 산형보존료를 사용할 경우에는 식품의 pH를 낮출 필요가 있다. 허용되어 있는 보존료는 데히드로초산류, 소르빈산류, 안식향산류, 프로피온산류 등이다.

(3) 허용 보존료의 종류

① 데히드로초산 및 데히드로초산나트륨

허용된 보존료 중에서 독성이 가장 높으며 해리가 잘 되지 않으므로 중성 부근에서도 효력이 높다. 특히 곰팡이나 효모의 발육억제 작용이 강하며 미생물에 대해서 주로 정균작용(세균의 증식을 저지하는 일)을 나타내고 살균작용은 약하다. 데히드로초산나트륨의 사용량은 데히드로초산으로서 자연치즈, 가공치즈, 버터류, 마가린류은 0.5 g/kg 이하이다.

② 소르빈산 및 소르빈산 칼륨

소르빈산sorbic acid 및 소르빈산 칼륨K sorbate은 미생물 발육억제 작용이 그다지 강하지 않고 살균작용은 극히 약하다. 또한 산형보존료이기 때문에 pH가 낮을수록 비해리분자가 많아져 효력이 증대된다. 체내에서 대사되므로 안전성이 매우 높으며, 세균, 효모, 곰팡이에 모두 유효하지만 젖산균과 클로스트리디움*Clostridium*속의 세균에는 효과가 없다.

소르빈산 및 소르빈산칼륨의 사용기준은 치즈는 3 g/kg 이하, 식육가공품 · 고래고기제품 · 어육가공품 · 성게젓 · 땅콩버터 · 모조치즈는 2 g/kg 이하, 콜라겐 케이싱은 0.1 g/kg, 장류 및 각종 절임식품 · 팥앙금류 · 어패건제품 · 드레싱은 1 g/kg 이하, 알로에 전잎 건강기능식품은 1 g/kg, 농축과실즙 · 잼류는 1 g/kg, 건조과실류 · 케첩 및 당절임 · 식초절임은 0.5 g/kg 이하, 발효음료류는 0.05 g/kg 이하, 과실주는 0.2 g/kg 이하, 마가린 · 당류가공품 · 향신료조제품은 1 g/kg, 저지방마가린은 2 g/kg이다.

③ 안식향산, 안식향산나트륨, 안식향산칼륨, 안식향산칼슘

안식향산benzoic acid 및 안식향산나트륨Na benzoate은 인체가 섭취하여도 오줌을 통하여 체외로 배출되므로 안전성은 높다. pH 4 이하에서 효력이 높게 나타나지만, 중성부근에서는 효력이 없다. 또한 살균작용과 발육저지 작용이 있으며, 온수에 녹여서 사용해야 하고 흡습성이 있으므로 밀폐용기에 보존해야 한다.

안식향산과 안식향산나트륨, 안식향산칼륨, 안식향산칼슘의 사용기준은 안식향산으로서 과일 · 채소류음료 · 탄산음료류 · 기타음료 · 간장류는 0.6 g/kg 이하, 알로에 전잎 건강기능식품은 0.5 g/kg 이하, 마요네즈 · 잼류 · 마가린 · 식초절임은 1 g/kg, 망고처트니는 0.25 g/kg이다.

④ 파라옥시안식향산 메틸 및 파라옥시안식향산 에틸

사용기준은 파라옥시안식향산으로서 캡슐류 · 잼류는 1.0 g/kg, 망고 처트니 · 간장류는 0.25 g/L 이하, 식초는 0.1 g/L 이하, 기타음료(분말제품 제외) · 인삼 · 홍삼음료는 0.1 g/kg 이하, 소스류는 0.2 g/kg 이하, 과실류 · 채소류는 0.012 g/kg 이하이다.

⑤ 프로피온산 및 프로피온산 칼슘, 프로피온산 나트륨

프로피온산 칼슘calcium propionate 및 프로피온산 나트륨sodium propionate은 체내에서 대사되므로 안전성이 높으며 효모에는 효력이 거의 없으나 세균에는 유효하다.

사용기준은 프로피온산으로서 빵류는 2.5 g/kg 이하, 자연치즈 · 가공치즈는 3 g/kg

이하, 잼류는 1.0 g/kg 이하이며, 착향의 목적 이외에는 사용하여서는 안 된다.

2) 살균제

식품의 부패미생물 및 감염병 등의 병원균을 사멸시키기 위해 사용되는 첨가물로서 부패원인균 또는 병원균에 대한 살균작용이 주가 되며 정균력도 있다. 음료수, 식기류, 손 등의 소독에 사용하며 보존료 같이 독성이 크므로 직접 첨가되는 것에 대해서는 엄격한 사용기준이 규정되어 있다. 허용된 살균제는 차아염소산나트륨, 차아염소산수, 고도표백분 등이 있으며, 참깨에는 사용이 금지되어 있다.

① 차아염소산나트륨

차아염소산나트륨sodium hypochlorite은 과실류, 채소류 등 식품의 살균목적 이외에 사용하여서는 아니 되며, 최종식품의 완성 전에 제거하여야 한다. 다만, 차아염소산나트륨은 참깨에 사용하여서는 아니 된다.

② 차아염소산수

차아염소산수는 과실류, 채소류 등 식품의 살균목적 이외에 사용해서는 안 되며, 최종식품의 완성 전에 제거하여야 한다.

③ 고도표백분

고도표백분은 과실류, 채소류 등 식품의 살균 목적 이외에 사용해서는 안 되며, 최종식품의 완성 전에 제거해야 한다.

3) 산화방지제

산화방지제antioxidant는 공기 중 산소에 의해 식품의 유지 산패 및 식품의 변색이나 이미·이취, 퇴색을 방지하기 위해 사용하는 첨가물로서 항산화제라고도 한다. 용해특성에 따라 수용성과 지용성으로 나눌 수 있으며, 에리쏘르빈산erythorbic acid, 아스코르빈산ascorbic acid 등은 수용성으로서 색소의 산화방지제로, 몰식자산프로필propyl gallate, 부틸히드록시아니졸butylhydroxy anisole, BHA, 디부틸히드록시톨루엔dibutyl hydroxy toluene, BHT 등의 지용성인 것은 유지를 다량 함유한 식품의 산화방지제로 병용하면 효력이 증강되기 때문에 단독 사용보다 병용을 한다. 유지의 산화는 천천히 진행되다가 유도기가 지나면 빨리 진행되므로 산화방지제는 유도기 이전에 사용하여 유도기를 연장시켜 산화를 방지할 수 있다. 유지는 효소, 빛, 열, 금속염, 물 등이 존재하면 산화를 촉진한다.

상승제(synergist)

상승제란 자신은 항산화 효과가 없으나 산화방지제와 함께 사용하면 산화방지제의 효과를 증대시키는 물질을 말하며, 효력증강제라고도 한다. 구연산, 말레인산과 같은 유기산류와 폴리인산염, 메타인산염, 축합인산염등이 상승제에 속한다.

사용허가된 산화방지제는 디부틸히드록시톨루엔, 토코페롤, 아스코르빈산, 에리쏘르빈산 및 에리쏘르빈산나트륨, 부틸히드록시아니솔 등이 있다.

① 디부틸히드록시톨루엔

디부틸히드록시톨루엔dibutyl hydroxy toluene, BHT은 유지의 항산화제로서 백색의 분말이며 냄새와 맛이 없고 햇볕이나 열에 안정하다. 또한 물, 글리세린, 프로필렌글리콜propylene glycol에 녹지 않고 25% 정도의 에탄올과 메탄올, 40%의 벤젠 등의 유지에 잘 녹는다. 다른 산화방지제에 비하여 안정성이 커서 가열 및 가공에도 효력이 저하되지 않는 특징을 가지고 있다. BHA나 TBHQ 등과 병용하며, 병용할 경우 그 사용량의 합계가 각각 한도량 이하여야 한다.

BHT는 식용유지류·식용우지·식용돈지·버터류·어패건제품·어패염장품에 0.2 g/kg 이하, 어패냉동품의 침지액·고래냉동품의 침지액은 1 g/kg 이하, 추잉껌은 0.4 g/kg 이하, 체중조절용 조제식품·시리얼류는 0.05 g/kg 이하, 마요네즈는 0.06 g/kg 이하로 사용해야 한다.

② 토코페롤

토코페롤tocopherol은 비타민의 일종으로 식용 식물성 기름에서 얻는 비타민 E의 한 형태로 적색이며 거의 냄새가 없는 투명한 점조성의 기름으로, 물에는 잘 녹지 않고 알코올이나 유기용매에 녹는다. 영양강화의 목적으로도 사용하고 유지의 산화방지제로도 사용한다. 항산화력이 BHA나 BHT보다 떨어지지만 천연첨가물에 포함되며, 사용제한이 없는 장점을 가지고 있는 것이 특징이다.

③ 아스코르빈산

아스코르빈산ascorbic acid은 비타민 C라고도 하며, 백색~미황색의 분말로 열, 햇빛, 공기에 의하여 분해되나 건조상태에서는 비교적 안정하다. 산화방지제로서 식육제품의 변색 방지, 과일통조림의 갈변 방지, 기타 식품의 풍미 유지에 사용한다. 이외에도 아스코르빈산은 영양강화제로 사용되기도 한다.

④ 에리쏘르빈산 및 에리쏘르빈산나트륨

에리쏘르빈산은 산화방지 이외의 목적으로 사용하여서는 아니 된다.

⑤ 부틸히드록시아니솔

부틸히드록시아니솔butyl hydroxy anisole, BHA은 무색~미황색의 결정으로 약간의 냄새가 있으며, 물에는 녹지 않으나 70%의 에탄올, 50%의 프로필렌글리콜propylene glycol, 30~40%의 식용유 등 유지에 잘 녹는다. 열에는 안정하나 빛에는 불안정하며 BHT와 같은 효력을 갖고 BHT나 TBHQ 등과 병용하는 경우가 많다.

부틸히드록시아니솔의 사용량은 식용유지류 · 식용우지 · 식용돈지 · 버터류 · 어패건제품 · 어패염장품에 0.2 g/kg 이하, 어패냉동품의 침지액 · 고래냉동품의 침지액은 1 g/kg 이하, 추잉껌은 0.4 g/kg 이하, 체중조절용 조제식품 · 시리얼류는 0.05 g/kg 이하, 마요네즈는 0.14 g/kg 이하로 사용한다.

⑥ 몰식자산프로필

몰식자산프로필의 사용량은 식용유지류, 식용우지, 식용돈지, 버터류에 0.1g/kg 이하이다.

⑦ 터셔리부틸 히드로퀴논

터셔리부틸 히드로퀴논tertiary butylhydroquinone, TBHQ의 사용량은 식용유지류 · 식용우지 · 식용돈지 · 버터류 · 어패건제품 · 어패염장품에 0.2 g/kg 이하, 어패냉동품의 침지액 · 고래냉동품의 침지액은 1 g/kg 이하, 추잉껌은 0.4 g/kg 이하로 사용한다.

⑧ 아스코르빌 파르미테이트

아스코르빌 파르미테이트ascorbyl palmitate의 사용량은 식용유지류 · 식용우지 · 식용돈지에 0.5 g/kg 이하, 마요네즈는 0.5 g/kg 이하, 조제유류 · 영아용 조제식 · 성장기용 조제식 · 영유아용 특수조제식품은 0.05 g/L, 영유아용 곡류조제식 · 기타 영유아식은 0.02 g/L, 기타식품은 1 g/kg 이하로 사용한다.

⑨ L-아스코르빌 스테아레이트

L-아스코르빌 스테아레이트L-ascorbyl stearate의 사용량은 식용유지류, 식용우지, 식용돈지는 0.5 g/kg 이하이며, 건강기능식품 이외에 사용하여서는 아니 된다.

⑩ 이디티에이2나트륨 및 이디티에이칼슘2나트륨

이디티에이2나트륨(EDTA2나트륨) 및 이디티에이칼슘2나트륨(EDTA칼슘2나트륨)의 사용량은 무수이디티에이2나트륨으로서 드레싱류 · 소스류는 0.075 g/kg 이하, 통조림식품 · 병조림식품은 0.25 g/kg 이하, 음료류(캔 또는 병제품)는 0.035 g/kg 이하, 마가린류는 0.1 g/kg 이하, 오이초절임 · 양배추초절임은 0.22 g/kg 이하, 건조과실류(바나나에 한함)는 0.265 g/kg 이하, 서류가공품(냉동감자에 한함)는 0.365 g/kg 이하, 땅콩버터는 0.1 g/kg 이하이다.

4) 조미료

조미료는 식품첨가물 중 가장 많이 이용되는 것으로 식품의 가공 · 조리 시에 식품 본래의 맛을 한층 돋우거나 기호에 맞게 조절하여 맛과 풍미를 향상 할 목적으로 사용하는 것으로 핵산계, 아미노산계, 유기산계로 나눌 수 있다. 조미료는 사용기준이 규정되어 있지 않아 대상식품이나 사용량의 제한을 받지 않고 있으나 과다 사용에 대한 문제는 계속 제기되고 있다.

① 핵산계 조미료

핵산계 조미료는 단독으로 사용하는 것보다 글루탐산나트륨과 함께 사용할 때 상승 효과를 나타낸다. 된장과 절임식품에 사용하면 효소에 의해 분해되어 효과가 떨어질 수 있다. 조제유류에 0.142 g/kg 이하로 규정되어 있으며, 이 식품 이외에는 사용이 금지되었다. 5′-유리딜산이나트륨은 조제유류의 첨가량이 0.099 g/kg 이하로 규정되어 있으며, 이 식품 외에는 사용이 금지되어 있다.

② 아미노산계 조미료

아미노산계 조미료 중 L-글루타민산나트륨L-sodium glutamate(글루탐산1나트륨mono-sodium glutamate, MSG)은 1957년 '미원味元'이라는 상품명으로 최초 생산되어 감칠맛을 내는 대표 조미료로 사용되었다.

③ 유기산계 조미료

유기산계 조미료는 감칠맛보다는 특이한 짠맛이나 신맛을 가지는 조미료가 대부분을 차지하고 있다.

허용 조미료의 종류와 특성은 다음과 같다 표 8-4.

표 8-4 허용 조미료의 종류와 특성

분류	조미료명	특성
핵산계 조미료	5′-이노신산2나트륨 (disodium5′-inosinate)	• 결정성 분말로 가쓰오부시(가다랑어포)의 감칠맛 성분 • 효모의 핵산을 효소분해하여 다량 생산
	5′-구아닐산2나트륨 (disodium5′-guanylate)	• 표고버섯의 감칠맛 성분 • 효모의 핵산을 효소분해하여 다량 생산 • 결정성 분말단백질 분해
	5′-리보뉴클레오티드2나트륨 및 칼슘 (5′-ribonucleotide-diNa)	• 결정성 분말로 감칠맛 성분 • 효모의 핵산을 효소분해하여 다량 생산 • 결정성 분말단백질 분해
	5′-시티딜산2나트륨 (disodium5′-cytidylate)	• 무색·백색의 결정성 분말 • 조제유류에 한하여 0.42 g/㎏이하로 사용할 것
	5′-유리딜산2나트륨 (disodium5′-uridylate)	• 무색·백색의 결정성 분말 • 조제유류에 한하여 0.099 g/㎏이하로 사용할 것

표 8-4 허용 조미료의 종류와 특성 (계속)

분류	조미료명	특성
아미노산계 조미료	L-글루타민산 L-글루타민산나트륨(monosodium L-glutamate, MSG) 및 칼륨 L-글루타민산암모늄	• 결정성 분말, 밀, 콩, 옥수수 등의 단백질의 가수분해하여 대량 생산 • 다시마의 감칠맛 성분
	L-알라닌(alanine) DL-알라닌	• 무색, 백색 결정성 분말 • 단백질 분해, 단맛성 지미 • 합성청주에 이용
	L-아스파르트산 (L-aspartic acid)	• 백색의 결정성 분말 • 상쾌한 신맛과 감칠맛을 가짐 • 물에는 잘 녹지 않고 산 및 알칼리에 녹음 • 과즙음료 및 청량음료의 맛을 조절하는데 사용
	L-아르기닌 (L-arginine)	• 백색의 결정성 분말로 특이한 냄새와 맛이 있음 • 물에 잘 녹고 에탄올에는 녹지 않음 • 녹차의 감칠맛 성분 • 강화제로 수산가공식품, 영양드링크, 건강식품등에 사용
	타우린 (taurine)	• 백색 결정싱 분밀 • 오징어, 문어의 정미성분, 어패류 가공품의 맛 • 풍미증진
	글리신 (glycine)	• 백색 결정성 분말 • 단백질 분해, 단맛성 지미 • 합성청주, 식초, 간장, 과자 등에 사용
	L-글루타민 (L-glutamate)	• 백색 결정성 분말 • 단맛성 감칠맛, 강화제로 사용
유기산계 조미료	구연산3나트륨 (trisodium citrate)	• 시원한 짠맛 함유 • 안정제, 완충제, 유화제, 당화촉진제로도 이용
	DL-사과산나트륨(sodium DL-malate)	• 소금같은 짠맛 함유
	D-및 DL-주석산나트륨 (sodium D-&DL-tartarate)	• 짠맛 함유 • 합성청주, 청량음료 등에 사용
	호박산2나트륨 (disodium succinate)	• 약간 신맛 함유 • 산성식품에 효과 강함
	호박산 (succinic acid)	• 조개류의 정미성분 • 특이한 신맛, 물에 난용 • 합성청주에 이용
	젖산나트륨 (Na lactate)	• 무색 투명한 시럽상 액체 • 합성청주에 이용

5) 산미료

산미료는 식품에 적합한 신맛을 부여하고 미각에 청량감과 상쾌한 자극을 주기 위하여 사용되는 첨가물로 신맛은 pH 3.0~4.5에서 느끼게 되며 같은 pH에서도 화합물의 종류에 따라서 미각적인 신맛의 정도가 다르다. 또한 식품에 신맛을 부여할 뿐 아니라 향미료, pH 조절을 위한 완충제, 산성에 의한 식품보존제, 항산화제나 갈변 방지에 있어서 상승제, 제과·제빵에서의 점도조절제 등의 목적으로도 사용되고 있으며 사용기준은 없다.

① 구연산

구연산citric acid은 감귤류의 주성분이며 발효법에 의해 생산된다. 부드럽고 상쾌한 신맛이 있어 청량음료, 치즈, 잼, 젤리 등에 널리 사용되고 있다.

② 빙초산

빙초산acetic acid은 물로 희석하여 초산으로 만든 다음 식초, 절임 등에 사용한다.

③ L-주석산

L-주석산tartatic acid은 포도 등 식물계에 널리 분포하며 DL-주석산은 합성품이다. 구연산보다 흡습성이 적으며 신맛의 강도는 구연산의 1.2~1.3 정도로 강하고 주석산의 신맛은 다소 떫은맛이 있으나 상쾌하다.

④ 푸말산

푸말산fumaric acid은 말레인산maleic acid의 이성체로 독특하면서도 상쾌한 산미를 가진다.

⑤ 푸말산1나트륨

푸말산1나트륨은 푸말산에 비해 용해성이 10배 정도여서 사용하기가 편리하며 특이한 청량감을 준다.

⑥ DL-사과산

DL-사과산malic acid은 사과 등에 함유되어 있으며, L-사과산의 이성체로 합성에 의해 얻어진다. 물에 잘 녹고 흡습성이 있으며 고미를 수반하는 산미를 갖고 산미료로 다른 유기산과 병용한다. 청량음료, 과자, 마가린, 마요네즈 등에 산미료 및 유화안정제로 사용한다.

⑦ 글루코노델타락톤

글루코노델타락톤glucono-δ-lactone은 D-글루콘산의 분자 내 에스테르이며, 냉수 중에 서서히 분해하여 글루콘산이 된다. 온도가 상승하면 가수분해가 급속하게 진행되어 글루콘산이 되므로 합성팽창제의 산성분으로 비스킷, 도넛, 빵 등에 쓰이고, pH 강하제로 식육·어육연제품에 사용되며 두부 응고제로도 이용된다.

6) 감미료

식품에 단맛을 주고 식욕을 돋우기 위하여 사용되는 첨가물로 용량에 따라서는 인체에 해로운 것도 있어서 사용기준이 정해져 있으며, 천연감미료와 인공감미료로 나뉜다. 설탕은 가장 널리 쓰이는 천연감미료이다. 인공감미료는 설탕에 비하여 값이 싸고 갈변에 의한 식품의 품질 변화를 최소화하고, 감미도가 크기 때문에 최근 많이 사용되고 있다. 설탕 대용으로 당뇨병 환자나 비만인 사람에게 주로 이용되기도 한다. 감미도는 설탕을 1로 했을 때 사카린나트륨 500배, 글리실리진산2나트륨 200배, 아스파탐 180~200배 정도이나 감미의 질이 설탕보다 떨어진다.

허용된 감미료로는 사카린나트륨, 글리실리진산2나트륨, 아스파탐, 수크랄로스, 아세설팜칼륨 등이 있다.

① 사카린나트륨

사카린나트륨sodium saccharin은 인공감미료로서 가장 널리 이용되고 있으며, 무색~백색의 결정 또는 백색의 결정성 분말로서 물에 대단히 잘 녹으며 공기 중에서 서서히 포화하여 결정수를 잃는다. 사카린나트륨의 사용량은 탁주·소주는 0.08 g/kg 이하, 어육가공품·시리얼류는 0.1 g/kg 이하, 젓갈류·절임식품·조림식품은 1.0 g/kg 이하, 양조간장·소스류·토마토케첩는 0.16 g/kg 이하, 음료류(발효음료류, 인삼·홍삼음료 제외)·김치류·특수의료용도등식품·잼류·조제커피는 0.2 g/kg 이하, 체중조절용 조제식품은 0.3 g/kg 이하, 뻥튀기는 0.5 g/kg 이하, 건강기능식품 영양소제품·추잉껌은 1.2 g/kg 이하이다.

② 글리실리진산2나트륨

글리실리진산2나트륨disodium glycyrrhizinate은 한식된장, 된장, 한식간장, 양조간장, 산분해간장, 효소분해간장, 혼합간장 이외의 식품에는 사용이 금지되고 있다.

③ 아스파탐

아스파탐aspartame은 아미노산계 감미료로 설탕의 180~200배의 감미도를 갖으며 설탕과 맛의 차이를 구별하기가 매우 어렵다. 건조 상태에서는 안정하나 수용액 중에서 다소 분해가 되며 설탕, 포도당, 과당 등과 병용하면 상승효과를 나타낸다. 아스파탐의 사용량은 다음과 같으며, 기타식품의 경우 제한받지 아니한다. 빵류·과자·빵류 제조용 믹스·과자 제조용 믹스는 5.0 g/kg 이하, 시리얼류는 1.0 g/kg 이하, 특수의료용도등식품은 1.0 g/kg 이하, 체중조절용 조제식품은 0.8 g/kg 이하, 건강기능식품 영양소제품(단, 두 가지 이상의 건강기능식품 원료를 사용하는 경우에는 사용된 영양소 성분의 배합비율을 적용)은 5.5 g/kg 이하이다.

④ 수크랄로스

수크랄로스sucralose의 사용량은 과자는 1.8 g/kg 이하, 추잉껌은 2.6 g/kg 이하, 잼류·음료류·가공유류·발효유류·조제커피는 0.40 g/kg 이하, 설탕대체식품은 12 g/kg 이하, 시리얼류는 1.0 g/kg 이하, 특수의료용도등식품은 0.4 g/kg 이하, 체중조절용 조제식품은 0.32 g/kg 이하, 건강기능식품 영양소제품(단, 두 가지 이상의 건강기능식품 원료를 사용하는 경우에는 사용된 영양소 성분의 배합비율을 적용)은 1.25 g/kg 이하이다.

⑤ 아세설팜칼륨

아세설팜칼륨acesulfame potassium의 사용량은 과자·팥 등 앙금류는 2.5 g/kg 이하, 추잉껌은 5.0 g/kg 이하, 소스류·캔디류·잼류·절임식품·빙과류·아이스크림류·아이스크림분말류·아이스크림믹스류·플라워페이스트는 1.0 g/kg 이하, 음료류·가공유류·발효유류·조제커피는 0.50 g/kg 이하(다만, 희석하여 음용하는 제품에 있어서는 희석한 것으로서), 설탕대체식품은 15 g/kg 이하, 시리얼류는 1.2 g/kg 이하, 특수의료용도등식품은 0.5 g/kg 이하, 체중조절용 조제식품은 0.45 g/kg 이하, 기타식품은 0.35 g/kg

이하, 건강기능식품 영양소제품(단, 두 가지 이상의 건강기능식품원료를 사용하는 경우에는 사용된 영양소 성분의 배합비율을 적용)은 2.0 g/kg 이하이다.

7) 착색료

착색료는 식품의 가공 공정에서 퇴색되는 색을 복원하거나 외관을 보기 좋게 하기 위하여 인공적으로 착색하여 천연색을 보완, 미화하여 식품의 매력을 높이며 소비자의 기호를 충족시켜 식품의 가치를 향상시키기 위한 첨가물을 말한다. 안전성과 착색성이 좋은 합성착색료를 사용해 왔으나 합성착색료의 안전성 문제로 천연착색료의 사용이 증가되고 있다. 천연착색료는 가격이 비싸나 안전성이 높고 색조가 자연스러우나 품질이 균일하지 못하고 변색이 쉬우며 다양한 색을 내지 못하는 문제가 있다.

천연착색료로는 클로로필, 아나토, 치자, 홍화, 코치닐, 감초, 파프리카, 캐러멜 등의 색소가 주로 사용된다. 현재 허가된 합성착색료는 타르계 색소가 12종, 타르색소의 알루미늄 레이크 8종, 비타르계 9종 모두 29종이 있다. 허가된 타르색소는 모두 수용성의 산성색소로 식용착색료 중 상당히 사용률이 높으며, 화학구조상의 차이로 색소 고유의 성질인 내열성, 내광성, 내산성, 내알칼리성, 내환원성, 염착력 등이 모두 다르다. 또한 식용 타르색소를 사용할 경우에는 두 종류 이상의 색소를 배합한 제제색소를 사용하면 편리하다. 아조azo계 색소와 트리페닐메탄triphenylmethane계 색소, 크산텐xanthene계 색소, 인디고이드indigoid계 색소로 화학구조별로 분류할 수 있다.

- 아조azo계 색소 : 적색 2호, 적색 40호, 황색 4호, 황색 5호
- 트리페닐메탄triphenylmethane계 색소 : 청색 1호와 녹색 3호
- 크산텐xanthene계 색소 : 적색 3호
- 인디고이드indigoid계 색소에는 청색 2호

(1) 타르계 식용색소

타르계 식용색소는 알루미늄레이크로 단독으로 사용하기도 하고, 다른 식용 타르색소 알루미늄레이크와 배합하여 사용하기도 한다. 사용량은 일반적으로 0.005~0.5% 정

도이다. 분말식품, 유지식품, 당의식품, 알사탕, 검, 도축잉크, 용기·포장의 착색 등 착색시간이 오래 걸리고 균일하게 착색되기 어려운 식품에 사용하면 착색효과가 좋다.

알루미늄레이크란?

식용 타르색소가 Na염으로 되어 있어 물에 잘 용해되는데 이 수용액에 염기성 알루미늄염을 다량 첨가하면 색소와 알루미늄이 결합하여 물에 불용인 복잡한 유색화합물이 얻어진다. 이를 알루미늄 레이크라 한다.

(2) 비타르계 식용색소

비타르계 식용색소는 주로 천연물을 재료로 하여 간단한 화학처리를 거쳐 얻은 색소이다.

① 베타카로틴

베타카로틴β-carotene은 당근 등의 천연에 널리 분포되어 있는 카로티노이드carotenoid계의 색소로서 지용성인 황색의 천연색소이나 합성되기도 한다. 비타민 A의 효과가 있으며 독성은 없고 지방성 식품의 착색에 적합하여 치즈, 버터, 마가린 등에 많이 사용된다.

② 수용성 안나토

안나토 색소annatto color는 Bixa orellana라는 나무 종자의 색소성분인 빅신bixin을 가수분해하여 얻은 노르빅신norbixin의 칼륨 또는 나트륨이다. 일종의 카로티노이드carotenoid계의 색소로서 단백질에 염착성이 강한 적색 3호와 병용하는 수가 많으며 주로 비엔나소시지의 착색에 많이 사용한다.

③ 삼이산화철

삼이산화철iron sesquioxide은 일명 '벤가라'라고도 부르며 열, 공기, 수분에 대한 내성이 강하여 안정하며 독성도 거의 없어 철분제로서 영양강화에도 사용할 수 있었으나, 사용기준이 새로 규정되어 바나나와 곤약에만 사용이 가능하다.

④ 카르민

카르민carmine은 천연색소 코티닐cochineal 염료의 주성분인 카르민산carminic acid을 수산화화알루미늄으로 처리하여 얻은 카르민산알루미늄 또는 칼륨·알루미늄레이크 색소이다. 잼, 젤리, 캔디 및 토마토 가공품, 햄·소시지의 착색, 팥앙금의 제조 등에 사용한다.

⑤ β-아포-8′-카로티날

β-아포-8′-카로티날β-apo-8′-carotenal은 β-카로틴이 비타민 A로 대사되는 과정에 생기는 β-카로틴의 산화생산물로 치즈, 케이크 믹스, 프렌치 드레싱 등에 β-카로틴과 병용하여 사용한다.

⑥ 이산화티타늄(이산화티탄)

이산화티타늄titanium dioxide은 백색의 분말로 분말청량음료에 다른 색소와 혼합하여 사용하면 부드러운 자연색을 나타내고 초콜릿 당의의 선피subcoating에 이용하면 제품의 색깔이 선명해진다. 치즈나 초콜릿 등의 착색료로 쓰이며 기타 의약품이나 화장품에도 쓰인다.

⑦ 동 클로로필린나트륨과 동 클로로필린칼륨

동 클로로필린나트륨sodium copper chlorophyllin과 동 클로로필린칼륨potassium copper chlorophyllin은 클로로필chlorophyll의 Mg을 Cu로 치환한 다음 가수분해하여 수용성으로 한 것이다. 다시마에 무수물 1 kg에 대하여 0.15 g 이하로 사용하며, 과실류의 저장품·채소류의 저장품에는 0.1 g/kg 이하로, 추잉껌·캔디류에는 0.05 g/kg 이하로, 완두콩 통조림 중의 한천에는 0.0004 g/kg 이하로 사용하여야 하며, 그 외에는 사용해서는 안 된다.

⑧ 철 클로로필린 나트륨

철 클로로필린 나트륨sodium iron chlorophyllin은 클로로필 중의 Mg을 Fe로 바꾼 다음 가수분해하여 나트륨염으로 함으로써 수용성을 갖게 한 것이며 보통 캐러멜, 양갱 등의 착색에 사용한다.

주요 착색료의 식품 유형과 사용기준은 표 8-5 와 같다.

표 8-5 주요 착색료의 식품유형과 사용기준

첨가물명	식품유형	사용기준
식용색소녹색제3호 식용색소녹색제3호알루미늄레이크 식용색소적색제102호 식용색소적색제2호 식용색소적색제2호알루미늄레이크 식용색소적색제3호 식용색소적색제40호 식용색소적색제40호알루미늄레이크 식용색소청색제1호 식용색소청색제1호알루미늄레이크 식용색소청색제2호 식용색소청색제2호알루미늄레이크 식용색소황색제4호 식용색소황색제4호알루미늄레이크 식용색소황색제5호 식용색소황색제5호알루미늄레이크	천연식품[식육류, 어패류(고래고기 포함), 채소류, 과실류, 해조류, 콩류 등 및 그 단순가공품(탈피, 절단 등)], 식빵, 카스텔라, 코코아매스, 코코아버터, 코코아분말, 잼류(기타잼류 제외), 유가공품(아이스크림류, 아이스크림분말류, 아이스크림믹스류 제외), 식육가공품(소시지류 제외), 알가공품, 어육가공품(어육소시지 제외), 두부류, 묵류, 식용유지류, 면류, 다류, 커피, 과일·채소류음료(과·채음료 제외), 두유류, 발효음료류, 인삼·홍삼음료, 장류, 식초, 소스류, 토마토케첩, 카레, 고춧가루, 실고추, 향신료가공품[고추냉이(와사비)가공품 및 겨자가공품 제외], 복합조미식품, 마요네즈, 김치류, 젓갈류(명란젓 제외), 절임식품(밀봉 및 가열살균 또는 멸균처리한 절임제품은 제외), 단무지, 조림식품, 땅콩 또는 견과류가공품류, 과·채가공품류, 조미김, 벌꿀, 추출가공식품류, 즉석조리식품, 레토르트식품, 특수용도식품, 건강기능식품(정제의 제피 또는 캡슐은 제외)	사용하여서는 아니된다.
식용색소적색제102호 식용색소적색제2호 식용색소적색제2호알루미늄레이크	빵류, 과자(한과류 제외), 캔디류, 병과류, 초콜릿류, 유가공품, 어육가공품, 과일·채소류음료, 탄산음료, 혼합음료, 시리얼류, 즉석섭취·편의식품류	사용하여서는 아니된다.
이산화티타늄	천연식품[식육류, 어패류(고래고기 포함), 채소류, 과실류, 해조류, 콩류 등 및 그 단순가공품(탈피, 절단 등)], 식빵, 카스텔라, 코코아매스, 코코아버터, 코코아분말, 잼류, 유가공품(아이스크림류, 아이스크림분말류, 아이스크림믹스류 제외), 식육가공품(소시지류, 식육추출가공품 제외), 알가공품, 어육가공품(어육소시지 제외), 두부류, 묵류, 식용유지류, 면류, 다류, 커피, 과일·채소류음료(과·채음료 제외), 두유류, 발효음료류, 인삼·홍삼음료, 장류, 식초, 소스류, 토마토케첩, 카레, 고춧가루, 실고추, 천연향신료, 복합조미식품, 마요네즈, 김치류, 젓갈류, 절임식품(밀봉 및 가열살균 또는 멸균처리한 절임제품은 제외), 단무지, 조림식품, 땅콩 또는 견과류가공품류, 조미김, 벌꿀, 즉석조리식품, 레토르트식품, 특수용도식품, 건강기능식품(정제의 제피 또는 캡슐은 제외)	사용하여서는 아니된다.
카르민 β-카로틴 β-아포-8'-카로티날 철클로로필린나트륨 수용성안나토	천연식품[식육류, 어패류(고래고기 포함), 과실류, 채소류, 해조류, 콩류 등 및 그 단순가공품(탈피, 절단 등)], 다류, 커피, 고춧가루, 실고추, 김치류, 고추장, 조미고추장, 식초	사용하여서는 아니된다.
카르민 수용성안나토	향신료 가공품(고추 또는 고춧가루 함유제품에 한함)	사용하여서는 아니된다.

8) 착향료

착향료란 식품 자체의 냄새를 없애거나 냄새를 변화시키거나 강화하기 위해 사용되는 첨가물이다. 상온에서 휘발성으로 특유한 방향을 느끼게 함으로써 식욕을 증진할 목적으로 식품에 첨가되는 향료를 말한다. 천연 향료에는 레몬오일, 오렌지오일, 천연과즙 등이 있고, 합성향료에는 지방산, 알코올 에스테르, 계피알데히드, 바닐린 등이 있다. 식품에 향료를 사용할 경우에는 향료의 대부분이 휘발성이므로 식품을 냉각시킨 후에 첨가하여야 하며, 식품 중의 알칼리성 성분이나 공기, 금속, 항산화제 등에 의하여 쉽게 변질되므로 주의해야 한다. 약 100종의 화합물이 지정되어 있지만, 에스테르ester류, 에테르ether류와 같은 포괄적 지정도 있는 것으로 화합물 수는 정해지지 않는다. 화학구조로 분류하면 에스테르, 에테르, 저급유기산, 저급지방산, 알코올, 케톤, 알데히드, 페놀, 티올thiol, 테르펜terpene, 락톤, 지방족 및 방향족 탄화수소 등이 된다. 사용기준은 일부의 것을 제외하고 착향의 목적 이외로 사용할 수 없다. 착향료를 형태에 따라 분류하면 분말향료, 유화향료, 수성향료, 유성향료로 분류할 수가 있다.

① 분말향료

분말향료도 분말에 향료를 혼합한 것을 말하는데 향료를 포도당이나 유당 같은 수용성 부형제의 용액과 유화액으로 한 다음 분무·건조한다. 장기보존에 견딜 수 있으며 취급하기가 편하고 열이나 햇볕 등에 안정하며 계량하기도 쉬우나 향료의 신선미가 약간 떨어지고 다른 향료보다 값이 좀 비싼 것이 단점이다.

② 유화향료

유화향료는 유화제를 사용하여 향료를 물속에 분산·유화시켜 휘발성인 향료의 휘산을 방지하고 진하게 만들어 놓은 것으로 cloudy 또는 conc라고도 불린다. 내열성이 있고 물에도 잘 섞여 유성향료 대신 내열성이 없는 수용성 향료나 수분이 많은 식품에 대신 사용할 수 있다.

③ 수성향료

수성향료는 물에 녹지 않는 유상의 방향성분을 알코올, 글리세린, 물 등의 혼합 용액에 녹여서 물에 잘 녹게 만든 것으로 에센스essence라고 불린다. 방향성분이 그대로 함유되어 있어 신선한 풍미를 내는 장점이 있으며 주로 청량 음료수나 냉과에 사용한다. 그러나 방향성분이 휘발하기 쉬우므로 가열하는 식품이나 수분을 꺼리는 식품에는 부적당하다.

④ 유성향료

유성향료는 천연의 정유에 향료를 혼합한 유용성 향료로 오일oil이라고 불린다. 내열성이어서 캐러멜, 비스킷 등 가열처리하는 식품에도 사용할 수 있으나 내열성에 한도가 있으므로 너무 장시간 가열은 피하도록 한다.

9) 발색제

발색제는 그 자체에는 색이 없으나 식품 중의 색소 단백질과 반응하여 식품 자체의 색을 고정시키고(색소고정제), 선명하게 하거나 발색시키게 하는 물질이다. 현재 허용된 발색제에는 사용기준이 있는 아질산나트륨, 질산나트륨 등이 있고, 사용기준이 없는 황산제1철과 소암모늄명반이 있다.

① 아질산나트륨

아질산나트륨sodium nitrite은 육제품 발색제로 쓰이며 발색기작은 아질산나트륨이 근육단백질인 미오글로빈myoglobin이나 혈액단백질인 헤모글로빈hemoglobin과 반응하여 공기, 열, 세균 등에 비교적 안정한 니트로소미오글로빈nitrosomyoglobin이나 니트로소헤모글로빈nitrosohemoglobin을 생성하여 선홍색을 유지시킨다. 아질산나트륨은 식품 중의 2급 아민과 반응하여 발암물질인 N-니트로소아민N-nitrosamine을 생성하기도 하지만 보툴리누스Botulinus균의 억제작용도 있어 보존료와 식중독의 방지제로서의 역할도 한다. 아질산나트륨의 사용량은 아질산이온으로서 식육가공품(포장육, 식육추출가공품, 식용우지, 식용돈지 제외)·고래고기제품은 0.07 g/kg, 어육소시지는 0.05 g/kg, 명란젓·연어알젓은 0.005 g/kg 이상 넘지 않도록 사용해야 한다.

② 질산나트륨과 질산칼륨

질산나트륨sodium nitrate과 질산칼륨potassium nitrate은 식품 중에서 세균에 의하여 아질산염으로 환원된 다음 발색제로 작용하며 주로 어육소세지, 식육햄, 식육소시지에 사용되는 외에 청주의 발효 조정제로도 이용된다. 질산나트륨의 사용량은 아질산이온으로서 식육가공품(포장육, 식육추출가공품, 식용우지, 식용돈지 제외)·고래고기제품은 0.07 g/kg, 자연치즈·가공치즈는 0.05 g/kg 이상 넘지 않도록 사용해야 한다.

10) 그 외의 식품첨가물

① 팽창제

팽창제는 빵이나 과자 등을 제조할 때 제품을 부풀게 하여 연하고 맛이 좋으며 소화가 잘 되도록 하기 위해 첨가되는 물질로 효모와 같은 천연물과 탄산염, 암모늄염 등과 같은 합싱팽창제가 있다.

합성팽창제는 효모에 비하여 팽창력은 약하나 발효시간이 단축되어 널리 쓰인다. 가열 가공할 때 사용하면 열에 의해 분해되며 탄산가스나 암모니아가스가 발생되어 밀가루 반죽이 팽창되는 원리를 이용한다.

② 유화제

유화제는 계면활성제라고도 하며 물과 기름처럼 서로 혼합이 잘 되지 않는 두 종류의 액체를 혼합·분산시켜 분리되지 않도록 하는 것이며 분산된 액체가 재응집하지 않도록 안정화시키는 역할을 한다. 아이스크림, 마요네즈의 유화, 빵, 카스텔라의 유연성 지속 및 노화 방지 등에 널리 쓰인다.

유화제의 종류로는 글리세린 지방산 에스테르, 소르빈산 지방산 에스테르, 자당 지방산 에스테르, 프로필렌 글리콜 지방산 에스테르, 레시틴, 폴리소르베이트류가 있다.

③ 품질개량제

품질개량제는 결착제라고도 하며 식육 연제품류에 사용하며 결착성을 높여 씹을 때 식감을 향상시키고, 식품의 탄력성·보수성·팽창성을 증대시켜 조직을 개량하여 맛의 조화와 풍미의 향상을 가져오며, 변질·변색 등을 방지할 목적으로 사용되는 식품첨가물이다.

품질개량제의 종류로는 인산염과 축합 또는 중합 인산염이 있으며, 인산염에는 제1인산나트륨, 제2인산나트륨, 제3인산나트륨, 제3인산칼륨이 있으며 축합 또는 중합 인산염에는 피로인산나트륨, 피로인산칼륨, 메타인산나트륨, 메타인산칼륨, 폴리인산나트륨, 폴리인산칼륨이 있다.

④ 피막제

피막제는 과실, 채소 등을 저장 중 외관을 좋게 하고 신선도를 유지시킬 목적으로 사용하며, 표면에 피막을 형성시킴으로써 호흡작용을 억제하여 수분 증발을 막는 역할을 한다. 허용 피막제에는 몰포린 지방산염과 초산비닐수지가 있다. 주요 피막제의 사용기준은 표 8-6과 같다.

표 8-6 주요 피막제의 사용기준

첨가물명	사용기준
초산비닐수지	추잉껌 기초제 및 과실류 또는 과채류 표피의 피막제 이외의 용도에 사용하여서는 아니된다.
몰포린지방산염	과실류 또는 과채류의 표피에 피막제 이외의 용도에 사용하여서는 아니된다.

⑤ 껌 기초제

껌 기초제는 점성, 풍미의 유지, 탄력성 등이 우수해야 하며 현재는 초산비닐수지 등의 합성 고분자 화합물이 사용되고 있다. 허용 껌 기초제로는 폴리이소부틸렌, 초산비닐수지, 에스테르검 등이 있으며 사용기준은 표 8-7과 같다.

표 8-7 주요 껌 기초제의 사용기준

첨가물명	사용기준
폴리이소부틸렌	추잉껌 기초제 이외의 용도에 사용하여서는 아니된다.
초산비닐수지	추잉껌 기초제 및 과실류 또는 과채류 표피의 피막제 이외에 사용해서는 아니된다.
에스테르검	추잉껌 기초제 이외의 용도에 사용하여서는 아니된다. 다만, 탄산음료류, 기타음료에 한하여 에스테르검의 사용량은 0.1 g/㎏ 이하이어야 한다.

⑥ 소포제

소포제는 거품을 없애는 것으로 발효·양조공업이나 유제품, 잼, 주스, 엿 등의 식품제조 공정에 있어 거품이 발생하여 품질이나 작업 면에 큰 지장을 받게 되는 경우 거품을 없애기 위해 사용한다. 대표적인 소포제로는 규소수지가 있으며 사용기준은 표 8-8 과 같다.

표 8-8 주요 소포제의 사용기준

첨가물명	사용기준
규소수지	규소수지는 거품을 없애는 목적 이외에 사용하여서는 아니된다. 규소수지의 사용량은 규소수지로서 식품 1 ㎏에 대하여 0.05 g 이하이어야 한다.

⑦ 용제

용제는 천연물의 유효성분이나 식품첨가물 등을 식품에 균일하게 혼합되도록 하기 위한 목적으로 사용되는 첨가물로 적당한 용매에 용해시켜 첨가하는 것이 효과적이다. 현재 허용되어 있는 용제로는 글리세린glycerine과 프로필렌글리콜propylene glycol이 있다.

⑧ 추출제

추출제는 식용유지를 제조할 때 유지추출을 용이하게 하기 위하여 사용되며, 핵산hexane만 허용되어 있다.

⑨ 이형제

이형제는 빵 제조과정에서 반죽이 분할기로부터 잘 분리되도록 하고, 구울 때 빵틀로부터 빵의 형태를 유지하면서 쉽게 분리하도록 하기 위해 사용되는 것으로 유동파라핀이 허용되고 있다. 유동파라핀의 사용량은 빵류는 0.15% 이하, 캡슐류는 0.6% 이하, 건조과실류 및 건조채소류는 0.02% 이하로 사용해야 한다.

⑩ 호료

호료는 식품에 대하여 점착성을 증가시키고 유화 안정성을 좋게 하며, 가공할 때의 가열이나 보존 중 선도를 유지하고 형체를 보존, 미각에 대하여 촉감을 좋게 하기 위한 목적으로 사용된다.

9

식품의 방사선 조사와 유전자변형식품

9

방사선 조사란 식품 보존을 연장하는 방법으로 방사선을 이용하여 식품의 생물학적 변화를 억제하는 기술이다. 30여 종의 식품에 방사선 조사가 허용되어 왔으며 방사선 조사로 인한 유용성이 밝혀져 있지만 한계점과 문제점도 있다. 세계보건기구(WHO)와 국제연합 식량농업기구(FAO)는 식품에 있어 방사선 조사의 양을 10 kGy 이하로 권장한다.

1 식품의 방사선 조사의 개념과 목적

1) 식품의 방사선 조사의 개념

방사선 조사란 식품 보존을 연장하는 방법으로 방사선을 이용하여 식품의 생물학적 변화를 억제하는 기술이다. 약 30여 종의 식품에 방사선 조사가 허용되어 왔으며 방사선 조사로 인한 유용성이 밝혀져 있지만 한계점과 문제점도 있다. 세계보건기구(WHO)와 국제연합식량농업기구(FAO)는 식품에 있어 방사선 조사의 양을 10 kGy(Gy : Gray의 약자로, 흡수선량을 뜻하며 1 Gy는 1 kg의 어떤 물질이 방사선으로부터 1 J의 에너지를 흡수했을 때의 선량) 이하로 권장한다.

2) 식품의 방사선 조사 이용목적

식품의 방사선 조사 이용목적은 다음과 같으며 선량에 따른 방사선 조사 이용목적은 표 9-1 과 같다.

- 발아억제 기능 : 저선량의 방사선 조사의 경우 고구마, 양파, 마늘 등의 발아가 억제되고 각 농산물의 품종에 따라 적정 선량이 다르다. 각각 발아억제에 필요한 선량은 다음과 같다.

표 9-1 선량에 따른 방사선 조사 이용목적

	조사목적	조사선량(kGy)	대상식품
저선량조사 (1.0 kGy 이하)	발아억제	0.05~0.15	고구마, 양파, 마늘, 생강 등
	해충·기생충 방제	0.15~0.50	곡류, 콩류, 생과일, 건조과일, 건조어류, 건조육류, 생돼지고기 등
	성숙기간 연장	0.50~1.0	생과일, 생선, 채소 등
중선량조사 (1~10 kGy)	저장기간의 연장	1.0~3.0	생선어류, 딸기 등
	병원균·부패균 살균	1.0~7.0	생선수산물, 냉동수산물, 생육, 냉동육, 생가금육, 냉동가금육 등
	식품가공 특성 개선	2.0~7.0	포도(과즙의 수율 향상), 건조채소(조리시간의 단축) 등
고선량조사 (10~15 kGy)	멸균	30~50	육류, 가금육, 수산물, 가공식품, 환자식 등
	식품소재·첨가물 살균	10~50	향신료, 효소제제, 천연 검 등

- 해충 구제 기능 : 0.50 kGy 이하의 방사선은 저장을 하는 곡류의 해충을 죽이거나 불임화시킨다. 방사선 살충법은 해충의 침입을 방지시키는 역할을 하며, 방사선 조사 이후 잔류물질이 남지 않기 때문에 여러 나라에서 이용하고 있다.
- 기생충 구제 기능 : 식품에 간혹 있을 수 있는 기생충은 방사선 조사를 통해 불활성화시킬 수 있으며, 촌충, 선모충, 디스토마 등은 저선량 조사로 사람에 대한 감염성을 잃게 할 수 있다.
- 저장기간 연장 기능 : 부패하기 쉬운 식품의 저장기간을 연장시키며 과일, 채소, 해산물 등의 식품의 경우에는 저선량 조사를 함께 실시함으로써 저장기간을 크게 연장시킬 수 있다. 식품 부패균은 5.0 kGy 이하의 조사로 대부분 사멸되고, 향미나 질감에 민감한 딸기, 망고 등의 과일에 이용하면 향미나 질감에도 영향을 미치지 않아 적용하기 용이하다.
- 과일, 채소의 성숙지연 기능 : 저선량의 방사선 조사는 성숙지연 효과가 있으며, 0.3~1.0 kGy를 조사하면 저장기간을 연장시킬 수 있다.
- 식중독 방지 기능 : 식중독의 원인이 되는 균 중 포자를 만들지 않는 식중독균인 살모넬라, 캠필로박터, 리스테리아 등은 선량을 2~7 kGy 조사시키면 살균이 가능하다.

2 식품의 방사선 조사의 문제점과 규제

1) 식품의 방사선 조사의 문제점

식품에 대한 방사선 조사는 그동안 많은 연구를 통하여 유용성이 밝혀졌으나 한계점과 문제점 또한 밝혀지게 되었다.

- 유해물질의 생성 : 방사선량 1 kGy 이하의 저선량 조사는 유해물질이 생성되는 문제가 없었으나 10 kGy 이상의 고선량 조사의 경우 유해물질의 생성이 의심되는 보고가 2~3차례 있었으나, FAO/IAEA/WHO의 국제식품조사프로젝트 연구 결과

방사선량 10 kGy 이하의 조사식품에서는 발암성 및 독성이 전혀 관찰되지 않았음이 증명되었다.

- 영양소의 파괴 : 방사선 조사 이후 식품 자체의 탄수화물, 단백질, 지질, 비타민 등이 변질될 우려가 있다. 특히 비타민 C의 파괴나 손실이 주목되고 있으나, 일부 복합계 식품의 경우 오히려 영양성분의 분해를 보호하는 효과가 있는 사실도 보고되었다.
- 발암성 물질의 생성 : 1~10 kGy의 방사선 저선량~중선량을 조사하였을 때 발암성, 발암 유인성 물질이 생기지 않은 것으로 밝혀졌지만, 미국의 경우 1968년 고선량 조사를 실시한 베이컨과 햄의 동물실험의 결과 발암성 물질에 대한 안전성 의심이 커져 허가가 취소된 사례가 있었다. 동물성 지방이 풍부한 식품에 대하여 방사선 조사를 실시했을 때 생성되는 과산화물, 방사화 반응에 따라 생성되는 유리기 등에 의한 발암성 유발 가능물질이 생길 위험성에 대해서는 장기간에 걸친 동물실험을 통하여 검토되었다.
- 유전적 변이생물의 생성 : 유전적 변이를 관찰하기 위하여 방사선을 조사한 배지로 사육한 곤충에서 돌연변이율이 상승하고, 이후 여러 세대가 지난 개체의 경우 치사율이 증가하는 현상이 나타났다. 이러한 현상이 동물과 사람에게도 일어날 수 있는지에 대한 문제는 신중하게 검토해 봐야 할 것이다.
- 유도 방사능의 생성 : 식품조사에 이용되는 방사선은 주로 γ선과 X-선, 전자선에 국한되어 있는데, 이는 투과력이 크다는 점과 방사능 유도성이 적다는 점에 의해 사용이 허가되고 있다. 그러나 에너지 수준 이상으로 조사하는 경우 식품에 방사능이 잔류되어 방사능이 유도될 가능성이 있다.
- 잔류 미생물에 의한 유해성 : 미생물이 완전히 살균되지 않도록 방사선을 조사한 후 미생물이 방사능에 대한 내성이 생기면 다시 조사하는 과정을 반복할 경우 잔류 미생물은 돌연변이에 의하여 방사능에 대한 내성이 수 배에 이를 정도로 저항성이 상승한다. 뿐만 아니라 생존 미생물의 균총이 변화하여 지금과는 다른 유해물이 생기므로 안전성의 연구가 병행되어야 한다.

이외에도 식품의 포장재나 용기, 식품첨가물에서 유래되는 생성물이 있을 수 있으므로 2차 오염을 피하기 위해서는 안전성이 증명되어 있더라도 식품에 2차적으로 관련되어 생길 수도 있는 물질에 대해서 안전성을 신중히 검토해야 한다.

방사선 조사 식품

방사선 조사 식품이란?

발아 억제, 살충, 살균, 숙도 조정 등의 목적으로 방사선(γ선, β선, X선 등)을 조사한 식품

방사선 조사의 목적은?

- 농산물의 발아 억제
- 식품의 보존성 향상
- 식품에 오염된 병원균, 기생충 및 해충 사멸

→ 10 kGy(킬로그레이, 방사선 세기 단위)범위 이내로 방사선을 쪼여 처리

출처 : 식품의약품안전처, 방사선 조사 식품(http://www.foodirradiation.co.kr)

2) 방사선 조사 식품에 대한 규제

우리나라의 경우 「식품위생법」에 근거하여 식품의 규격 및 기준을 다음과 같이 규정하고 있다.

그림 9-1 | 방사선 조사 식품 마크

- 사용방사선의 선원 및 선종은 ^{60}Co의 감마선으로 하며 조사한 식품을 다시 조사하여서는 안 된다.
- 조사식품을 원료로 사용하여 제조·가공한 식품을 다시 조사하여서는 안 된다.
- 조사식품은 용기에 넣거나 포장한 후 판매하여야 하며 조사 처리된 식품에는 국제적인 방사선 조사 식품 마크를 제품포장 또는 용기에 5 ㎝ 이상의 크기로 표시하여야 한다 그림 9-1.
- 식품의 발아억제, 살충·살균 및 숙도 조절의 목적에 한하여 사용하여야 한다.

3) 방사선 조사 식품의 국내 현황

방사선 조사 식품의 국내 허가 현황은 표 9-2 와 같다.

표 9-2 국내 방사선 조사 식품 허가 현황

(2010년 8월 기준)

허가품목	허가선량(kGy)	목적
감자, 양파, 마늘	0.15	발아억제
밤	0.25	발아억제
생버섯 및 건조버섯	1	숙도지연
건조향신료	10	살균·살충
가공식품제조원료용 건조식육 및 어패류 분말	7	살균·살충
된장, 고추장, 간장분말	7	살균·살충
조미식품 제조원료용 전분	5	살균·살충
가공식품 제조원료용 건조채소류	7	살균·살충
건조향신료 및 이들 조제품	10	살균·살충
효모, 효소 식품	7	살균·살충
알로에 분말	7	살균·살충
인삼(홍삼포함)제품류	7	살균·살충
2차 살균이 필요한 환자식	10	살균
난분	5	살균
가공식품 제조원료용 곡류, 두류 및 그 분말	5	살균·살충
조류식품	7	살균·살충
복합조미식품	10	살균
소스류	10	살균·살충
분말차	10	살균·살충
침출차	10	살균·살충

출처: 식품의약품안전처, 방사선 조사 식품(http://www.foodirradiation.co.kr)

3 유전자변형식품의 정의와 평가

1) 유전자변형식품의 정의

유전자변형식품Genetically Modified Organism, GMO은 생명공학기술을 활용하여 재배·육성된 농산물·축산물·수산물 등을 원재료로 하여 제조·가공한 식품 또는 식품첨가물(이하 "유전자변형식품등"이라 한다)은 유전자변형식품임을 표시하여야 한다. 다만, 제조、가공 후에 유전자변형 디엔에이DNA, Deoxyribonucleic acid 또는 유전자변형 단백질이 남아 있는 유전자변형식품 등에 한정한다. 유전자 조작을 통하여 농작물의 크기나 성장속도를 조절하여 대량생산을 가능하게 하고, 영양성분 향상, 저장성 증대, 병충해 내성 등의 작물의 능력을 크게 향상시킬 수 있다는 장점이 있으나 아직까지 안전성에 대한 문제가 해결되지 않아 논란이 지속되고 있다. 연도별 식용 작물별 유전자변형식품의 수입 승인 현황은 표 9-3 과 같다.

표 9-3 식용 작물별 유전자변형식품의 수입 승인 현황

(단위 : 건)

품종			승인건수			상업화 중단		
			수입	생산	기타	수입	생산	기타
총계(227)			207	9	11	12	1	10
농산물(187)	콩(29)	단일 형질	17	-	-	2	-	-
		후대교배종	12	-	-	-	-	-
	옥수수(94)	단일 형질	26	-	3	4	-	3
		후대교배종	65	-	-	3	-	-
	면화(37)	단일 형질	15	-	-	1	-	-
		후대교배종	22	-	-	-	-	-
	카놀라(17)	단일 형질	8	-	3	1	-	3
		후대교배종	6	-	-	-	-	-
	알팔파(5)	단일 형질	3	-	1	-	-	-
		후대교배종	1	-	-	-	-	-
	사탕무(1)	단일 형질	1	-	-	-	-	-
	감자(4)	단일 형질	-	-	4	-	-	4
미생물(9)			-	9	-	-	1	-
식품첨가물(31)			31	-	-	1	-	-

출처: 식품안전나라, 2022

2) 안전성 심사의 필요성 및 기본원칙

생명공학기술의 발달이 지속적으로 이루어지면서 이제 유전자재조합기술은 일반 생명공학산업으로 자리 잡았고, 세계적으로 수많은 연구 및 개발이 시행되고 개발제품의 안전성 확보가 필요하다.

1980년대 유전자재조합기술을 이용한 품종개량이 이루어졌고, 실제 사용가능한 품종이 개발됨에 따라 경제개발협력기구(OECD)를 중심으로 각 나라의 식품규제 당국자 간에 GMO작물에 대한 식품 안전성에 대해 논의되기 시작하였다. 그 결과 '실질적 동등성' 개념에 근거하여 유전자재조합 농작물의 유래가 되는 일반 육종에 의한 농작물의 안전성 기준을 유전자재조합 농작물에 대입하여 이들 식품과의 차이점을 비교하여 차이점에 대한 위해성이 없으면 안전한 것으로 간주하는 방법이 확립되었다. 실질적 동등성의 평가방법에 따라 OECD를 중심으로 안전성 평가제도가 확립되었고, 유전자변형식품에 대해 안전성 평가방법과 제도의 보급을 위해 WHO와 FAO에서 국제적 기준을 세우게 되었으며, 미국, EU, 일본, 우리나라 등 안전성평가 기준을 적용한 모든 나라에서 기본 기준으로 도입하게 되었다.

우리나라는 1990년대 후반 식품의약품안전청에서 「유전자재조합식품 식품첨가물 안전성 평가출처 심사지침」이 고시되었고, '유전자재조합식품 안전성평가출처 심사위원회 운영규정'이 만들어지면서 본격적인 유전자변형식품의 안전성 평가가 시작되었다.

3) 실질적 동등성 평가법

실질적 동등성 평가법은 일반 육종에 의해 생산된 식품들의 특성을 평가기준으로 하여 유전자변형식품의 영양소, 영양억제인자, 독소 등의 구성성분 등에 대해 비교 평가하여 차이가 있는지 여부를 판단하며, 그 차이가 크다면 그 차이에 대해 위해평가를 실시하게 된다. 반면에 차이가 없거나 차이가 크지 않다면, 안전성에 있어 위해성이 없을 것으로 판단할 수 있다고 본다.

실질적 동등성 평가법은 유전자변형식품과 기존 식품 간의 차이점을 명확하게 구별하며, 의도하지 않은 영향이 일어날 수 있는 부분을 예측하여 식품의 안전성을 판단함으로써 유전자변형식품의 안전성 평가의 기본이 된다고 할 수 있다. 유전자변형식품과 기존 식품과의 차이점이 있을 경우 독성과 알레르기 등 생물학적인 영향을 평가하며 그 영향이 안전성에 있어 허용 가능한 범위인지 판단하고, 유전자변형식품과 기존 식품 간의 동일한 부분에 대해서는 안전하다는 기준을 입각하여 따로 안전성 평가를 필요로 하지 않는다고 판단한다.

4 유전자변형식품의 표시기준

1) 유전자변형식품의 표시

소비자에게 알고 선택할 권리를 보장해 주기 위해 식품에 대한 정보를 제공하여야만 하는데, 유전자변형식품 등의 표시기준은 식품위약품안전처 고시 제2019-98호에 따르며, 구체적인 유전자변형식품의 표시기준은 표 9-4, 표시내용 및 방법은 표 9-5와 같다.

표 9-4 유전자변형식품의 표시기준

구분	표시를 해야 하는 경우	표시를 하지 않는 경우
농산물·축수산물	식약처가 식용으로 승인한 GM 농산물(대두, 옥수수, 카놀라, 면화, 사탕무, 알팔파)	• 구분 관리된 농산물 – 구분유통증명서 또는 정부증명서 또는 시험·검사 성적서 * 3% 이하 비의도적 혼입치 인정
가공식품·건강기능식품 등	유전자변형농축수산물을 원재료로 사용하여 제조·가공 후에도 유전자변형 DNA 또는 유전자변형 단백질이 남아 있는 식품 또는 식품첨가물, 건강기능식품	• 구분 관리된 농산물을 사용한 경우 – 구분유통증명서 또는 정부증명서 또는 시험·검사 성적서 * 3% 이하 비의도적 혼입치 인정(원료농산물) • 가공보조제(식품의 제조·가공 중 특정 기술적 목적을 달성하기 위하여 의도적으로 사용된 물질),부형제(식품성분의 균일성을 위하여 첨가하는 물질), 희석제(식품의 물리·화학적 성질을 변화시키지 않고, 그 농도를 낮추기 위하여 첨가하는 물질),안정제(식품의 물리·화학적 변화를 방지할 목적으로 첨가하는 물질)의 용도로 사용하는 것은 제외

출처 : 식품의약품안전처, 2023

표 9-5 유전자변형식품의 표시내용 및 방법

구분	내용
표시내용	• 잉크·각인 또는 소인, 스티커 등을 사용하여 10포인트 이상의 활자로포장의 바탕색과 구별되는 색깔로 선명하게 표시. • 낱개 또는 산물의 형태로 판매하는 경우, 푯말 또는 안내 표시판 등으로 표시. "유전자변형 OO" 또는 "유전자변형 OO 포함" 등으로 표시. • 유전자변형농수산물 포함 가능성이 있는 경우에는 "유전자변형 OO 포함가능성 있음"으로 표시가능
표시방법	• 국내식품 : 포장지에 인쇄 • 수입식품 : 스티커 처리 가능하나 떨어지지 않게 부착
위반 시 행정처분 및 처벌기준	• 미표시 : 품목제조금지 15일(1차), 1개월(2차), 2개월(3차) - 3년 이하의 징역 또는 3천만원 이하의 벌금 • 허위표시 : 품목제조금지 1개월(1차), 12월(2차), 3월(3차) - 5년 이하의 징역 또는 5천만원 이하의 벌금

출처 : 식품의약품안전처, 2023

2) 표시의무자

식품제조·가공업, 즉석판매제조·가공업, 식품첨가물제조업, 식품소분업, 유통전문판매업 영업을 하는 자, 수입식품등 수입·판매업 영업을 하는 자, 건강기능식품제조업, 건강기능식품유통전문판매업 영업을 하는 자 또는 축산물가공업, 축산물유통전문판매업 영업을 하는 자는 표시를 의무화한다.

전 세계 20여 국가가 표시 제도를 확립하였으며, 사회적 검증과 과학적 검증을 병행하여 운영하고 있다.

사회적 검증은 유전자재조합 농산물의 혼입 방지를 위해 농산물의 생산 및 유통과정인 종자의 구입·생산·보관·운반·선별 등의 과정에서 일반 농산물과 구분하여 관리하였음을 검증하기 위해 구분유통증명서나 정부가 인정하는 증명서를 통해 확인한다.

과학적 검증은 과학적 검사법을 통해 정성·정량검사 등을 통하여 확인한다. 수입 식품의 경우도 유전자변형식품이면 유전자변형식품 표시를 해야 하며 이러한 제품은 유통 과정에서 사후 관리된다. 주요 국가의 유전자변형식품 표시 관리를 표 9-6에 비교하였다.

표 9-6 주요 국가의 유전자변형식품 표시 관리 비교

구분	한국	일본	호주	미국	EU
식품용으로 승인된 GMO* *GMO 표시대상 품목	**6종** 대두, 옥수수, 면화, 사탕무, 카놀라, 알팔파	**9종** 대두, 옥수수, 면화, 사탕무, 카놀라, 알팔파, 감자, 파파야, 겨자(갓)	**11종** 대두, 옥수수, 면화, 사탕무, 카놀라, 알팔파, 감자, 쌀, 홍화, 바나나, 밀	**14종** 대두, 옥수수, 면화, 사탕무, 카놀라, 알팔파, 감자, 파파야, 사과, 파인애플, 호박, 가지, 사탕수수, 연어	**5종** 대두, 옥수수, 면화, 사탕무, 카놀라
GMO 표시대상	6종 농산물 및 그 가공식품	9종 농산물 및 33개 가공식품	11종 농산물 및 그 가공식품	14종 농수산물 및 그 가공식품	5종 농산물 및 그 가공식품
GMO 표시기준	유전자변형 원재료를 사용한 식품 중 유전자변형 DNA(단백질)가 남아있는 식품	유전자변형 원재료를 함량 3순위 이내로서, 원재료 함량비 5%이상으로 사용한 식품 중 유전자변형 DNA(단백질)가 남아있는 식품	최종제품에 유전자변형 DNA 또는 유전자변형단백질이 남아있는 식품	GMO 유전자가 함유되어 있는 식품	유전자변형 DNA(단백질) 잔류 여부와 관계없이 모두 표시
Non-GMO 표시	유전자변형식품 표시대상 중 유전자변형식품등을 사용하지 않은 경우로서, 표시대상 원재료 함량이 50%이상이거나, 또는 해당 원재료 함량이 1순위로 사용한 경우 표시가능 ※ 비의도적혼입치 불인정	'유전자변형이 아닌 것을 분별' 등으로 표시해야 함(비의도적 혼입치 인정) ※ 비의도적혼입치 불인정('23.4. 시행)	비의도적 혼입 1% 이내 표시, GMO와 전혀 관련 없는 제품등에 Non-GMO 표시는 할 수 없음(공정거래법 위반, 비의도적 혼입치 불인정)	별도규정 없음, GMO와 전혀 관련 없는 제품등에 Non-GMO 표시는 부적절하다고 안내(FDA)	비의도적 혼입 0.9% 이내 자율 표시 ※ 통일된 규정은 없으며 자국의 상황에 따라 인정범위를 달리하고 있음
유지류·당류 등 고도로 정제되어 유전자변형 DNA(단백질)가 남아 있지 않은 제품에 대한 GMO 표시 여부	표시 제외	표시 제외	표시 제외	표시 제외	표시
비의도적 혼입치**	3%	5%	1%	5%	0.9%

출처 : 식품의약품안전처, 2023

식약처, 26년 12월 31일 GMO(유전자변형식품)완전 표시제 시행

기존에는 유전자변형 DNA(단백질)가 남아 있는 식품만 표시의무가 있었으나, GMO 완전표시제가 시행되면 유전자변형 DNA 또는 단백질이 남아있는 식품 뿐 아니라 간장·당류·식용유 등 제조·가공 후 유전자변형 DNA 또는 단백질이 남아 있지 않은 유전자변형식품 중 식품의약품안전처장이 정하는 식품도 GMO 표시*를 해야 한다.

* "유전자변형식품", "유전자변형 ㅇㅇ 포함", "유전자변형 ㅇㅇ 포함가능성 있음" 등

10

위해요소중점관리제도

1 | HACCP의 정의와 특징

2 | HACCP의 제도와 관리

3 | HACCP의 적용 현황

10

HACCP 방식은 종전의 위생관리와 비교하여 식품에 사용되는 원재료 생산에서부터 최종소비자가 소비할 때까지의 모든 과정, 즉 원재료의 재배부터 식품의 유통까지 적용할 수 있으며, 각 과정에서 발생할 수 있는 생물학적·화학적·물리학적 위해요소를 관리하여 식품위생을 저하시킬 수 있는 요인을 사전에 예방하기 위한 체계이다.

1 HACCP의 정의와 특징

1) HACCP의 정의

- HACCPHazard Analysis and Critical Control Point란 위해요소중점관리기준이라고 한다 그림 10-1.

그림 10-1 | 위해요소분석(Hazard Analysis)과 중요관리점(Critical Control Point)
출처 : 식품의약품안전처

- HACCP는 식품을 만드는 과정 중에 생물학적 · 화학적 · 물리석 위해요인이 발생할 수 있는 요소를 과학적으로 분석하고 위해요인의 발생여건들을 사전에 차단하여 소비자에게 안전한 제품을 공급하기 위한 시스템 규정이다.
- 식품의 원재료 생산에서부터 최종적으로 소비자가 소비할 때까지의 각 단계에서 발생할 수 있는 위해요소Hazard Analysis, HA를 규명하여 이것을 중점적으로 관리하기 위한 중요관리점Critical Control Point, CCP을 결정하여 체계적인 관리를 통해 식품 안전성을 확보하는 위생관리체계이다.
- 전 세계적으로 인정받고 있는 효과적인 식품안전관리 체계이며, WHO와 FAO 등 국제기구에서도 모든 식품에 HACCP를 적용할 것을 권장하고 있다.

우리나라 「식품위생법」 제32조2의 제1항에 의거한 식품위해요소중점관리기준에 의하면 "식품의 원료 관리, 제조 · 가공 · 조리 및 유통의 모든 과정에서 위해한 물질이 식품에 혼입되거나 식품이 오염되는 것을 방지하기 위하여 각 과정을 중점적으로 관리하는 기준"이라고 정의하며, "식품별로 정하여 이를 고시할 수 있다."라고 하였다(식품의약품안전청 고시 제2009-11호 식품위해요소중점관리기준, 2009.03.27.).

① 위해요소중점관리기준(HACCP)

식품의 원료 관리, 제조·가공·조리 및 유통의 모든 과정에서 위해한 물질이 식품에 혼입되거나 식품이 오염되는 것을 방지하기 위하여 각 과정을 중점적으로 관리하는 기준을 말한다.

② 위해요소분석(HA)

식품안전에 영향을 줄 수 있는 위해요소와 이를 유발할 수 있는 조건이 존재하는지 여부를 판별하기 위하여 필요한 정보를 수집하고 평가하는 일련의 과정을 말한다.

③ 중요관리점(CCP)

위해요소중점관리기준을 적용하여 식품의 위해요소를 예방·제거하거나 허용 수준 이하로 감소시켜 당해 식품의 안전성을 확보할 수 있는 중요한 단계·과정 또는 공정을 말하며, 관리점Control Point은 위해요소를 관리할 수 있는 단계·과정 또는 공정을 말한다.

2) HACCP의 특징

- HACCP 방식은 종전의 위생관리와 비교하여 식품에 사용되는 원재료 생산에서부터 최종소비자가 소비할 때까지의 모든 과정, 즉 원재료의 재배부터 식품의 유통까지 적용할 수 있으며, 각 과정에서 발생할 수 있는 생물학적·화학적·물리학적 위해요소를 관리하여 식품위생을 저하시킬 수 있는 요인을 사전에 예방하기 위한 체계이다 표 10-1.
- 특별한 장치 및 설비가 필요하지 않으며 기존 생산관리체계에 용이하게 실시할 수 있어 결과를 신속하게 얻을 수 있으며, 정부의 관리가 용이한 위생관리체계이다.

표 10-1 종전의 위생관리와 HACCP의 비교

구분	종전의 위생관리	HACCP
관리대상	주로 최종제품 위주	모든 공정단계별
관리방법	문제발생 후 교정작업이 이루어지는 반작용적 관리	문제발생 전에 교정작업이 이루어지는 선조치의 관리
인적인 능력	시험결과의 해석에 상당한 숙련이 요구됨	모니터하기 쉬운 측정치에 의한 관리가 가능하므로 전문적인 숙련이 필요없음
시험분석방법	장시간 소요	필요한 경우 즉각적인 교정조치가능
시험분석비용	많은 비용 소요	저렴한 비용소요
관리요원	작업장과 떨어진 실험실 요원에 의한 작업관리	직접 제품생산에 종사하는 요원에 의한 작업관리
Sampling 방법	제한된 시료만 적부 평가	각 공정별로 이루어지므로 로트별로 더 많은 측정 가능
검토위해요소	모든 가능성 있는 위해요소 고려하지 않음	가능성 있는 모든 위해요소 예측·대응
안전성 책임	작업반의 숙련인만이 관여	비숙련인을 포함한 전 부서 전 직원이 관여

2 HACCP의 제도와 관리

1) HACCP 적용 절차

식품 제조·가공업체 및 급식업체 등에서 HACCP체계를 적용할 때의 절차는 다음과 같다 그림 10-2.

① HACCP 추진팀 구성 및 역할분담

- HACCP시스템의 확립과 운용을 주도적으로 담당할 HACCP 팀을 구성한다.
- 품질관리, 생산, 공무, 연구개발 등 다양한 분야의 직원으로 구성한다.
- 팀장 및 팀원별로 각각 구체적이고 실질적인 역할을 분담한다.

② 현장 위생점검 및 시설·설비 개보수

- 식품을 위생적으로 생산·조리하기 위한 기본적인 위생시설·설비 및 위생관리 현황을 점검한다.
- 기본적인 GMP, SSOP 구축·운영에 필요한 문제점을 개선·보완한다.

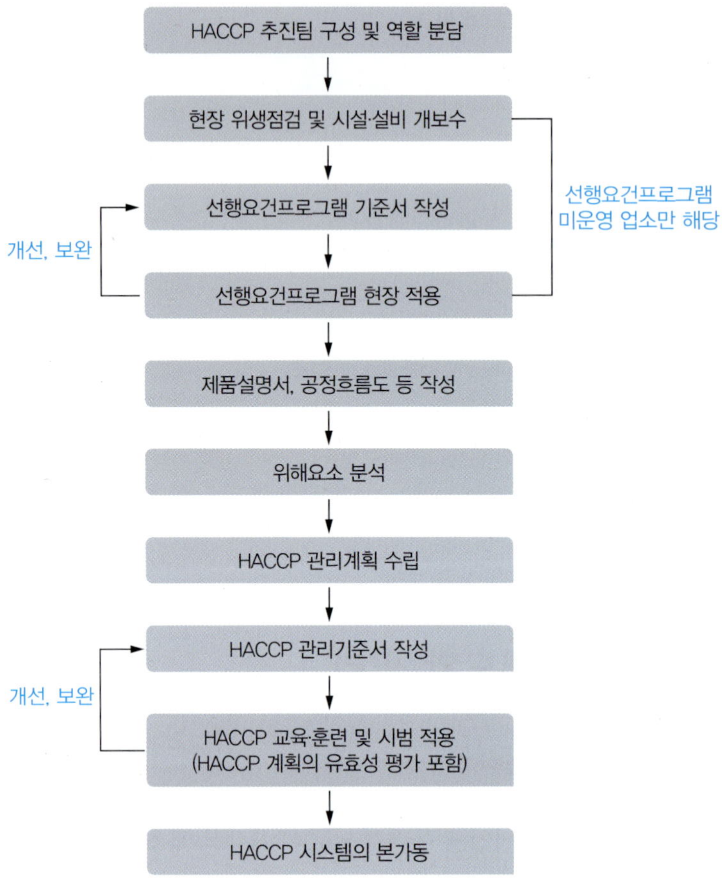

그림 10-2 | HACCP 절차
출처 : 식품의약품안전처

③ 선행요건프로그램 기준서 작성 및 현장 적용

- 영업장, 위생, 제조시설·설비, 냉장·냉동설비, 용수, 보관·운송, 검사, 회수 프로그램 관리를 포함하는 선행요건 프로그램 기준서를 작성한다.
- 현장 적용 후 실행상의 문제점·개선점을 파악, 기준서를 개정한다.

④ 제품설명서, 공정흐름도 등 작성

- 제품성분, 규격, 유통기한, 사용용도 등을 포함하는 제품설명서를 작성한다.
- 제조·가공·조리공정도, 작업장 평면도, 공조시설 계통도, 용수 및 배수처리 계통

도 등을 작성한다.

- 상기 출처는 위해분석의 기초자료로 활용한다.

⑤ 위해요소 분석, HACCP 관리계획 수립

- 원료별 제조공정별 발생가능한 위해요소들에 대한 위해평가를 실시한다.
- 중요관리점, 한계기준, 모니터링 방법, 기준이탈 시 개선조치 방법 등을 포함하는 HACCP 관리계획을 수립한다.

⑥ HACCP 관리기준서 작성

- HACCP 팀 구성, 제품설명서, 공정흐름도, 위해요소분석, 중요관리점 결정, 한계기준 설정, 모니터링 방법의 설정, 개선조치, 검증, 교육훈련, 기록유지 및 문서화 등을 포함하는 HACCP 관리기준서를 작성한다.

⑦ HACCP 교육·훈련 및 시범 적용

- 현장 종업원, 관리자, HACCP 팀원 등을 대상으로 수립된 HACCP 관리계획에 대한 교육·훈련 후 현장에 시범 적용한다.
- 실제 수립된 계획이 현장에 적용하였을 경우 효과적으로 적용·운영되는지 반드시 확인(유효성 평가 실시)한다.

⑧ HACCP 시스템의 본가동

- 유효성 평가결과를 HACCP 관리계획에 반영하여 문제점을 개선, HACCP 시스템을 본격적으로 운영한다.
- 1개월간의 운영실적을 첨부하여 식품의약품안전처에 HACCP 적용업소 지정을 신청한다.

2) HACCP의 관리(HACCP 7원칙 12절차)

- 세계적으로 HACCP를 적용하는 기준은 공통적으로 7원칙 12절차에 준한 방식을 적용한다 그림 10-3.

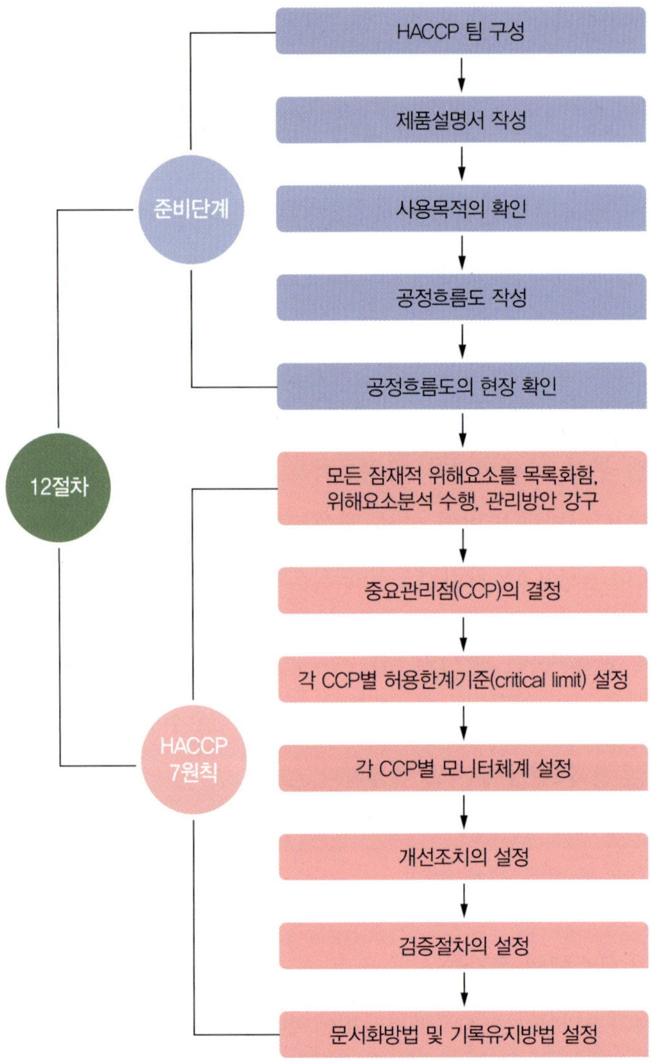

그림 10-3 | **HACCP 7원칙 12절차**

출처 : 식품의약품안전처

- HACCP 7원칙 : 준비단계(예비단계)에서 파악된 제품과 공정에 대한 이해를 바탕으로 실행하는 단계이며, 각 단계별로 적용하여 일을 체계적으로 행하는 방법이다.
- HACCP 12절차 : 준비단계 5절차와 본 단계인 HACCP 7원칙을 포함한 총 12단계의 절차로 구성되며, HACCP 관리체계를 구축하는 기본적인 절차를 의미한다.

(1) 준비단계

① HACCP 팀 구성

- 해당 업소 내에서 HACCP 계획 및 개발을 주도적으로 담당할 HACCP 팀을 구성해야 한다 그림 10-4.
- HACCP 도입은 업소의 최고경영자의 실행의지가 결정적인 영향을 미치므로 HACCP 팀을 구성할 때는 어떤 형태로든 최고경영자의 직접적인 참여를 포함시키는 것이 바람직하며, 또한 업소 내의 핵심요원들을 팀원에 포함시켜야 한다.
- HACCP 계획의 개발 및 운영에 필요한 HACCP 팀의 규모는 업소규모 및 여건에 따라 다르기 때문에 일정하지 않다.

HACCP 팀 구성 요건

- HACCP 팀장은 업소의 최고책임자가 되는 것을 권장
- 팀원은 제조·작업 책임자, 공무관계 책임자, 보관 등 물류관리업무 책임자 등으로 구성
- 관련규정에 준하여 HACCP 교육을 받고 일정 수준의 전문성을 갖출 것
- 필요시 외부전문가를 포함시킬 수 있으나, 계획을 전적으로 맡길 경우 현장의 실정이 제대로 반영되지 못하여 비효율적인 HACCP 계획이 수립될 수 있음

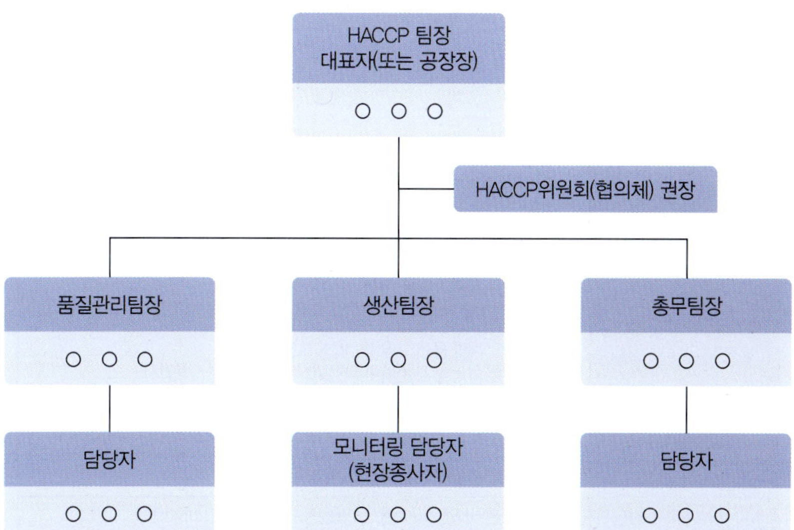

그림 10-4 | HACCP 팀 구성 예
출처 : 식품의약품안전처

② 제품설명서 작성

업소에서 취급하는 각 식품의 종류, 특성, 원료, 성분, 제조 및 유통방법 등을 포함하는 제품에 대한 전반적인 취급내용이 기술되어 있는 제품설명서를 작성하는 것으로, 제품설명서에는 제품명, 제품유형 및 성상, 품목제조보고 연월일, 작성자 및 작성 연월일, 성분(또는 식자재) 배합비율 및 제조(또는 조리)방법, 제조(포장)단위, 완제품의 규격, 보관·유통(또는 배식)상의 주의사항, 제품용도 및 유통(또는 배식)기간, 포장방법 및 재질, 표시사항, 기타 필요한 사항이 포함되어야 한다 그림 10-5.

<table>
<tr><th colspan="3">제품설명서</th></tr>
<tr><td rowspan="3">1. 제품명
제품유형
성상</td><td colspan="2">제품명: 식품안전</td></tr>
<tr><td colspan="2">유형: 빙과류</td></tr>
<tr><td colspan="2">성상: 파인애플, 황도, 체리, 팥 등이 곁들여진 팥빙수</td></tr>
<tr><td>2. 품목제조보고
연월일 및 보고자</td><td colspan="2">2008. 6. 1., 보고자 ○○○</td></tr>
<tr><td>3. 작성자 및
작성 연월일</td><td colspan="2">작성자 ○○○, 2008. 6. 1</td></tr>
<tr><td>4. 성분 배합비율(%)</td><td colspan="2">물엿, 정백당, 고과당, 가당연유, 유화제, 로커스트빈검, 잔탄검, 정제염, 파인애플, 황도, 팥, 체리, 분쇄얼음, 정제수</td></tr>
<tr><td>5. 포장 단위</td><td colspan="2">100 mL</td></tr>
<tr><td rowspan="2">6. 완제품 규격</td><td>법적 규격</td><td>자사 규격</td></tr>
<tr><td>• 성상: 고유의 향미를 가지고 이미·이취가 없어야 한다.
• 대장균군: 10 cfu/mL
• 일반세균: 3,000 cfu/mL 이하</td><td>• 성상: 고유의 향미를 가지고 이미·이취가 없어야 한다.
• 대장균군: 10 cfu/mL
• 일반세균: 3,000 cfu/mL
• 리스테리아 : 음성
• 황색포도상구균: 음성
• 이물: 불검출
(단, 금속이물 1.5 mm 이상 불검출)</td></tr>
<tr><td>7. 보관·유통 및
주의사항</td><td colspan="2">• 보관: 제품생산후 −20℃ 이하 냉동창고 보관
• 운송: 차량운송중 −18℃ 이하 냉동차로 운송
• 유통: 유통과정중 −18℃ 이하 유지상태로 유통</td></tr>
<tr><td>8. 제품용도 및
유통기한</td><td colspan="2">• 제품용도: 일반건강인, 어린이, 환자, 노약자, 허약자 등의 기호식품(간식용)
• 섭취방법: 제품 그대로 섭취
• 유통기한(또는 제조일자): ○○년 ○○월 까지(또는 제조일로부터 년(월)까지)</td></tr>
<tr><td>9. 포장방법 및 재질</td><td colspan="2">• 포장방법: 개별 용기 포장 후, 박스 포장
• 재질: 내포장 − 용기류(폴리프로필렌−PP), 외포장 − 골판지</td></tr>
<tr><td>10. 표시사항</td><td colspan="2">• 내포장지: 판매원, 제조원, 제품명, 보관방법, 식품첨가물, 용량, 유형, 주원료명, 특정성분, 용기재질, 반품, 및 교환장소, 가격, 고객상담팀, 전화번호, 환경계도문, 소비자피해보상규정, 분리배출표시, 바코드
• 외포장지: 제품명, 수량, 가격, 기타, 주의사항 등</td></tr>
<tr><td>11. 기타 필요한 사항</td><td colspan="2">이미 냉동된 바 있으니 해동 후 재냉동시키지 마시길 바랍니다.</td></tr>
</table>

그림 10-5 | 제품설명서 작성 예

출처 : 식품의약품안전처

③ 사용목적의 확인

- 해당식품의 의도된 사용방법 및 대상 소비자를 파악하는 것으로 위해평가와 위해요소의 한계기준 결정에 중요한 출처가 된다.
- 섭취방법, 조리가공방법, 식품의 원료로 사용되는가 등 예측가능한 사용방법과 범위, 그리고 제품에 포함될 잠재적 위해물질에 대해 민감한 소비자(예: 어린이, 노인, 면역관련 환자 등)를 파악하는 것이다.

④ 공정흐름도 작성

- 업소에서 직접 관리하는 원료의 입고과정에서부터 완제품의 출하까지 모든 단계의 공정을 파악하여 공정흐름도flow diagram를 작성하고 각 공정별 주요 가공조건의 개요를 기재하는 과정이다 그림 10-6.
- 구체적인 제조공정별 가공방법에 대하여는 알기 쉽게 표로 정리하는 것이 바람직하며, 작업특성별 구획, 기계·기구 등의 배치, 제품의 흐름과정, 작업자 이동경로, 세척·소독조 위치, 출입문 및 창문, 공조 시설계통도, 용수 및 배수처리 계통도 등을 표시한 작업장 평면도plant schematic를 작성한다 그림 10-7, 10-8.

⑤ 공정흐름도 현장 확인

- 작성된 공정흐름도 및 평면도가 현장과 일치하는지를 검증하는 단계로, 공정흐름도 및 평면도가 실제 작업공정과 동일한지 여부를 확인하기 위해 HACCP 팀은 작업현장에서 공정별 각 단계를 직접 확인하면서 검증하여야 한다.
- 각 공정 및 작업장 내에서 위해요소가 발생할 수 있는 모든 조건 및 지점을 찾아내기 위한 과정으로, 정확성을 유지하는 것이 매우 중요하며, 현장검증에 의해 변경이 필요한 경우라 판단될 때는 해당공정의 흐름도나 평면도를 수정하여야 한다.

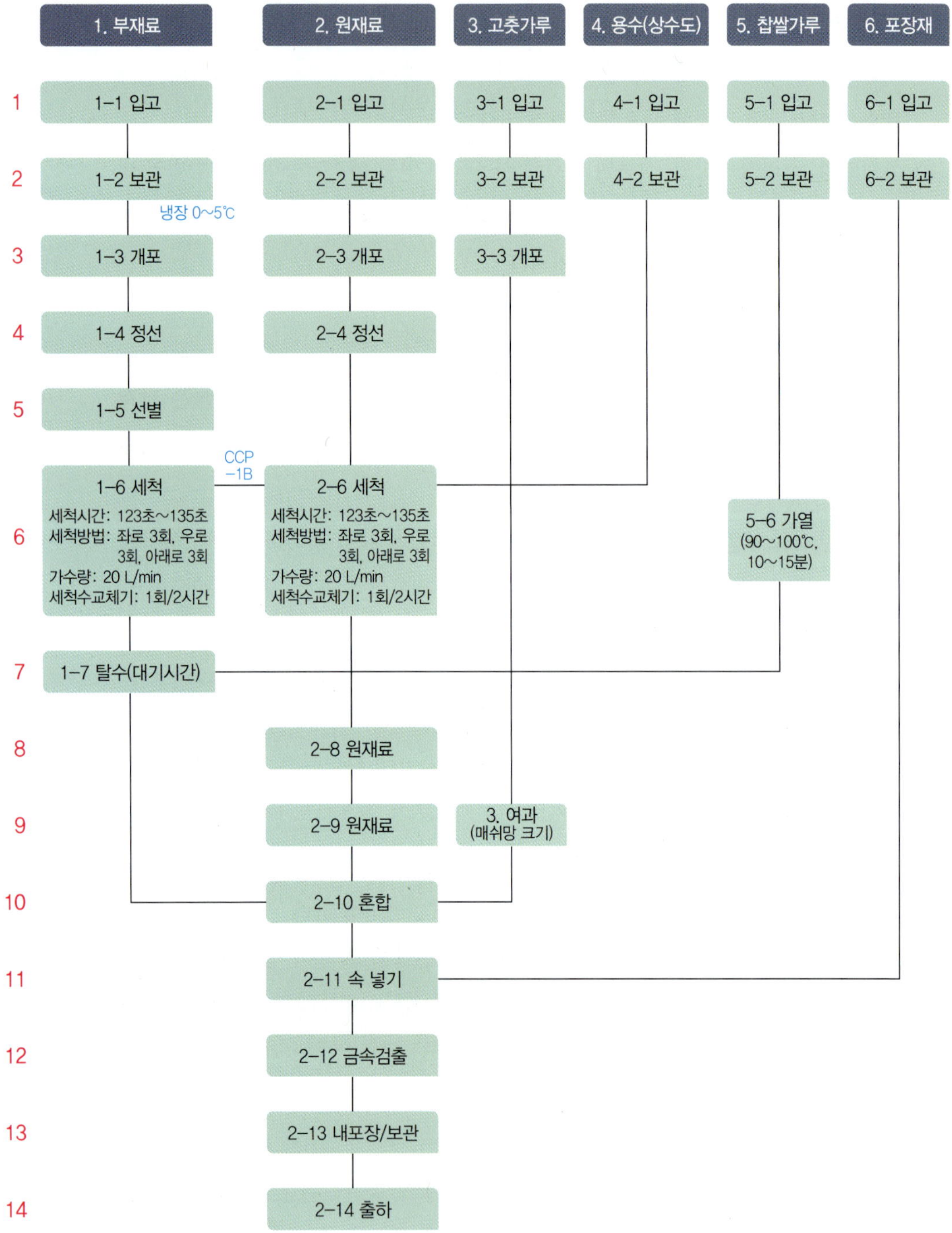

그림 10-6 | 공정흐름도 예

출처 : 식품의약품안전처

세척공정이 있는 제품

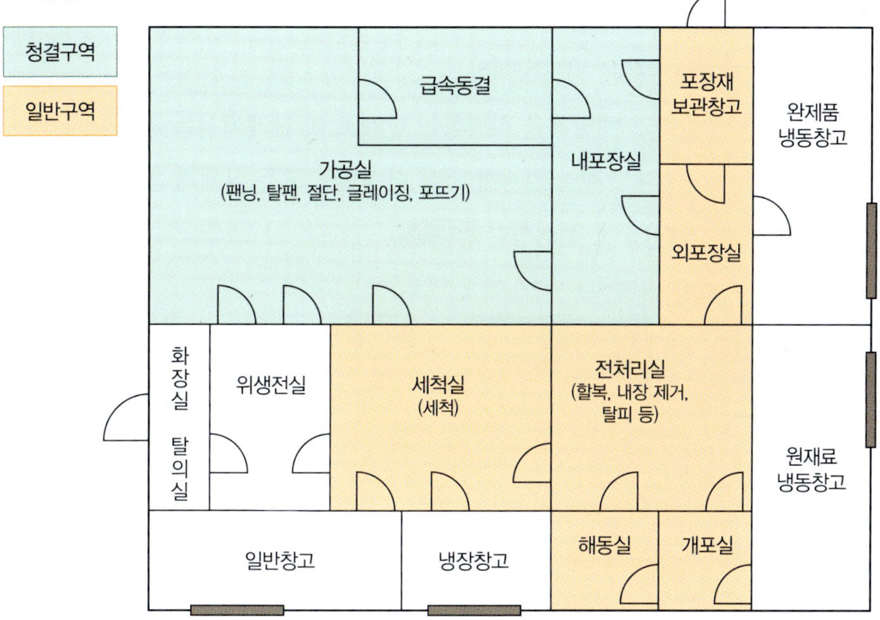

그림 10-7 | 작업장 평면도 예

출처 : 식품의약품안전처

세척공정이 있는 제품

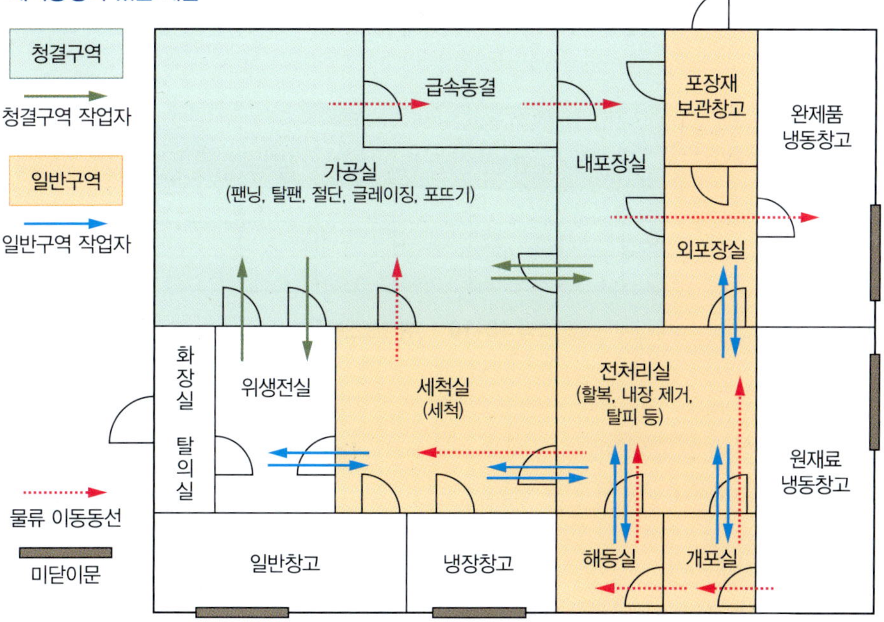

그림 10-8 | 작업장 이동경로 예

출처 : 식품의약품안전처

(2) HACCP 7원칙

① 위해요소분석(Hazard Analysis)

- 위해요소를 분석하고 예방책을 식별하는 단계로 이 단계에서는 중대한 위해가 발생할 수 있는 공정의 단계를 열거하고 각 단계별로 모든 잠재적인 생물학적·화학적 및 물리적 위해요소를 분석한다 그림 10-9.

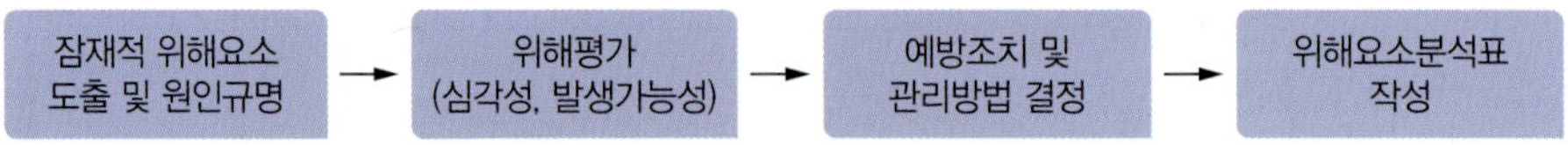

그림 10-9 | **위해요소분석 절차**
출처 : 식품의약품안전처

- 제품설명서에서 파악된 원·부재료별로, 그리고 공정흐름도에서 파악된 공정/단계별로 구분하여 실시하여야 한다. 이 과정을 통해 각 단계별로 발생 가능한 모든 위해요소를 파악하여 목록을 작성하고, 각 위해요소의 유입경로와 이들을 제어할 수 있는 예방수단을 파악하여 이러한 유입경로와 제어수단을 고려하여 위해요소의 발생가능성과 발생 시 그 결과의 심각성을 감안하여 위해를 평가한다 그림 10-10.

일련번호	원·부자재명/공정명	구분	위해요소		위해평가			예방조치 및 관리방법
			명칭	발생원인	심각성	발생가능성	종합평가	
1		B						
		C						
		P						

그림 10-10 | **위해요소분석표**

위해요소분석표 그림 10-10에서 유해요소를 B, C, P로 구분한다. B, C, P는 각각 생물학적·화학적·물리적 위해요소를 뜻한다.

㉮ 심각성 평가

심각성 평가는 도출된 위해요소가 영향을 주는 최종 대상자가 소비자이므로 최악의 상황을 기준으로 결정된다. 같은 위해요소이더라도 공정이 다르면 심각성평가를 동일

위해요소

- **B**(Biological hazards) : 생물학적 위해요소
  원·부자재, 공정에 내재하면서 인체의 건강을 해할 우려가 있는 *Listeria. monocytogenes, E. coli* O157:H7, 대장균, 대장균군, 효모, 곰팡이, 기생충, 바이러스 등 생물학적 단위 위해요소
- **C**(Chemical hazards) : 화학적 위해요소
  제품에 내재하면서 인체의 건강을 해할 우려가 있는 중금속, 농약, 항생물질, 항균물질, 사용기준 초과 또는 사용 금지된 식품첨가물 등 화학적 단위 위해요소
- **P**(Physical hazards) : 물리적 위해요소
  원료와 제품에 내재하면서 인체의 건강을 해할 우려가 있는 인자 중에서 돌조각, 유리조각, 쇳조각, 플라스틱조각, 머리카락 등 물리적 단위 위해요소

하게 실시한다. 생물학적·화학적·물리적 위해요소의 독립적 평가는 1, 2, 3점으로 평가하며, 점수가 높을수록 심각성이 높다 표 10-2.

㈏ 발생가능성 평가

위해요소의 발생빈도 및 발생가능성을 모두 포함하여 평가하여야 한다. 빈도평가는 정량적인 출처에 의한 기준설정 및 평가가 우선시 되어야 하며, 정량적인 출처 부재 시 현장 경험치에 의한 정성적 근거가 확보되어야 한다. 가능성 평가는 안전을 확신하지

표 10-2 위해요소의 심각성 평가기준(FAO 기준)

심각성	분류	위해의 종류
높음	생물학적	*Clostridium Botulinum, Salmonella typhi, Listeria monocytogenes, E.coil* O157:H7, *Vibrio cholerae, Vibrio vunificus* 등
	화학적	paralytic shellfish poisoning, amnestic shellfish poisoning 등
	물리적	유리조각, 금속성 이물 등
보통	생물학적	*Brucella* spp., *Campylobacter* spp., *Salmonella* spp., *Shigella* spp., *Streptococus* type A, *Yersinia enterocolitica*, hepatitis A virus 등
	화학적	mycotoxins, ciguatera toxin, 잔류농약, 중금속 등
	물리적	경질이물(돌, 모래, 경질 플라스틱 등)
낮음	생물학적	*Bacillus* spp., *Clostridium perfringens, Staphylcoccus aureus*, Norwalk virus, 대부분의 기생충 등
	화학적	히스타민과 같은 물질, 식품첨가물 등
	물리적	연질이물(머리카락, 먼지, 비닐 등)

출처 : FAO 및 식품의약품안전처, 2022

못하면 가능성이 있다고 판단하며, 관련 제품 또는 이슈화 사항발생 시 가능성을 높게 평가한다.

② 중요관리점 결정

- 중요관리점Critical Control Point, CCP이란 관리가 가능하고 식품의 안전성을 방해하는 위해요소가 예방되거나 적게 되거나 허용수준으로 감소될 수 있는 지점이나 단계 또는 절차를 말한다 그림 10-11.

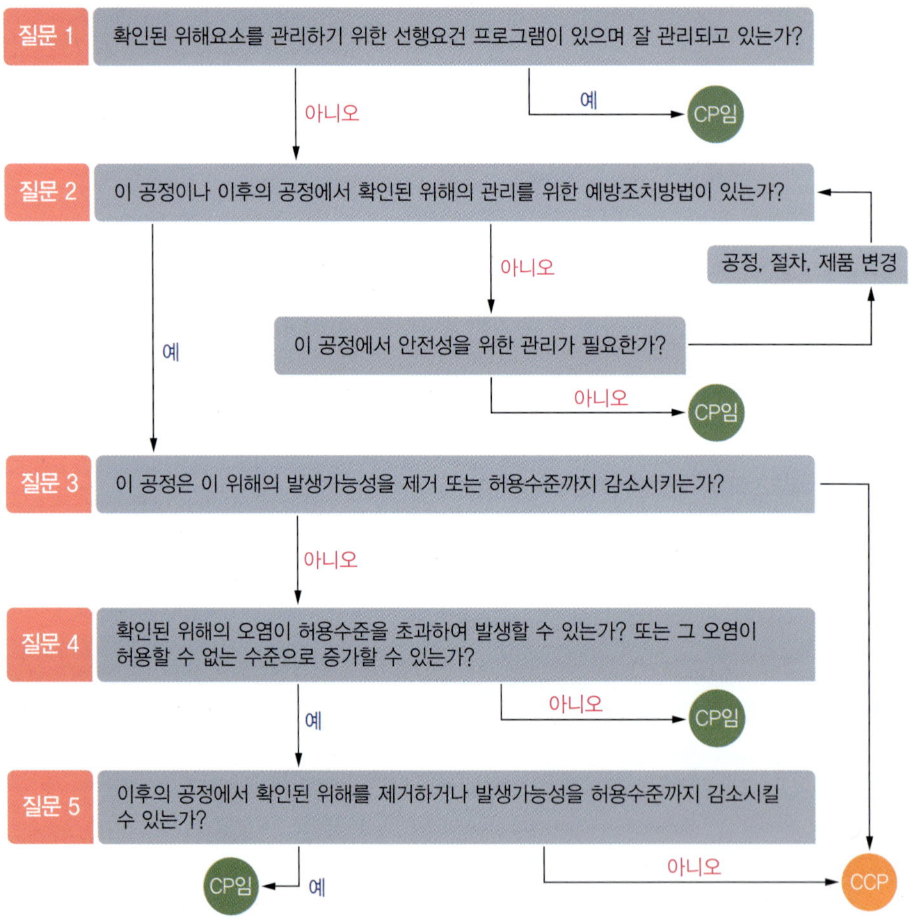

그림 10-11 | 중요관리점(CCP) 결정도

출처 : 식품의약품안전처

- 제품별·공정별로 식별되어야 하는데, 이는 중요 고려사항이 공장 건물, 제품 형성, 공정흐름, 장비, 성분의 내용, 위생 및 HACCP 지원 프로그램에 따라 달라지기 때문이다.
- 이 단계는 관리가 가능해야만 하며 만약에 관리할 수 없는 공정을 중요하다고 판단하여 CCP로 선택하면, HACCP는 적절한 도구가 되지 못한다.

※ CCP를 결정하는 하나의 좋은 방법은 중요관리점 결정도를 이용하는 것으로 이 결정도는 위해평가 결과 중요 위해, 즉 확인대상으로 선정된 위해요소에 대하여 적용한다.

③ 허용한계기준(Critical Limit, CL) 설정

- 중요관리점에서 위해를 방지하기 위하여 적용하는 각 위해요소에 대한 기준치로, 각 중요관리점에서 취해져야 할 예방조치에 대한 한계기준을 설정하는 것이다.
- 온도 및 시간, 습도, 수분활성도(A_w) 같은 제품 특성과 염소, 염분농도 같은 화학적 특성과 pH 등 한계기준은 현장에서 쉽게 확인하도록 가능한 육안 관찰이나 간단한 측정으로 확인할 수 있는 수치 또는 특정지표로 나타내어야 한다.

④ 모니터링(Monitoring) 체계 확립

- 중요관리점을 효율적으로 관리하기 위해 모니터링 체계를 수립하는 것으로, 중요관리점CCP에 해당하는 공정이 한계기준을 벗어나지 않고 안정적으로 운영되도록 관리하기 위하여 종업원 또는 기계적인 방법으로 수행하는 관찰 수단이다 표 10-4.
- HACCP 팀은 모니터링 활동을 수행할 때 연속적인 모니터링을 실시해야 하며, 모니터링 결과는 개선조치를 취할 수 있는 지식과 경험을 가진 사람에 의해서 평가되어야 한다 표 10-5, 10-6.

표 10-3 학교급식의 일반적인 HACCP 계획 예

공정	위해요소	한계기준(관리기준)	모니터링 방법				개선조치
			대상	방법	빈도	작성자/확인자	
식단검토	미생물의 생존 및 증식	• 학교급식으로 제공하기 부적절한 식단 배제 • 공정별 CCP 확인	식단	식단검토	식단작성, 변경 시	영양교사·영양사	• 식단 변경 • 조리법 변경
CCP1. 검수	미생물 증식	• 냉장식품, 전처리된 농산물 10℃ 이하, 생선 및 육류 5℃ 이하, 냉동식품은 냉동상태 유지 • 품질은 학교급식 식재료의 품질관리기준 준수	식재료	온도측정 관능검사	검수 시	검수자	• 반품 및 교환 • 식재료 부적합 확인서 발급
CCP2A. 식품취급 및 조리 (장소 구분이 될 경우)	교차오염	• 장소 구분(전처리실, 조리실) • 도구 구분	구분여부	육안관찰	해당 공정 시	영양교사·영양사/조리사/조리원	• 장소 변경 • 도구 변경 • 재가열 혹은 폐기
	미생물 생존	• 소독제 유효염소농도 100~130ppm 5분 침지 혹은 동등한 효과를 가진 살균소독제의 용량 용법 준수	채소·과일	소독제 희석 농도 및 시간 확인 (Test paper, 농도측정기)	생으로 제공하는 채소 및 과일 소독 시	영양교사·영양사/조리사/조리원	• 소독제 희석농도 조정
		• 식품 중심온도 75℃(패류 85℃) 1분 이상	가열 조리 식품	온도측정	식품 가열 조리 시	영양교사·영양사/조리사/조리원	• 계속 가열
CCP2B. 식품취급 및 조리 (장소 구분이 안 될 경우)	교차오염	• 전처리와 조리 사이에 작업대 세척·소독 • 도구 구분	세척·소독 및 도구 구분 여부	육안관찰	해당 공정 시	영양교사·영양사/조리사/조리원	• 작업대 세척·소독 • 도구 변경 • 재가열 혹은 폐기
	미생물 생존	• 소독제 유효염소농도 100~130ppm 5분 침지 혹은 동등한 효과를 가진 살균소독제의 용량 용법 준수	채소·과일	소독제 희석 농도 및 시간 확인 (Test paper, 농도측정기)	생으로 제공하는 채소 및 과일 소독 시	영양교사·영양사/조리사/조리원	• 소독제 희석 농도 조정
		• 식품중심온도 75℃(패류 85℃) 1분 이상	가열 조리 식품	온도측정	식품 가열 조리 시	영양교사·영양사/조리사/조리원	• 계속 가열
CCP3A. 조리완료 및 배식 (단독조리:식당배식)	미생물 증식과 오염	• 열장 음식 57℃ 이상 유지, 혹은 2시간 이내 배식 • 혼합음식은 배식 직전에 혼합	열장 음식	온도측정 시간확인	배식 완료 시	조리사/조리원	• 오븐 또는 열장 설비 확보 • 음식 재가열 혹은 폐기

표 10-3 학교급식의 일반적인 HACCP 계획 예 (계속)

공정	위해요소	한계기준(관리기준)	모니터링 방법				개선조치
			대상	방법	빈도	작성자/확인자	
CCP3B. 조리완료 및 배식 (단독조리:교실배식)	미생물 증식과 오염	• 조리 후 2시간 내 배식 완료(혼합 시작 후 2시간 이내 배식)	열장 음식	시간확인	배식 완료 시	조리사/조리원	• 공정관리 • 음식교체 • 식당 공간 확보
CCP3C. 조리완료 및 배식 (공동조리)	미생물 증식과 오염	• 열장 음식 57℃ 이상 유지, 혹은 2시간 이내 배식 • 운반과 배식 시 오염 방지	열장 음식	온도확인 시간측정 육안관찰	운반 급식 시	조리사/조리원 (비조리교 담당자)	• 상차 시 온도 조정 • 운반용기 개선
CP1. 냉장·냉동고 온도관리	미생물 증식과 오염	• 냉장고(실) : 5℃ 이하 • 냉동고(실) : -18℃ 이하	냉장·냉동고(실)	온도확인	2~3회	조리사/조리원	• 온도 보정 • 고장시 수리 • 식품 이동 혹은 폐기
CP2A. 식품접촉표면 세척 및 소독 (세척기로 소독 안 되는 학교)	미생물 생존	• 식판 표면 71℃ 이상 • 소독시 소독제 용법·용량 준수 • 식판 및 기구·기물류 표면에 세제 불검출	식기소독고/소독제/식판 및 기구·기물류	온도확인 소독제 및 잔류세제 농도 확인	세척·소독 시	세척 담당자	• 식기소독고 온도 및 시간 조정 • 소독제 농도 조정 및 재 세척
CP2B. (세척기로 소독 되는 학교)	미생물 생존	• 식판 표면 71℃ 이상 • 소독시 소독제 용법·용량 준수 • 식판 및 기구·기물류 표면에 세제 불검출	세척기/소독제/식판 및 기구·기물류	온도확인 소독제 및 잔류세제 농도 확인	세척·소독 시	세척 담당자	• 세척기 A/S(온도보정) • 소독제 농도 조정 및 재 세척
CP2C. (세척기 없는 학교)	미생물 생존	• 식판 표면 71℃ 이상 • 소독시 소독제 용법·용량 준수 • 식판 및 기구·기물류 표면에 세제 불검출	식기소독고/소독제/식판 및 기구·기물류	온도확인 소독제 및 잔류세제 농도확인	세척·소독 시	세척 담당자	• 식기소독고 온도 및 시간 조정 • 소독제 농도 조정 및 재 세척

출처 : 교육부, 2020

표 10-4 모니터링 체계를 수립하여 시행할 때 좋은 점

- 작업과정에서 발생되는 위해요소의 추적이 용이
- 작업공정 중 CCP에서 발생한 기준 이탈(deviation) 시점 확인 가능
- 문서화된 기록을 제공하여 검증 및 식품사고 발생 시 증빙출처로 활용 가능

표 10-5 모니터링 체계 순서

① 각 원료와 공정별로 가장 적합한 모니터링 절차를 파악한다.
② 모니터링 항목을 결정한다.
③ 모니터링 위치/지점, 방법을 결정한다.
④ 모니터링 주기(빈도)를 결정한다.
⑤ 모니터링 결과를 기록할 서식을 결정한다.
⑥ 모니터링 담당자를 지정하고 훈련시킨다.

표 10-6 **모니터링 방법 예시**

공정명	CCP	한계기준	모니터링 방법			
			대상	방법	주기	담당자
가열	CCP-1B	65℃ 이상, 1분 이상	가열 시간, 온도	• 가열기의 정상작동 유무를 확인한다. • 가열기에서 가열온도와 시간을 모니터링 일지에 기록한다. • 모니터링 일지를 HACCP 팀장에게 승인받는다.	매 작업 시	공정 담당
세척	CCP-2B	6단 세척, 가수량 3배, 세척시간 5분 이상	세척 방법	• 세척기의 정상작동 유무를 확인한다. • 세척방법에 따라 세척시간, 횟수, 가수량을 모니터링 일지에 기록한다. • 모니터링 일지를 HACCP 팀장에게 승인받는다.	매 작업 시	공정 담당
소독	CCP-3B	소독농도 50~100 ppm 소독시간 1분~1분30초	소독 농도, 시간	• 소독기의 정상작동 유무를 확인한다. • 소독농도, 시간을 모니터링 일지에 기록한다. • 모니터링 일지를 HACCP 팀장에게 승인받는다.	매 작업 시	공정 담당
금속 검출	CCP-4P	금속 2 mm 이상 불검출, 쇳가루 불검출	금속 검출기 감도	• 금속검출기의 정상작동 유무를 확인한다. • 테스트 피스를 이용하여 금속검출기의 감도를 기기, 제품에 측정한 후 모니터링 일지에 기록한다. • 모니터링 일지를 HACCP 팀장에게 승인받는다.	매 작업 시	공정 담당

출처 : 식품의약품안전처

⑤ 개선조치(Corrective Action)방법 설정

• HACCP 계획의 목적은 식품으로 인한 위해요소가 발생하기 이전에 문제점을 미리 파악하고 시정하는 예방체계이므로, 모니터링 결과를 통해 한계기준을 벗어날 경우 취해야 할 개선조치방법을 사전에 설정하여 신속한 대응조치가 이루어지도록 하여야 한다.

• 이 방법으로는 즉시적 조치와 예방적 조치가 있는데, 즉시적 조치는 공정을 재조정하여 최단시간 내 공정을 관리하에서 재작동시키고 이탈시간 중 생산된 제품을 식별, 분리하여 적절한 조치를 단행하는 것이며, 예방적 조치는 추후 재발을 방지하기 위해 먼저 이탈 발생 원인을 정확히 파악하여 그 원인에 따라 조치하는 것이다.

• 일반적으로 취해야 할 개선조치사항에는 공정상태의 원상복귀, 한계기준 이탈에 의해 영향을 받은 관련식품에 대한 조치사항, 이탈에 대한 원인규명 및 재발방지 조치, HACCP 계획의 변경 등이 포함된다 표 10-7.

표 10-7 개선조치방법 예시

공정명	CCP	개선조치방법
가열	CCP-1B	1. 가열 온도, 시간 이탈 시 • 공정 담당자는 즉시 작업을 중지한다. • 해당 제품은 즉시 재가열하고 CCP 모니터링 일지에 이탈사항과 개선조치사항을 기록하고 생산관리팀장, HACCP 팀장에게 보고한다. • 해당 로트 제품을 품질관리 팀장에게 공정품 검사를 의뢰한다.
	CCP-1B	2. 기기 고장인 경우 • 공정 담당자는 즉시 작업을 중지하고 공정품을 보류한 뒤 CCP 모니터링 일지에 이탈사항을 기록하고 공무팀에 수리를 의뢰한다. • 수리완료 후 공정품은 재가열한다. • CCP 모니터링 일지에 개선조치사항을 기록하고 생산관리팀장, HACCP 팀장에게 보고한다. • 해당 로트 제품을 품질관리 팀장에게 공정품 검사를 의뢰한다.
세척	CCP-2B	1. 세척횟수, 시간, 가수량 이탈 시 • 공정 담당자는 즉시 작업을 중지한다. • 해당 제품은 즉시 재세척하고 CCP 모니터링 일지에 이탈사항과 개선조치사항을 기록하고 생산관리팀장, HACCP 팀장에게 보고한다. • 해당 로트 제품을 품질관리 팀장에게 공정품 검사를 의뢰한다. 2. 기기 고장인 경우 • 공정 담당자는 즉시 작업을 중지하고 공정품을 보류한 뒤 CCP 모니터링 일지에 이탈사항을 기록하고 공무팀에 수리를 의뢰한다. • 수리완료 후 공정품은 재세척한다. • CCP 모니터링 일지에 개선조치사항을 기록하고 생산관리팀장, HACCP 팀장에게 보고한다. • 해당 로트 제품을 품질관리 팀장에게 공정품 검사를 의뢰한다.
소독	CCP-3B	1. 소독농도, 시간 이탈 시 • 공정 담당자는 즉시 작업을 중지한다. • 소독농도를 보정화고 해당 제품은 재소독하고 CCP 모니터링 일지에 이탈사항과 개선조치사항을 기록하고 생산관리팀장, HACCP 팀장에게 보고한다. • 해당 로트 제품을 품질관리 팀장에게 공정품 검사를 의뢰한다. 2. 기기 고장인 경우 • 공정 담당자는 즉시 작업을 중지하고 공정품을 보류한 뒤, CCP 모니터링 일지에 이탈사항을 기록하고 공무팀에 수리를 의뢰한다. • 수리완료 후 공정품은 재소독한다. • CCP 모니터링 일지에 개선조치사항을 기록하고 생산관리팀장, HACCP 팀장에게 보고한다. • 해당 로트 제품을 품질관리 팀장에게 공정품 검사를 의뢰한다.
금속 검출	CCP-4P	1. 제품에 혼입될 경우 • 공정 담당자는 즉시 작업을 중지한다. • 해당 제품을 재통과하여 확인하고 혼입이 확인될 경우 CCP 모니터링 일지에 이탈사항과 개선조치사항을 기록하고 생산관리팀장, HACCP 팀장에게 보고한다. • 해당 로트 제품을 품질관리 팀장에게 공정품 검사를 의뢰한다.

표 10-7 개선조치방법 예시 (계속)

공정명	CCP	개선조치방법
금속 검출	CCP-4P	1. 제품에 혼입될 경우 • 공정 담당자는 즉시 작업을 중지한다. • 해당 제품을 재 통과하여 확인하고 혼입이 확인 될 경우 CCP 모니터링 일지에 이탈사항과 개선조치사항을 기록하고 생산관리팀장, HACCP 팀장에게 보고한다. • 해당 로트 제품을 품질관리 팀장에게 공정품 검사를 의뢰한다. 2. 기기 고장인 경우 • 공정 담당자는 즉시 작업을 중지하고 공정품을 보류한 뒤, CCP 모니터링 일지에 이탈사항을 기록하고 공무팀에 수리를 의뢰한다. • 수리완료 후 CCP 모니터링 일지에 개선조치사항을 기록하고 생산관리팀장, HACCP 팀장에게 보고한다. • 해당 로트 제품은 재통과시킨다. 3. 감도 저하 시 • 공정 담당자는 즉시 작업을 중지하고 공정품을 보류한 뒤, CCP 모니터링 일지에 이탈사항을 기록하고 기기 감도를 측정하여 한다. • 감도 확인 후 CCP 모니터링 일지에 개선조치사항을 기록하고 생산관리팀장, HACCP 팀장에게 보고한다. • 해당 로트 제품을 품질관리 팀장에게 공정품 검사를 의뢰한다.

출처 : 식품의약품안전처

⑥ 검증(Verification)절차 및 방법 설정

- HACCP 제도는 체계적으로 검증되어야 하며 시스템이 적절하게 운영되고 있는지를 확인하기 위한 검증절차를 설정해야 한다.
- HACCP 팀은 HACCP 시스템이 설정한 안전성 목표를 달성하는 데 효과적인지, 관리계획에 따라 제대로 실행되는지, 관리계획의 변경 필요성이 있는지를 확인하기 위한 검증절차를 설정하여야 한다.

검증내용은 HACCP 계획에 대한 유효성 평가와 HACCP 계획의 실행성 검증의 두 가지로 나뉜다.

- 계획에 대한 유효성 평가 : HACCP 계획이 올바르게 수립되어 있는지 확인하는 것으로 발생가능한 모든 위해요소를 확인·분석하고 있는지, CCP가 적절하게 설정되었는지, 한계기준이 안전성을 확보하는 데 충분한지 등을 과학적·기술적 출처의 수집과 평가를 통해 확인하는 검증의 한 요소이다.
- 계획의 실행성 검증 : HACCP 계획이 설계된 대로 이행되고 있는지를 확인하는 것

으로 작업자가 정해진 주기로 모니터링을 올바르게 수행하고 있는지, 기준 이탈 시 개선조치를 적절하게 하고 있는지, 검사·모니터링 장비를 정해진 주기에 따라 검정 및 교정하고 있는지 등을 확인하는 것이다.

㉮ 검증 주체에 따른 분류

- 내부검증 : 사내에서 자체적으로 검증원을 구성하여 실시하는 검증
- 외부검증 : 정부 또는 적격한 제3자가 검증을 실시하는 경우로 식품의약품안전처에서 HACCP 적용업소에 대하여 연 1회 실시하는 사후 조사·평가가 이에 포함됨

㉯ 검증주기에 따른 분류

- 최초검증 : HACCP 계획을 수립하여 최초로 현장에 적용할 때 실시하는 HACCP 계획의 유효성 평가validation
- 일상검증 : 일상적으로 발생되는 HACCP 기록문서 등에 대하여 검토·확인하는 것
- 특별검증 : 새로운 위해정보 발생 시, 해당식품의 특성 변경 시, 원료·제조공정 등의 변동 시, HACCP 계획의 문제점 발생 시 실시하는 검증
- 정기검증 : 정기적으로 HACCP 시스템의 적절성을 재평가하는 검증

검증은 계획 작성 시에 검정한 후에도 위해의 발생 방지를 위해 정확하고 효과적으로 기능하는 것을 정기적으로 검증해야 한다.

⑦ 문서 및 기록(Record)유지방법 설정

HACCP 시스템을 문서화하기 위한 효과적인 기록 유지 절차를 설정하는 단계이다. HACCP 계획을 실시하고 있는 동안 지속적이고 신뢰 있는 기록이 유지, 관리되지 않는다면 HACCP는 성립될 수 없다. 때문에 기록유지는 HACCP 체계의 필수적인 요소이며, 기록유지가 없는 HACCP 체계의 운영은 비효율적이며 운영근거를 확보할 수 없기 때문에 HACCP 계획의 운영에 대한 기록의 유지가 요구된다 표 10-8.

표 10-8 HACCP 체계의 운영과 관련된 기록목록의 예

구분	기록
가) 원료	• 규격에 적합함을 증빙하는 원료공급업체의 시험증명서 • 공급업체의 시험성적서를 검증한 업소의 지도·감독 기록 • 온도에 민감하거나 유통기한이 설정된 원료에 대한 보관온도 및 기간 기록
나) 공정관리	• CCP와 관련된 모든 모니터링 기록 • 식품 취급과정이 적절하게 지속적으로 운영하는지를 검증한 기록
다) 완제품	• 식품의 안전한 생산을 보장할 수 있는 출처 및 기록 • 제품의 안전한 유통기한을 입증할 수 있는 출처 및 기록 • HACCP 계획의 적합성을 인정한 문서
라) 보관 및 유통	• 보관 및 유통온도 기록 • 유통기간이 경과된 제품이 출고되지 않음을 보여주는 기록
마) 한계기준 일탈 및 개선조치	• CCP의 한계기준 이탈 시 취해진 공정이나 제품에 대한 모든 개선조치 기록
바) 검증	• HACCP 계획의 설정, 변경 및 재평가 기록
사) 종업원 교육	• 식품위생 및 HACCP 수행에 관한 교육훈련 기록

3 HACCP의 적용 현황

1) 우리나라의 적용 현황

- 우리나라에서 HACCP 방식의 적용은 「식품위생법」의 제32조의2 제1항의 규정에 의한 식품위해요소중점관리기준에 근거하여 식품관련 영업에 적용하게 되었다.
- 식품의약품안전처는 식품의 원료 관리 및 제조·가공·조리·유통의 모든 과정에서 위해한 물질이 식품에 섞이거나 식품이 오염되는 것을 방지하기 위하여 각 과정의 위해요소를 확인·평가하여 중점적으로 관리한다.
- 농림축산식품부에서는 축산물의 원료관리·처리·가공 및 유통의 전 과정에서 위해 물질이 해당 축산물에 혼입되거나 오염되는 것을 사전에 방지하기 위하여 각 과정을 중점적으로 관리한다.

식품안전관리인증기준 대상 식품

- 수산가공식품류의 어육가공품류 중 어묵/어육소시지
- 기타수산물가공품 중 냉동 어류/연체류/조미가공품
- 냉동식품 중 피자류/만두류/면류
- 과자류, 빵류 또는 떡류 중 과자/캔디류/빵류/떡류
- 빙과류 중 빙과
- 음료류[다류(茶類) 및 커피류는 제외]
- 레토르트식품
- 절임류 또는 조림류의 김치류 중 김치(배추를 주원료로 하여 절임, 양념혼합과정 등을 거쳐 이를 발효시킨 것이거나 발효시키지 아니한 것 또는 이를 가공한 것에 한한다)
- 코코아가공품 또는 초콜릿류 중 초콜릿류
- 면류 중 유탕면 또는 곡분, 전분, 전분질원료 등을 주원료로 반죽하여 손이나 기계 따위로 면을 뽑아내거나 자른 국수로서 생면 · 숙면 · 건면
- 특수용도식품
- 즉석섭취 · 편의식품류 중 즉석섭취식품
- 즉석섭취 · 편의식품류의 즉석조리식품 중 순대
- 식품제조 · 가공업의 영업소 중 전년도 총 매출액이 100억원 이상인 영업소에서 제조 · 가공하는 식품

11

식품제조 · 가공시설의 위생

11

식품제조·가공공장 및 집단급식소에서는 제조·조리공정 및 환경 등에서 발생가능한 위해로부터 식품이 오염되거나 변질되는 것을 방지하기 위하여 기본적으로 작업장과 식품종사자의 위생을 철저히 관리하여야 한다.

1 작업장의 위생과 환경

1) 작업장의 위생

(1) 작업장의 배치

- 작업하는 건물은 주위환경이 깨끗하고 잘 정돈되어 있어야 하며 청소가 쉬운 구조로 되어 있는 것이 좋다.
- 위생상 문제가 되는 서류나 곤충의 서식지가 되지 않도록 하고 외부로부터 건물 내부로 침입하지 못하도록 방지해야 한다. 또한 건물 주위에 물이 고여 해충이나 미생물의 서식지가 되지 않도록 방지해야 하며, 먼지 발생을 막기 위하여 포장된 도로, 주차장 등을 확보하거나 잔디를 가꾸어 곤충의 발생원인을 배제시키도록 한다.
- 원료의 입·출하장소는 도앙, 오물, 원료의 부스러기 등이 함께 있을 수 있으므로 즉시 정리하여 오염원을 제거할 수 있는 장치가 되어 있어야 한다.
- 빗물 배수를 위한 배수로 설치, 출입구의 방충·방서를 위한 문이 설치되어야 하며, 계절풍 등의 영향을 받지 않는 위치에 건물 출입구를 배치하는 것이 바람직하다.
- 냉장고의 위치는 냉장고 뒷면의 방열기가 벽과 10 cm 이상 개방되어야 한다 그림 11-1.

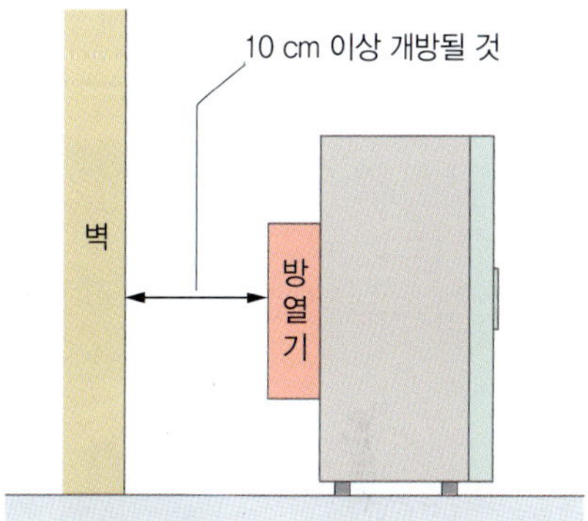

그림 11-1 | 냉장고의 위치

(2) 작업장의 구조

① 바닥

- 바닥은 균열이 잘 되어 있어 물이나 오물이 고이지 않도록 평활한 구조여야 한다.
- 지면에서 20 cm 정도 높게 하여 콘크리트, 타일 혹은 내방수성의 재질로 되어 있어 장부촉 이음으로 모든 벽면까지 접해 있어야 한다.

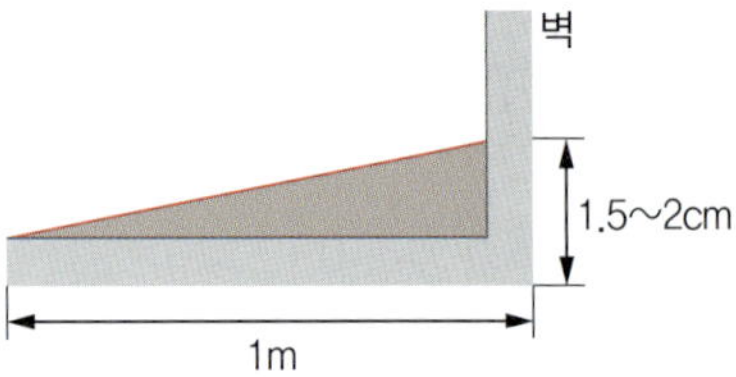

그림 11-2 | 바닥 경사도

- 바닥과 벽면이 이어지는 곳은 먼지 및 물의 제거가 용이하도록 5㎝ 이상의 반경을 이루는 곡선을 이루는 것이 좋다.
- 바닥은 항상 마른 상태로 유지하며 배수가 용이하도록 1.5~2.0/100 정도의 기울기가 적당하다 그림 11-2.

② 천장

- 일반적으로 증기의 사용이 많고 외부온도와의 차이가 상당히 크므로 응결수가 맺힐 수 있다.
- 이러한 응결수와 빗물이 식품에 떨어지지 않도록 잘 관리해야 한다.
- 천장에 틈이 없고 잘 밀착되어 있고 표면이 매끄러워 청소하기가 용이한 구조로 되어 있어야 한다.
- 벽과 같이 밝은 색으로 도장하여 밝고 쾌적한 환경에서 일할 수 있게 하고, 오염여부를 쉽게 식별할 수 있게 한다 그림 11-3.

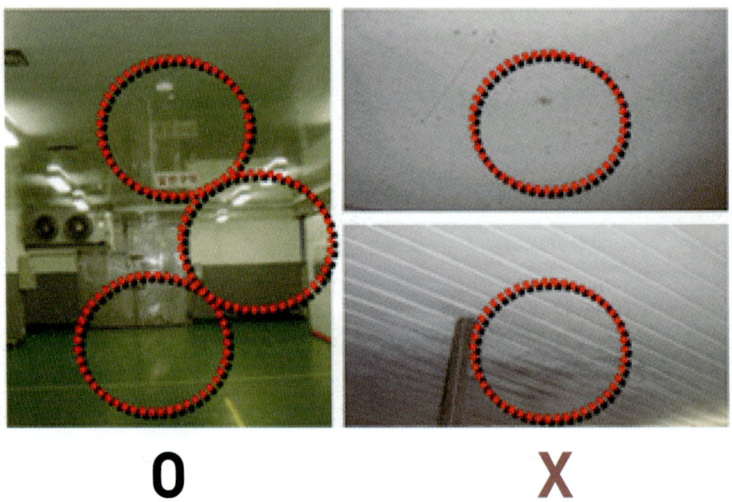

그림 11-3 | 천장 관리
출처 : 식품의약품안전처

③ 내벽

• 아래쪽은 부식되기가 쉬우므로 적어도 바닥면에서 1.5 m 이상을 내수성, 내열성, 내산성이 있는 재료로 사용한다.

• 청소가 용이하도록 구조를 만들고 바닥과 벽의 접속 부분이나 벽과 창살의 접촉 부분 역시 둥글거나 경사를 갖도록 하여 청소가 용이하도록 한다.

④ 배수설비

• 배수로, 배수구, 배수관 등의 배수설비는 쥐와 해충 등의 침입경로가 되므로 방충, 방서, 방균 등의 위생대책이 필요하다.

• 배수로는 배수가 잘 되고 청소가 용이하도록 U자형으로 적절한 기울기가 있는 것이 좋으며 벽과 평행으로 15 ㎝ 정도 떨어진 곳에 15 ㎝ 정도의 깊이로 설치하는 것이 좋다.

• 배수구에는 쥐와 곤충 등의 침입을 방지하기 위하여 철망, 트랩 등으로 설치하는 것이 좋으며, 배수관은 널빤지로 덮고 기기와 직결하여 물의 노출을 최소화시키는 것이 좋으며, 벽과 15 ㎝ 정도 떨어지는 것이 좋다 그림 11-4.

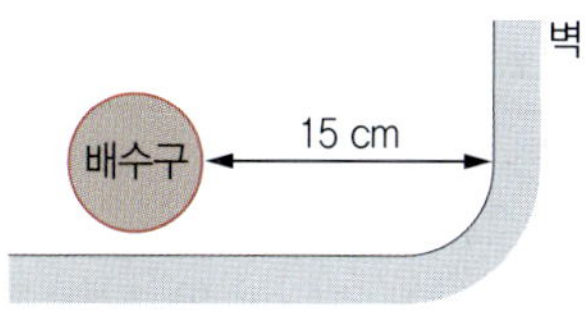

그림 11-4 | 배수구의 위치

• 배관은 누수가 되거나 물방울이 응집되지 않도록 관리하는 것이 중요하며 배관이 실내를 가로지르는 것을 최소화해야 한다.

• 방화수는 적색, 폐수관은 흑색, 음용수관은 녹색 등 용도 별로 배관의 색깔을 달리하는 것도 좋다.

⑤ 출입구

• 출입구의 문은 내수성 자재로 제작하여 물청소가 용이하고 밀폐가 가능한 구조로 작업장의 문이 열려 있지 않도록 관리한다.

• 자동개폐식 문을 사용하는 경우 문을 닫았을 때 간격을 0.6 ㎝ 이하로 하여 쥐나 곤충이 들어오지 못하도록 한다.

• 에어셔터, 에어커튼 등으로 외부와 내부의 구분을 유지할 수 있도록 하고, 신발의 세척과 교체, 손 세척, 마스크 착용 등의 위생복장 정비가 가능하도록 전실을 설치한다.

⑥ 창문

- 창문의 아래 부분은 먼지나 이물질이 끼지 않도록 45° 이하의 경사를 주어야 하며, 창문은 밀폐가 가능한 구조이어야 한다 그림 11-5.
- 모든 창문에는 방충망을 하여 창문을 열었을 때 해충이 침입하지 못하도록 해야 한다.
- 방충망을 완전히 부착하여 틈새가 없도록 하며, 접합 부위는 누수방지 처리를 하고 필요에 따라 교체가 가능하도록 설치해야 한다.

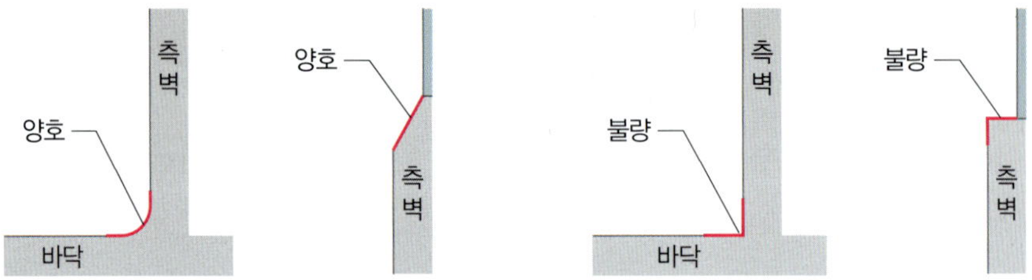

그림 11-5 | 바닥과 벽 창문과의 접속부

2) 작업장의 환경

(1) 채광 및 조명

- 충분한 채광과 조명은 식품위생상 중요한 사항으로 채광을 용이하게 하기 위해서는 세로로 된 창이 좋다.
- 창의 면적은 작업장 바닥면적의 20~30% 정도로 하는 것이 바람직하다.
- 자연광선을 이용할 수 없는 경우나 밤에는 조명을 사용하는데 그 밝기는 작업대에서 50 lux 이상이 되게 하여 명암의 차가 없고 눈이 부시지 않도록 한다.
- 조도는 감시·검사지역 600 lux, 작업지역 500 lux(기타작업 75 lux, 보통작업 150 lux, 정밀작업 300 lux, 초정밀작업 750 lux), 그 외 지역은 300 lux로 한다.

실내 적정 조도 기준(lux)

화장실은 60~150, 식당과 강당은 150~300, 교실 및 복도는 300~600, 도서실과 정밀작업장은 600~1,500을 기준으로 함.

(2) 환기와 통풍

- 식품관련의 영업시설은 불을 많이 사용하여 가스, 증기, 열기, 악취 등이 발생되므로 환기와 통풍이 잘 되어야 한다.
- 종업원을 피로하게 하고 작업장을 오염시키는 원인이 되므로 작업능력을 위해 효과적인 환기시설을 마련해야 한다.
- 공기의 흐름은 청정도가 높은 구역에서 낮은 구역으로 흐르도록 하여 교차오염을 방지해야 한다.
- 환기장치는 흡기구와 배기구를 설치하여 양쪽의 균형을 유지하고 독립된 계통으로 환기를 하여 교차오염을 방지하여야 한다.
- 필요에 따라 팬fan이나 환풍기ventilator 등을 이용하여 인공적으로 환기를 하도록 한다.

(3) 쥐와 곤충의 방지

- 쥐와 곤충은 그 자체의 혼입뿐만 아니라 다수의 미생물을 부착하고 있어 식품위생상 중요한 사항이다.
- 건물, 작업장 내외의 배수시설, 출입구 등에는 방충·방서를 위한 적당한 설비를 하여야 하며, 방충·방서용 금속망으로는 1 inch당 30 mesh가 적당하다.
- 쥐는 배수구, 하수도뿐만 아니라 건물의 틈이나 파손된 곳을 통해서도 침입을 하므로 건물을 튼튼하게 하고 자동개폐식의 문을 이용하여 쥐의 침입을 막도록 한다.
- 곤충의 침입을 방지하기 위해서는 외부·내부조명이 중요하다. 곤충의 유인을 억제하기 위하여 외부의 조명을 고압 나트륨을 사용하거나 전기충격 살충기를 출입구 부근을 피하여 설치하거나 실내의 포충등을 외부에서 잘 안 보이는 위치에 설치하거나 출입구에는 옐로 램프를 설치하는 등의 방법을 이용하는 것이 좋다.

(4) 적절한 동선

- 적절한 동선은 교차오염의 방지를 위해 중요한 사항이다.

- 원료 반입에서 출하까지의 작업실의 구역을 배치하고 설정구역 간의 오염침입을 최소화하기 위한 구조를 만든다.
- 시설 내의 동선은 크게 사람과 제품으로 나눌 수가 있는데 공통적으로는 구분을 하고 직선적 일방통행을 원칙으로 하여 청결동선과 오염 동선이 인접, 교착하지 않도록 한다.
- 사람 동선의 경우 설계 시 인원배치를 결정하여 지정구역에서만 활동하는 것을 원칙으로 한다.
- 부득이하게 이동해야 할 때에는 에어샤워 등 적합한 설비를 사용할 수 있도록 설치한다.
- 작업자는 전용현관에서 실내화로 갈아 신고 제조구역의 입구에서 위생수칙에 의한 수세, 소독 등을 실시한 후 출입한다.
- 제품 동선의 경우 제품의 흐름이 청정도가 낮은 구역에서 높은 구역으로 가도록 일방향으로 배치하고 역으로 청정도가 높은 구역에서 낮은 구역으로 되돌아가지 않도록 배치한다.
- 장소의 제약으로 배치가 U자형이 되더라도 제품 간의 교차오염 방지를 해야 한다.

(5) 온도 및 습도관리

- 작업장의 미생물의 증식을 억제하기 위하여 실내온도가 너무 낮으면 냉방비 등의 경제성과 작업환경 등이 악화될 수 있으므로 원료 및 제품의 온도, 작업환경, 경제성을 고려하여 결정한다.
- 작업장의 높은 습도는 미생물의 증식을 촉진시킬 수 있으므로 증기를 확실히 배출하는 등의 환기 설비가 필요하다.

(6) 폐기물 관리

- 처리용기는 밀폐 가능한 구조로 침출수 및 냄새가 누출되지 않아야 하며, 수시로 세척 및 소독을 실시한다. 폐기물·폐수처리 시설은 작업장과 격리된 일정장소에 설치·운영하고, 정기적으로 폐기물 등을 처리·반출하여야 한다 그림 11-6.

그림 11-6 | 폐기물 관리
출처 : 식품의약품안전처

(7) 보관 관리

- 선입선출 원칙에 따른 입·출고상황을 관리·기록하고, 원·부자재 및 완제품의 명확한 구분 및 바닥, 벽으로부터 일정한 이격을 두고 보관한다.
- 날 음식과 가열조리 음식은 구별하여 보관하며, 부적합 제품은 별도로 구분 및 반송, 폐기 등의 조치방법을 설정하고 기록을 유지하며, 비식용 화학물질을 구분하여 보관·취급하여야 한다 그림 11-7.

그림 11-7 | 보관 관리
출처 : 식품의약품안전처

2 식품의 종사자와 위생

식품 작업장의 시설이나 기구, 식품재료 등이 위생적으로 완비되었더라도 식품 종사자의 위생이 철저하지 못하면 식품위생의 확보를 기대할 수 없다.

1) 개인위생

(1) 개인위생 관리

- 작업장에서는 작업복, 모자, 앞걸이, 신발 등의 적합한 복장을 착용하고 항상 청결을 유지한다 그림 11-8.
- 특히 작업복을 입고 작업장 밖으로 나가거나 화장실에 가지 말아야 한다.
- 작업장 내에서 옷을 갈아입거나 담배를 피워서도 안 된다.
- 식품 종사자는 머리카락, 털 등을 청결히 하고, 손톱을 짧게 깎고 손을 깨끗이 해야 하며, 액세서리 등을 착용하지 말아야 한다.

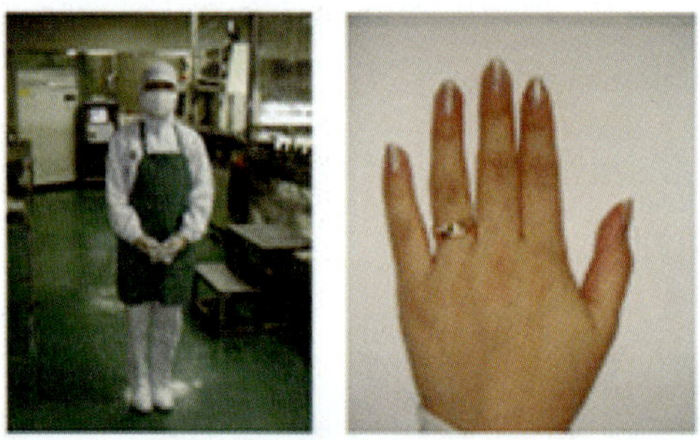
O X

그림 11-8 | 개인위생 관리
출처 : 식품의약품안전처

(2) 개인건강 관리

식품 종사자는 질병이 없는 건강한 사람이어야 한다.

• 신체의 안전을 위하여 연 2회 정기적으로 건강진단을 받고 월 2회 정도 검변을 하여야 한다.
• 식품 종사자는 소화기계 경구감염병이나 전염성 질환에 걸렸거나 의심이 있는 경우, 화농성 상처가 있는 경우, 피부 질환이 있는 경우, 건강보균자 등은 식품 취급을 금해야 한다.

2) 손의 위생

• 식품 종사자는 손의 사용 빈도가 매우 높기 때문에 손의 세균오염도가 매우 높은 편이다.
• 손의 세척 및 소독은 매우 중요하며, 손을 소독할 때에는 흐르는 물에 비누를 이용하여 깨끗이 씻어야 하고, 역성 비누액을 몇 방울 손바닥에 흘려 약 30초 정도 손을 비비도록 하여 흐르는 물에 헹구거나 그대로 두면 손의 세척과 소독에 훨씬 효과적이다 그림 11-9.

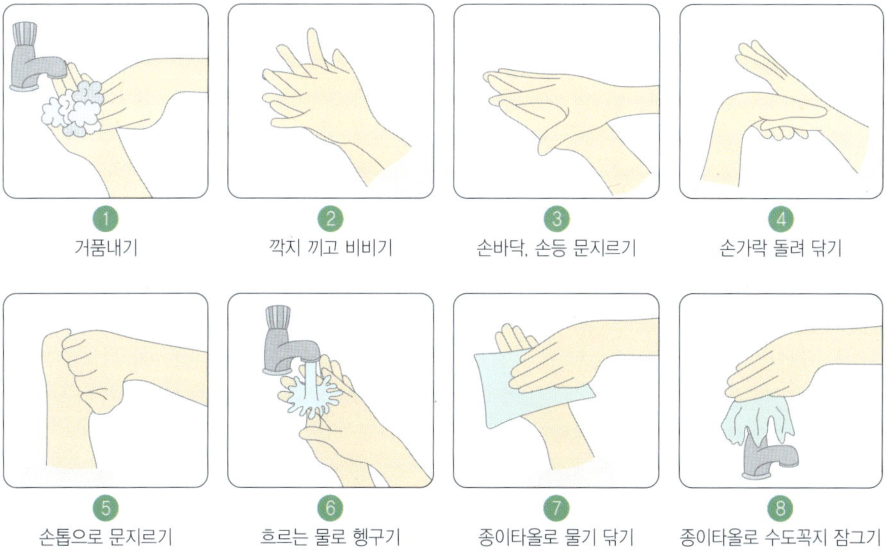

그림 11-9 | 손씻기
출처 : 식품의약품안전처

식품위생 관계 법규는 법, 시행령, 시행규칙으로 각각 나누어져 있는데, 본 교재에서는 위생사 및 영양사 기출문제를 토대로 주요 법과 시행령, 시행규칙을 관련있는 것끼리 함께 제시하여 이해를 돕고자 하였다.

- 파란색 글씨 : 위생사 시험에 많이 출제된 핵심어
- 형광색 음영 : 위생사 시험에 출제되었던 핵심문장

12

식품위생법규

PART I 식품위생 관계 법규
1 | 식품위생법
2 | 감염병의 예방 및 관리에 관한 법률
3 | 공중위생관리법
4 | 먹는물관리법
5 | 먹는물 수질기준 및 검사 등에 관한 규칙
6 | 폐기물관리법
7 | 하수도법

PART II 기타 식품위생 관계 법규
8 | 학교급식법
9 | 국민건강증진법
10 | 보건범죄 단속에 관한 특별조치법
11 | 국민영양관리법

PART I 식품위생 관계 법규

식품위생법

[시행 2025. 10. 1.] [법률 제21065호, 2025. 10. 1., 타법개정]

제1조(목적) 이 법은 식품으로 인하여 생기는 위생상의 위해(危害)를 방지하고 식품영양의 질적 향상을 도모하며 식품에 관한 올바른 정보를 제공함으로써 국민 건강의 보호·증진에 이바지함을 목적

제2조(정의) 이 법에서 사용하는 용어의 뜻은 다음과 같음.

1. "식품"이란 **모든 음식물(의약으로 섭취하는 것은 제외)**
2. "식품첨가물"이란 **식품을 제조·가공·조리 또는 보존하는 과정에서 감미(甘味), 착색(着色), 표백(漂白) 또는 산화방지 등을 목적으로 식품에 사용되는 물질.** 이 경우 기구(器具)·용기·포장을 살균·소독하는 데에 사용되어 간접적으로 식품으로 옮아갈 수 있는 물질을 포함.
3. **"화학적 합성품"**이란 **화학적 수단으로 원소(元素) 또는 화합물에 분해 반응 외의 화학 반응(중화, 추출, 혼합, 발효)을 일으켜서 얻은 물질.**
5. **"용기·포장"**이란 식품 또는 식품첨가물을 넣거나 싸는 것으로서 식품 또는 식품첨가물을 주고받을 때 함께 건네는 물품.

5의2. "공유주방"이란 식품의 제조·가공·조리·저장·소분·운반에 필요한 시설 또는 기계·기구 등을 여러 영업자가 함께 사용하거나, 동일한 영업자가 여러 종류의 영업에 사용할 수 있는 시설 또는 기계·기구 등이 갖춰진 장소.

6. **"위해"**란 식품, 식품첨가물, 기구 또는 용기·포장에 존재하는 위험요소로서 인체의 건강을 해치거나 해칠 우려가 있는 것.
9. **"영업"**이란 식품 또는 식품첨가물을 채취·제조·가공·조리·저장·소분·운반 또는 판매하거나 기구 또는 용기·포장을 제조·운반·판매하는 업(농업과 수산업에 속하는 식품 채취업은 제외). 이 경우 공유주방을 운영하는 업과 공유주방에서 식품제조업등을 영위하는 업을 포함.
11. **"식품위생"**이란 식품, 식품첨가물, 기구 또는 용기·포장을 대상으로 하는 음식에 관한 위생.
12. **"집단급식소"**란 영리를 목적으로 하지 아니하면서 특정 다수인에게 계속하여 음식물을 공급하는 다음 각 목의 어느 하나에 해당하는 곳의 급식시설로서 대통령령으로 정하는 시설.(**tip.** 1회 50인 이상 제공하는 급식소)

   가. 기숙사

   나. 학교, 유치원, 어린이집

   다. 병원

   라. 「사회복지사업법」 제2조제4호의 사회복지시설

   마. 산업체

   바. 국가, 지방자치단체 및 「공공기관의 운영에 관한 법률」 제4조제1항에 따른 공공기관

   사. 그 밖의 후생기관 등

13. "식품이력추적관리"란 식품을 제조·가공단계부터 판매단계까지 각 단계별로 정보를 기록·관리하여 그 식품의 안전성 등에 문제가 발생할 경우 그 식품을 추적하여 원인을 규명하고 필요한 조치를 할 수 있도록 관리하는 것.
14. "식중독"이란 식품 섭취로 인하여 인체에 유해한 미생물 또는 유독물질에 의하여 발생하였거나 발생한 것으로 판단되는 감염성 질환 또는 독소형 질환.
15. "집단급식소에서의 식단"이란 급식대상 집단의 영양섭취기준에 따라 음식명, 식재료, 영양성분, 조리방법, 조리인력 등을 고려하여 작성한 급식계획서.

시행령

제2조(집단급식소의범위) 「식품위생법」(이하 "법") 제2조제12호에 따른 집단급식소는 1회 50명 이상에게 식사를 제공하는 급식소.

제4조(위해식품등의 판매 등 금지) 누구든지 다음 각 호의 어느 하나에 해당하는 식품등을 판매하거나 판매할 목적으로 채취·제조·수입·가공·사용·조리·저장·소분·운반 또는 진열하여서는 안 됨.

1. 썩거나 상하거나 설익어서 인체의 건강을 해칠 우려가 있는 것
2. 유독·유해물질이 들어 있거나 묻어 있는 것 또는 그러할 염려가 있는 것. 다만, 식품의약품안전처장이 인체의 건강을 해칠 우려가 없다고 인정하는 것은 제외.
3. 병(病)을 일으키는 미생물에 오염되었거나 그러할 염려가 있어 인체의 건강을 해칠 우려가 있는 것
4. 불결하거나 다른 물질이 섞이거나 첨가(添加)된 것 또는 그 밖의 사유로 인체의 건강을 해칠 우려가 있는 것
5. 유전자변형식품 안전성 심사에 따른 안전성 심사 대상인 농·축·수산물 등 가운데 안전성 심사를 받지 아니하였거나 안전성 심사에서 식용(食用)으로 부적합하다고 인정된 것
6. 수입이 금지된 것 또는 「수입식품안전관리 특별법」 제20조제1항에 따른 수입신고를 하지 아니하고 수입한 것
7. 영업자가 아닌 자가 제조·가공·소분한 것

제15조(위해평가) ① 식품의약품안전처장은 국내외에서 유해물질이 함유된 것으로 알려지는 등 위해의 우려가 제기되는 식품등이 제4조(위해식품) 또는 제8조(유독기구에 직접 닿은 식품 및 식품첨가물)에 따른 식품등에 해당한다고 의심되는 경우에는 그 식품등의 위해요소를 신속히 평가하여 그것이 위해식품등인지를 결정하여야 함.

⑥ 제1항에 따른 위해평가의 대상, 방법 및 절차, 그 밖에 필요한 사항은 대통령령으로 정함.

시행령

제4조(위해평가의 대상 등) ② 위해평가에서 평가하여야 할 위해요소는 다음 각 호의 요인으로 함.

1. 잔류농약, 중금속, 식품첨가물, 잔류 동물용 의약품, 환경오염물질 및 제조ㆍ가공ㆍ조리과정에서 생성되는 물질 등 화학적 요인

시행규칙

제3조(판매 등이 허용되는 식품등)
유독ㆍ유해물질이 들어 있거나 묻어 있는 식품등 또는 그러할 염려가 있는 식품등으로서 법 제4조제2호 단서에 따라 인체의 건강을 해칠 우려가 없다고 식품의약품안전처장이 인정하여 판매 등의 금지를 하지 아니할 수 있는 것은 다음 각 호의 어느 하나에 해당하는 것으로 함.

1. 법 제7조제1항ㆍ제2항 또는 법 제9조제1항ㆍ제2항에 따른 식품등의 제조ㆍ가공 등에 관한 기준 및 성분에 관한 규격(이하 "식품등의 기준 및 규격")에 적합한 것
2. 제1호의 식품등의 기준 및 규격이 정해지지 아니한 것으로서 식품의약품안전처장이 법 제57조에 따른 식품위생심의위원회(이하 "식품위생심의위원회")의 심의를 거쳐 유해의 정도가 인체의 건강을 해칠 우려가 없다고 인정한 것

제5조(병든 동물 고기 등의 판매 등 금지) 누구든지 총리령으로 정하는 질병에 걸렸거나 걸렸을 염려가 있는 동물이나 그 질병에 걸려 죽은 동물의 고기ㆍ뼈ㆍ젖ㆍ장기 또는 혈액을 식품으로 판매하거나 판매할 목적으로 채취ㆍ수입ㆍ가공ㆍ사용ㆍ조리ㆍ저장ㆍ소분 또는 운반하거나 진열하여서는 안 됨(**tip.** 가죽 판매 가능)

시행규칙

제4조(판매 등이 금지되는 병든 동물 고기 등) 법 제5조에서 "총리령으로 정하는 질병"이란 다음 각 호의 질병을 말함.

1. 「축산물 위생관리법 시행규칙」 별표 3 제1호다목에 따라 도축이 금지되는 가축전염병
2. 리스테리아병, 살모넬라병, 파스튜렐라병 및 선모충증

제7조(식품 또는 식품첨가물에 관한 기준 및 규격) ① 식품의약품안전처장은 국민 건강을 보호ㆍ증진하기 위하여 필요하면 판매를 목적으로 하는 식품 또는 식품첨가물에 관한 다음 각 호의 사항을 정하여 고시.

1. 제조ㆍ가공ㆍ사용ㆍ조리ㆍ보존 방법에 관한 기준
2. 성분에 관한 규격

② 식품의약품안전처장은 제1항에 따라 기준과 규격이 고시되지 아니한 식품 또는 식품첨가물의 기준과 규격을 인정받으려는 자에게 제1항 각 호의 사항을 제출하게 하여 「식품ㆍ의약품분야 시험ㆍ검사 등에 관한 법률」 제6조제3항제1호에 따라 식품의약품안전처장이 지정한 식품전문 시험ㆍ검사기관 또는 같은 조 제4항 단서에 따라 총리령으로 정하는 시험ㆍ검사기관의 검토를 거쳐 제1항에 따른 기준과 규격이 고시될 때까지 그 식품 또는 식품첨가물의 기준과 규격으로 인정할 수 있음.

③ 수출할 식품 또는 식품첨가물의 기준과 규격은 제1항 및 제2항에도 불구하고 수입자가 요구하는 기준과 규격을 따를 수 있음.

제7조의4(식품등의 기준 및 규격 관리계획 등) ① 식품의약품안전처장은 관계 중앙행정기관의 장과의 협의 및 심의위원회의 심의를 거쳐 식품등의 기준 및 규격 관리 기본계획(이하 "관리계획")을 5년마다 수립·추진할 수 있음.

⑤ 관리계획에 포함되는 노출량 평가·관리의 대상이 되는 유해물질의 종류, 관리계획 및 시행계획의 수립·시행 등에 필요한 사항은 총리령으로 정함.

> **시행규칙**
>
> **제5조의4(식품등의 기준 및 규격 관리 기본계획 등의 수립 · 시행)** ① 법 제7조의4제1항에 따른 식품등의 기준 및 규격 관리 기본계획(이하 "관리계획")에 포함되는 노출량 평가、관리의 대상이 되는 유해물질의 종류는 다음 각 호와 같음.
>
> 1. 중금속
> 2. 곰팡이 독소
> 3. 유기성오염물질
> 4. 제조、가공 과정에서 생성되는 오염물질
> 5. 그 밖에 식품등의 안전관리를 위하여 식품의약품안전처장이 노출량 평가、관리가 필요하다고 인정한 유해물질

제9조(기구 및 용기·포장에 관한 기준 및 규격) ① 식품의약품안전처장은 국민보건을 위하여 필요한 경우에는 판매하거나 영업에 사용하는 기구 및 용기·포장에 관하여 다음 각 호의 사항을 정하여 고시함.

1. 제조 방법에 관한 기준
2. 기구 및 용기·포장과 그 원재료에 관한 규격

② 식품의약품안전처장은 제1항에 따라 기준과 규격이 고시되지 아니한 기구 및 용기·포장의 기준과 규격을 인정받으려는 자에게 제1항 각 호의 사항을 제출하게 하여 「식품·의약품분야 시험·검사 등에 관한 법률」 제6조제3항제1호에 따라 식품의약품안전처장이 지정한 식품전문 시험·검사기관 또는 같은 조 제4항 단서에 따라 총리령으로 정하는 시험·검사기관의 검토를 거쳐 제1항에 따라 기준과 규격이 고시될 때까지 해당 기구 및 용기·포장의 기준과 규격으로 인정할 수 있음.

③ 수출할 기구 및 용기·포장과 그 원재료에 관한 기준과 규격은 제1항 및 제2항에도 불구하고 수입자가 요구하는 기준과 규격을 따를 수 있음.

④ 제1항 및 제2항에 따라 기준과 규격이 정하여진 기구 및 용기·포장은 그 기준에 따라 제조하여야 하며, 그 기준과 규격에 맞지 아니한 기구 및 용기·포장은 판매하거나 판매할 목적으로 제조·수입·저장·운반·진열하거나 영업에 사용하여서는 안 됨(**tip.** 식품에 표시하는 내용이 아닌 것 : 생산원가 표시).

제14조(식품등의 공전) 식품의약품안전처장은 다음 각 호의 기준 등을 실은 식품등의 공전을 작성·보급하여야 함.

1. 제7조제1항에 따라 정하여진 식품 또는 식품첨가물의 기준과 규격

제18조(유전자변형식품등의 안전성 심사 등) ① 유전자변형식품등을 식용(食用)으로 수입·개발·생산하는 자는 최초로 유전자변형식품등을 수입하는 경우 등 대통령령으로 정하는 경우에는 식품의약품안전처장에게 해당 식품등에 대한 안전성 심사를 받아야 함.

③ 안전성심사위원회는 위원장 1명을 포함한 20명 이내의 위원으로 구성. 이 경우 공무원이 아닌 위원이 전체 위원의 과반수가 되도록 하여야 함.

⑥ 위원의 임기는 2년으로 함. 다만, 공무원인 위원의 임기는 해당 직(職)에 재직하는 기간으로 함.

시행령

제9조(유전자변형식품등의 안전성 심사) 법 제18조제1항에서 "최초로 유전자변형식품등을 수입하는 경우 등 대통령령으로 정하는 경우"란 다음 각 호의 어느 하나에 해당하는 경우를 말함.

1. 최초로 유전자변형식품등[인위적으로 유전자를 재조합하거나 유전자를 구성하는 핵산을 세포나 세포 내 소기관으로 직접 주입하는 기술 또는 분류학에 따른 과(科)의 범위를 넘는 세포융합기술에 해당하는 생명공학기술을 활용하여 재배·육성된 농산물·축산물·수산물 등을 원재료로 하여 제조·가공한 식품 또는 식품첨가물을 말함. 이하 이 조에서 같음]을 수입하거나 개발 또는 생산하는 경우
2. 법 제18조에 따른 안전성 심사를 받은 후 10년이 지난 유전자변형식품등으로서 시중에 유통되어 판매되고 있는 경우
3. 그 밖에 법 제18조에 따른 안전성 심사를 받은 후 10년이 지나지 아니한 유전자변형식품등으로서 식품의약품안전처장이 새로운 위해요소가 발견되었다는 등의 사유로 인체의 건강을 해칠 우려가 있다고 인정하여 심의위원회의 심의를 거쳐 고시하는 경우

제19조의4(검사명령 등) ① 식품의약품안전처장은 다음 각 호의 어느 하나에 해당하는 식품등을 채취·제조·가공·사용·조리·저장·소분·운반 또는 진열하는 영업자에 대하여 「식품·의약품분야 시험·검사 등에 관한 법률」 제6조제3항제1호에 따른 식품전문 시험·검사기관 또는 같은 법 제8조에 따른 국외시험·검사기관에서 검사를 받을 것을 명(이하 "검사명령")할 수 있음. 다만, 검사로써 위해성분을 확인할 수 없다고 식품의약품안전처장이 인정하는 경우에는 관계 자료 등으로 갈음할 수 있음.

1. 국내외에서 유해물질이 검출된 식품등

3. 그 밖에 국내외에서 위해발생의 우려가 제기되었거나 제기된 식품등

제31조(자가품질검사 의무) ① 식품등을 제조·가공하는 영업자는 총리령으로 정하는 바에 따라 제조·가공하는 식품등이 제7조 또는 제9조에 따른 기준과 규격에 맞는지를 검사하여야 함.

② 식품등을 제조·가공하는 영업자는 제1항에 따른 검사를 「식품·의약품분야 시험·검사 등에 관한 법률」 제6조제3항제2호에 따른 자가품질위탁 시험·검사기관에 위탁하여 실시할 수 있음.

③ 제1항에 따른 검사를 직접 행하는 영업자는 제1항에 따른 검사 결과 해당 식품등이 제4조부터 제6조까지, 제7조제4항, 제8조, 제9조제4항 또는 제9조의3을 위반하여 국민 건강에 위해가 발생하거나 발생할 우려가 있는 경우에는 지체 없이 식품의약품안전처장에게 보고하여야 함.

④ 제1항에 따른 검사의 항목 · 절차, 그 밖에 검사에 필요한 사항은 총리령으로 정함.

시행규칙

제31조(자가품질검사) ① 법 제31조제1항에 따른 자가품질검사는 별표 12의 자가품질검사기준에 따라 하여야 함.
④ 자가품질검사에 관한 기록서는 **2년간** 보관하여야 함.

제32조(식품위생감시원) ① 제22조제1항에 따른 관계 공무원의 직무와 그 밖에 식품위생에 관한 지도 등을 하기 위하여 식품의약품안전처(대통령령으로 정하는 그 소속 기관을 포함), 특별시 · 광역시 · 특별자치시 · 도 · 특별자치도(이하 "시 · 도") 또는 시 · 군 · 구(자치구를 말함. 이하 같음)에 식품위생감시원을 둠.
② 제1항에 따른 식품위생감시원의 자격 · 임명 · 직무범위, 그 밖에 필요한 사항은 대통령령으로 정함.

시행령

제16조(식품위생감시원의 자격 및 임명) ① 법 제32조제1항에서 "대통령령으로 정하는 그 소속 기관"이란 지방식품의약품안전청을 말함.

1. 위생사, 식품제조기사(식품기술사 · 식품기사 · 식품산업기사 · 수산제조기술사 · 수산제조기사 및 수산제조산업기사를 말함. 이하 같음) 또는 영양사
2. 「고등교육법」 제2조제1호 및 제4호에 따른 대학 또는 전문대학에서 의학 · 한의학 · 약학 · 한약학 · 수의학 · 축산학 · 축산가공학 · 수산제조학 · 농산제조학 · 농화학 · 화학 · 화학공학 · 식품가공학 · 식품화학 · 식품제조학 · 식품공학 · 식품과학 · 식품영양학 · 위생학 · 발효공학 · 미생물학 · 조리학 · 생물학 분야의 학과 또는 학부를 졸업한 사람 또는 이와 같은 수준 이상의 자격이 있는 사람

제17조(식품위생감시원의 직무) **식품위생감시원**의 직무는 다음 각 호와 같음.

1. 식품등의 위생적인 취급에 관한 기준의 이행 지도
2. 수입 · 판매 또는 사용 등이 금지된 식품등의 취급 여부에 관한 단속
3. 「식품 등의 표시 · 광고에 관한 법률」 제4조부터 제8조까지의 규정에 따른 표시 또는 광고기준의 위반 여부에 관한 단속
4. 출입 · 검사 및 검사에 필요한 식품등의 수거
5. 시설기준의 적합 여부의 확인 · 검사
6. 영업자 및 종업원의 건강진단 및 위생교육의 이행 여부의 확인 · 지도
7. 조리사 및 영양사의 법령 준수사항 이행 여부의 확인 · 지도
8. 행정처분의 이행 여부 확인
9. **식품등의 압류 · 폐기 등**
10. 영업소의 폐쇄를 위한 간판 제거 등의 조치
11. 그 밖에 영업자의 법령 이행 여부에 관한 확인 · 지도

제38조(영업허가 등의 제한) ① 다음 각 호의 어느 하나에 해당하면 제37조제1항에 따른 영업허가를 하여서는 안됨.

1. 해당 영업 시설이 제36조에 따른 시설기준에 맞지 아니한 경우

2. 제75조제1항 또는 제2항에 따라 영업허가가 취소(제44조제2항제1호를 위반하여 영업허가가 취소된 경우와 제75조제1항제19호 및 제20호에 따라 영업허가가 취소된 경우는 제외)되거나 「식품 등의 표시·광고에 관한 법률」 제16조제1항·제2항에 따라 영업허가가 취소되고 6개월이 지나기 전에 같은 장소에서 같은 종류의 영업을 하려는 경우. 다만, 영업시설 전부를 철거하여 영업허가가 취소된 경우에는 제외.
3. 제44조제2항제1호를 위반하여 영업허가가 취소되거나 제75조제1항제19호 및 제20호에 따라 영업허가가 취소되고 2년이 지나기 전에 같은 장소에서 제36조제1항제3호에 따른 식품접객업(일반음식점, 휴게음식점, 단란주점, 유흥주점)을 하려는 경우
4. 제75조제1항 또는 제2항에 따라 영업허가가 취소(제4조부터 제6조까지, 제8조 또는 제44조제2항제1호를 위반하여 영업허가가 취소된 경우와 제75조제1항제19호 및 제20호에 따라 영업허가가 취소된 경우는 제외)되거나 「식품 등의 표시·광고에 관한 법률」 제16조제1항·제2항에 따라 영업허가가 취소되고 2년이 지나기 전에 같은 자(법인인 경우에는 그 대표자를 포함)가 취소된 영업과 같은 종류의 영업을 하려는 경우.
5. 제44조제2항제1호(청소년을 유흥접객원으로 고용함)에 따라 영업허가가 취소되거나 제75조제1항제19호 및 제20호(성매매 또는 마약취급)에 따라 영업허가가 취소된 후 3년이 지나기 전에 같은 자(법인인 경우에는 그 대표자를 포함)가 제36조제1항제3호(식품접객업을 하려는 자의 시설기준)에 따른 식품접객업을 하려는 경우
6. 제4조부터 제6조까지(위해식품등의 판매 등 금지, 병든 동물 고기 등의 판매 등 금지, 기준 및 규격이 정해지지 않은 화학적 합성품 등의 판매 금지) 또는 제8조(유독기구 등의 사용 및 판매 금지)를 위반하여 영업허가가 취소되고 5년이 지나기 전에 같은 자(법인인 경우에는 그 대표자를 포함한다)가 취소된 영업과 같은 종류의 영업을 하려는 경우
7. 제36조제1항제3호(식품접객업을 하려는 자의 시설기준)에 따른 식품접객업 중 국민의 보건위생을 위하여 허가를 제한할 필요가 뚜렷하다고 인정되어 시·도지사가 지정하여 고시하는 영업에 해당하는 경우
8. 영업허가를 받으려는 자가 피성년후견인이거나 파산선고를 받고 복권되지 아니한 자인 경우

② 다음 각 호의 어느 하나에 해당하는 경우에는 제37조제4항에 따른 **영업신고** 또는 같은 조 제5항에 따른 **영업등록**을 할 수 없음.

1. 제75조제1항 또는 제2항에 따른 등록취소 또는 영업소 폐쇄명령(제44조제2항제1호를 위반하여 영업소 폐쇄명령을 받은 경우와 에 따라 영업소 폐쇄명령을 받은 경우는 제외)이나 「식품 등의 표시·광고에 관한 법률」 제16조제1항부터 제4항까지에 따른 등록취소 또는 영업소 폐쇄명령을 받고 6개월이 지나기 전에 같은 장소에서 같은 종류의 영업을 하려는 경우. 다만, 영업시설 전부를 철거하여 등록취소 또는 영업소 폐쇄명령을 받은 경우에는 제외.
2. 제44조제2항제1호(청소년을 유흥접객원으로 고용함)를 위반하여 영업소 폐쇄명령을 받거나 제75조제1항제19호 및 제20호(성매매 또는 마약취급)에 따라 영업소 폐쇄명령을 받은 후 1년이 지나기 전에 같은 장소에서 제36조제1항제3호에 따른 식품접객업을 하려는 경우

3. 제75조제1항 또는 제2항에 따른 등록취소 또는 영업소 폐쇄명령(제4조부터 제6조까지, 제8조 또는 제44조제2항제1호를 위반하여 등록취소 또는 영업소 폐쇄명령을 받은 경우와 제75조제1항제19호 및 제20호에 따라 영업소 폐쇄명령을 받은 경우는 제외)이나 「식품 등의 표시·광고에 관한 법률」 제16조제1항부터 제4항까지에 따른 등록취소 또는 영업소 폐쇄명령을 받고 2년이 지나기 전에 같은 자(법인인 경우에는 그 대표자를 포함)가 등록취소 또는 폐쇄명령을 받은 영업과 같은 종류의 영업을 하려는 경우.
4. 제44조제2항제1호를 위반하여 영업소 폐쇄명령을 받거나 제75조제1항제19호 및 제20호에 따라 영업소 폐쇄명령을 받고 2년이 지나기 전에 같은 자(법인인 경우에는 그 대표자를 포함)가 제36조제1항제3호에 따른 식품접객업을 하려는 경우
5. 제4조부터 제6조까지 또는 제8조를 위반하여 등록취소 또는 영업소 폐쇄명령을 받고 5년이 지나지 아니한 자(법인인 경우에는 그 대표자를 포함)가 등록취소 또는 폐쇄명령을 받은 영업과 같은 종류의 영업을 하려는 경우

시행령

제23조(허가를 받아야 하는 영업 및 허가관청) 법 제37조제1항 전단에 따라 허가를 받아야 하는 영업 및 해당 허가관청은 다음 각 호와 같음.

1. 제21조제6호가목의 식품조사처리업: 식품의약품안전처장
2. 제21조제8호다목의 단란주점영업과 같은 호 라목의 유흥주점영업: 특별자치시장·특별자치도지사 또는 시장·군수·구청장

제25조(영업신고를 하여야 하는 업종) ① 법 제37조제4항 전단에 따라 특별자치시장·특별자치도지사 또는 시장·군수·구청장에게 신고를 하여야 하는 영업은 다음 각 호와 같음.

2. 즉석판매제조·가공업
4. 식품운반업
5. 식품소분·판매업
6. 식품냉동·냉장업
7. 용기·포장류제조업(자신의 제품을 포장하기 위하여 용기·포장류를 제조하는 경우는 제외)
8. 제21조제8호가목의 휴게음식점영업, 같은 호 나목의 일반음식점영업, 같은 호 마목의 위탁급식영업 및 같은 호 바목의 제과점영업

제41조(식품위생교육) ① 대통령령으로 정하는 영업자 및 유흥종사자를 둘 수 있는 식품접객업 영업자의 종업원은 매년 식품위생에 관한 교육(이하 "식품위생교육")을 받아야 함.

② 제36조제1항 각 호에 따른 영업을 하려는 자는 미리 식품위생교육을 받아야 함. 다만, 부득이한 사유로 미리 식품위생교육을 받을 수 없는 경우에는 영업을 시작한 뒤에 식품의약품안전처장이 정하는 바에 따라 식품위생교육을 받을 수 있음.

④ 제2항에도 불구하고 다음 각 호의 어느 하나에 해당하는 면허를 받은 자가 제36조제1항제3호에 따른 식

품접객업을 하려는 경우에는 식품위생교육을 받지 않아도 됨.

1. 제53조에 따른 조리사 면허
2. 「국민영양관리법」 제15조에 따른 영양사 면허
3. 「공중위생관리법」 제6조의2에 따른 위생사 면허

⑤ 영업자는 특별한 사유가 없는 한 식품위생교육을 받지 아니한 자를 그 영업에 종사하게 하여서는 안 됨.

제41조의2(위생관리책임자) ① 제36조제1항에 따라 공유주방 운영업을 하려는 자는 대통령령으로 정하는 자격기준을 갖춘 위생관리책임자(이하 "위생관리책임자")를 두어야 함. 다만, 공유주방 운영업을 하려는 자가 위생관리책임자의 자격기준을 갖추고 해당 직무를 수행하는 경우에는 그러하지 않음.

③ 공유주방을 운영 또는 이용하는 자는 위생관리책임자의 업무를 방해하여서는 아니 되며, 그로부터 업무 수행에 필요한 요청을 받았을 때에는 정당한 사유가 없으면 요청에 따라야 함.

시행규칙

제51조(식품위생교육기관 등) ① 법 제41조제1항 및 제41조의2제8항에 따른 식품위생교육 및 위생관리책임자에 대한 교육을 실시하는 기관은 식품의약품안전처장이 지정·고시하는 식품위생교육전문기관, 법 제59조제1항에 따른 동업자조합 또는 법 제64조제1항에 따른 한국식품산업협회로 함.

② 식품위생교육 및 위생관리책임자에 대한 교육의 내용은 식품위생, 개인위생, 식품위생시책, 식품의 품질관리 등

③ 식품위생교육전문기관의 운영과 식품위생교육 및 위생관리책임자에 대한 교육 내용에 관한 세부 사항은 식품의약품안전처장이 정함.

제43조(영업 제한) ① **특별자치시장·특별자치도지사·시장·군수·구청장**은 영업 질서와 선량한 풍속을 유지하는 데에 필요한 경우에는 영업자 중 식품접객영업자와 그 종업원에 대하여 영업시간 및 영업행위를 제한할 수 있음.

② 제1항에 따른 제한 사항은 대통령령으로 정하는 범위에서 해당 특별자치시·특별자치도·시·군·구의 조례로 정함.

시행규칙

제50조(영업에 종사하지 못하는 질병의 종류) 법 제40조제4항에 따라 영업에 종사하지 못하는 사람은 다음의 질병에 걸린 사람으로 함.

1. 「감염병의 예방 및 관리에 관한 법률」 제2조제3호가목에 따른 결핵(비감염성인 경우는 제외)
2. 「**감염병의 예방 및 관리에 관한 법률 시행규칙**」 제33조제1항 각 호의 어느 하나에 해당하는 감염병
3. 피부병 또는 그 밖의 고름형성(화농성) 질환
4. 후천성면역결핍증(「감염병의 예방 및 관리에 관한 법률」 제19조에 따라 성매개감염병에 관한 건강진단을 받아야 하는 영업에 종사하는 사람만 해당)

제33조(업무 종사의 일시 제한) ① 법 제45조제1항에 따라 일시적으로 업무 종사의 제한을 받는 감염병환자등은 다음 각 호의 감염병에 해당하는 감염병환자등으로 하고, 그 제한 기간은 감염력이 소멸되는 날까지로 함.

1. 콜레라
2. 장티푸스
3. 파라티푸스
4. 세균성이질
5. 장출혈성대장균감염증
6. A형간염

② 법 제45조제1항에 따라 업무 종사의 제한을 받는 업종은 다음 각 호와 같음.

1. 「식품위생법」 제2조제12호에 따른 집단급식소
2. 「식품위생법」 제36제1항제3호 따른 식품접객업 – 감염병예방법 시행규칙

제44조(영업자 등의 준수사항) ① 제36조제1항 각 호의 영업을 하는 자 중 대통령령으로 정하는 영업자와 그 종업원은 영업의 위생관리와 질서유지, 국민의 보건위생 증진을 위하여 영업의 종류에 따라 다음 각 호에 해당하는 사항을 지켜야 함.

1 「축산물 위생관리법」 제12조에 따른 검사를 받지 아니한 축산물 또는 실험 등의 용도로 사용한 동물은 운반·보관·진열·판매하거나 식품의 제조·가공에 사용하지 말 것
2. 「야생생물 보호 및 관리에 관한 법률」을 위반하여 포획·채취한 야생생물은 이를 식품의 제조·가공에 사용하거나 판매하지 말 것
3. 소비기한이 경과된 제품·식품 또는 그 원재료를 제조·가공·조리·판매의 목적으로 소분·운반·진열·보관하거나 이를 판매 또는 식품의 제조·가공·조리에 사용하지 말 것
4. 수돗물이 아닌 지하수 등을 먹는 물 또는 식품의 조리·세척 등에 사용하는 경우에는 「먹는물관리법」 제43조에 따른 먹는물 수질검사기관에서 총리령으로 정하는 바에 따라 검사를 받아 마시기에 적합하다고 인정된 물을 사용할 것. 다만, 둘 이상의 업소가 같은 건물에서 같은 수원(水源)을 사용하는 경우에는 하나의 업소에 대한 시험결과로 나머지 업소에 대한 검사를 갈음할 수 있음.
5. 제15조제2항에 따라 위해평가가 완료되기 전까지 일시적으로 금지된 식품등을 제조·가공·판매·수입·사용 및 운반하지 말 것
6. 식중독 발생 시 보관 또는 사용 중인 식품은 역학조사가 완료될 때까지 폐기하거나 소독 등으로 현장을 훼손하여서는 아니 되고 원상태로 보존하여야 하며, 식중독 원인규명을 위한 행위를 방해하지 말 것
7. 손님을 꾀어서 끌어들이는 행위를 하지 말 것
8. 그 밖에 영업의 원료관리, 제조공정 및 위생관리와 질서유지, 국민의 보건위생 증진 등을 위하여 총리령으로 정하는 사항

제48조(식품안전관리인증기준) ① 식품의약품안전처장은 식품의 원료관리 및 제조·가공·조리·소분·유통의 모든 과정에서 위해한 물질이 식품에 섞이거나 식품이 오염되는 것을 방지하기 위하여 각 과정의 위해요소

를 확인·평가하여 중점적으로 관리하는 기준(이하 "식품안전관리인증기준")을 식품별로 정하여 고시할 수 있음.

② 총리령으로 정하는 식품을 제조·가공·조리·소분·유통하는 영업자는 제1항에 따라 식품의약품안전처장이 식품별로 고시한 식품안전관리인증기준을 지켜야 함.

③ 식품의약품안전처장은 제2항에 따라 식품안전관리인증기준을 지켜야 하는 영업자와 그 밖에 식품안전관리인증기준을 지키기 원하는 영업자의 업소를 식품별 식품안전관리인증기준 적용업소(이하 "식품안전관리인증기준적용업소")로 인증할 수 있음.

⑤ 식품안전관리인증기준적용업소의 영업자와 종업원은 총리령으로 정하는 교육훈련을 받아야 함.

시행규칙

제62조(식품안전관리인증기준 대상 식품) ① 법 제48조제2항에서 "총리령으로 정하는 식품"이란 다음 각 호의 어느 하나에 해당하는 식품을 말함.

1. 수산가공식품류의 어육가공품류 중 어묵·어육소시지
2. 기타수산물가공품 중 냉동 어류·연체류·조미가공품
3. 냉동식품 중 피자류·만두류·면류
4. 과자류, 빵류 또는 떡류 중 과자·캔디류·빵류·떡류
5. 빙과류 중 빙과
6. 음료류[다류(茶類) 및 커피류는 제외]
7. 레토르트식품
8. 절임류 또는 조림류의 김치류 중 김치(배추를 주원료로 하여 절임, 양념혼합과정 등을 거쳐 이를 발효시킨 것이거나 발효시키지 아니한 것 또는 이를 가공한 것에 한함)
9. 코코아가공품 또는 초콜릿류 중 초콜릿류
10. 면류 중 유탕면 또는 곡분, 전분, 전분질원료 등을 주원료로 반죽하여 손이나 기계 따위로 면을 뽑아내거나 자른 국수로서 생면·숙면·건면
11. 특수용도식품
12. 즉석섭취·편의식품류 중 즉석섭취식품

12의2. 즉석섭취·편의식품류의 즉석조리식품 중 순대

13. 식품제조·가공업의 영업소 중 전년도 총 매출액이 100억원 이상인 영업소에서 제조·가공하는 식품

제48조의2(인증 유효기간) ① 제48조제3항에 따른 인증의 유효기간은 인증을 받은 날부터 3년으로 하며, 같은 항 후단에 따른 변경 인증의 유효기간은 당초 인증 유효기간의 남은 기간으로 함.

② 제1항에 따른 인증 유효기간을 연장하려는 자는 총리령으로 정하는 바에 따라 식품의약품안전처장에게 연장신청을 하여야 함.

③ 식품의약품안전처장은 제2항에 따른 연장신청을 받았을 때에는 안전관리인증기준에 적합하다고 인정하는 경우 3년의 범위에서 그 기간을 연장할 수 있음.

시행규칙

제64조(식품안전관리인증기준적용업소의 영업자 및 종업원에 대한 교육훈련) ① 법 제48조제5항에 따라 식품안전관리인증기준적용업소의 영업자 및 종업원이 받아야 하는 교육훈련의 종류는 다음 각 호와 같음. 다만, 법 제48조제8항 및 이 규칙 제66조에 따른 조사·평가 결과 만점의 95퍼센트 이상을 받은 식품안전관리인증기준적용업소의 종업원에 대하여는 그 다음 연도의 제2호에 따른 정기교육훈련을 면제함.

1. 영업자 및 종업원에 대한 신규 교육훈련
2. 종업원에 대하여 매년 1회(인증받은 연도는 제외) 이상 실시하는 정기교육훈련
3. 그 밖에 식품의약품안전처장이 식품위해사고의 발생 및 확산이 우려되어 영업자 및 종업원에게 명하는 교육훈련

〈별표 업종별 시설기준〉

1. 식품제조가공업의 시설기준
 * 화장실 : 작업장 화장실의 경우 정화조가 작업장에 영향을 미치지 않는 곳에 설치하며, 콘크리트 등으로 내수처리를 해야 하고 바닥과 내벽 바닥으로부터 1.5미터 까지는 타일을 붙이거나 방수페인트로 색칠해야함.
2. 휴게음식점영업 일반음식점영업 및 제과점 영업
 * 휴게음시점 또는 제과점에는 색실을 둘수 없으며, 객석에는 높이 1.5미터만 칸막이를 설치가능, 이 경우 2면 이상을 완전히 차단하지 않고 내부가 서로 보여야함.
3. 단란주점영업
 * 객장 중앙에서 객실내부가 전체적으로 훤하게 보여야하며 주된객장안에는 높이 1.5미터 미만의 칸막이 설치가능, 2면이상 완전히 차단하지 아니하며 내부가 서로 보여야함.

〈별표 17 식품접객영업자 등의 준수사항〉

6. 식품접객영업자(위탁급식영업자 제외)의 준수사항

가. 숟가락, 젓가락, 식기, 찬기, 도마, 칼, 행주, 그밖의 주방 용구는 살균·소독제 또는 열탕, 자외선살균, 전기살균의 방법으로 소독한 것을 사용

나. 업소내에서는 도박, 기타 사행행위나 풍기문란행위를 방지 - 시행규칙

제49조(식품이력추적관리 등록기준 등) ⑤ 식품의약품안전처장은 제1항에 따라 등록한 식품을 제조·가공 또는 판매하는 자에 대하여 식품이력추적관리기준의 준수 여부 등을 3년마다 조사·평가하여야 함. 다만, 제1항 단서에 따라 등록한 식품을 제조·가공 또는 판매하는 자에 대하여는 2년마다 조사·평가하여야 함.

제57조(식품위생심의위원회의 설치 등) 식품의약품안전처장의 자문에 응하여 다음 각 호의 사항을 조사·심의하기 위하여 식품의약품안전처에 식품위생심의위원회를 둠.

1. 식중독 방지에 관한 사항
2. 농약·중금속 등 유독·유해물질 잔류 허용 기준에 관한 사항
3. 식품등의 기준과 규격에 관한 사항

4. 그 밖에 식품위생에 관한 중요 사항

제58조(심의위원회의 조직과 운영) ① 심의위원회는 위원장 1명과 부위원장 2명을 포함한 100명 이내의 위원으로 구성.

③ 심의위원회 위원의 임기는 2년으로 하되, 공무원인 위원은 그 직위에 재직하는 기간 동안 재임함. 다만, 위원이 궐위된 경우 그 보궐위원의 임기는 전임위원 임기의 남은 기간으로 함.

제68조(정보원의 사업) ① 정보원은 다음 각 호의 사업을 함.

1. 국내외 식품안전정보의 수집 · 분석 · 정보제공 등

1의2. 식품안전정책 수립을 지원하기 위한 조사 · 연구 등

2. 식품안전정보의 수집 · 분석 및 식품이력추적관리 등을 위한 정보시스템의 구축 · 운영 등

3. 식품이력추적관리의 등록 · 관리 등

4. 식품이력추적관리에 관한 교육 및 홍보

5. 식품사고가 발생한 때 사고의 신속한 원인규명과 해당 식품의 회수 · 폐기 등을 위한 정보제공

6. 식품위해정보의 공동활용 및 대응을 위한 기관 · 단체 · 소비자단체 등과의 협력 네트워크 구축 · 운영

7. 소비자 식품안전 관련 신고의 안내 · 접수 · 상담 등을 위한 지원

8. 그 밖에 식품안전정보 및 식품이력추적관리에 관한 사항으로서 식품의약품안전처장이 정하는 사업

제86조(식중독에 관한 조사 보고 등) ① 다음 각 호의 어느 하나에 해당하는 자는 지체 없이 관할 특별자치시장 · 시장 · 군수 · 구청장에게 보고하여야 함. 이 경우 의사나 한의사는 대통령령으로 정하는 바에 따라 식중독 환자나 식중독이 의심되는 자의 혈액 또는 배설물을 보관하는 데에 필요한 조치를 하여야 함.

1. 식중독 환자나 식중독이 의심되는 자를 진단하였거나 그 사체를 검안(檢案)한 의사 또는 한의사
2. 집단급식소에서 제공한 식품등으로 인하여 식중독 환자나 식중독으로 의심되는 증세를 보이는 자를 발견한 집단급식소의 설치 · 운영자

② 특별자치시장 · 시장 · 군수 · 구청장은 제1항에 따른 보고를 받은 때에는 지체 없이 그 사실을 식품의약품안전처장 및 시 · 도지사(특별자치시장은 제외)에게 통보하고, 대통령령으로 정하는 바에 따라 원인을 조사하여 그 결과를 제출하여야 함.

③ 식품의약품안전처장은 제2항에 따른 통보의 내용이 국민 건강상 중대하다고 인정하는 경우에는 해당 시 · 도지사 또는 시장 · 군수 · 구청장과 합동으로 원인을 조사할 수 있음.

④ 식품의약품안전처장은 식중독 발생의 원인을 규명하기 위하여 식중독 의심환자가 발생한 원인시설 등에 대한 조사절차와 시험 · 검사 등에 필요한 사항을 정할 수 있음.

제88조(집단급식소) ① 집단급식소를 설치 · 운영하려는 자는 총리령으로 정하는 바에 따라 특별자치시장 · 특별자치도지사 · 시장 · 군수 · 구청장에게 신고하여야 함. 신고한 사항 중 총리령으로 정하는 사항을 변경하려는 경우에도 또한 같음.

시행령

제2조(집단급식소의범위) 「식품위생법」(이하 "법") 제2조제12호에 따른 집단급식소는 1회 50명 이상에게 식사를 제공하는 급식소.

제93조(벌칙) ① 다음 각 호의 어느 하나에 해당하는 질병에 걸린 동물을 사용하여 판매할 목적으로 식품 또는 식품첨가물을 제조·가공·수입 또는 조리한 자는 3년 이상의 징역에 처함.

1. 소해면상뇌증(狂牛病)
2. 탄저병
3. 가금 인플루엔자

제94조(벌칙) ① 다음 각 호의 어느 하나에 해당하는 자는 10년 이하의 징역 또는 1억원 이하의 벌금에 처하거나 이를 병과할 수 있음.

1. 위해식품등의 판매등 금지(제4조), 병든 동물 고기 등의 판매 금지(제5조), 기준·규격이 정하여지지 아니한 화학적 합성품 등의 판매 등 금지(제6조)를 위반한 자
2. 유독기구 등의 판매·사용 금지(제8조)를 위반한 자
3. 영입허가(제37조제1항)를 위반한 자

② 제1항의 죄로 금고 이상의 형을 선고받고 그 형이 확정된 후 5년 이내에 다시 제1항의 죄를 범한 자는 1년 이상 10년 이하의 징역에 처함.

③ 제2항의 경우 그 해당 식품 또는 식품첨가물을 판매한 때에는 그 판매금액의 4배 이상 10배 이하에 해당하는 벌금을 병과함.

제95조(벌칙) 다음 각 호의 어느 하나에 해당하는 자는 5년 이하의 징역 또는 5천만원 이하의 벌금에 처하거나 이를 병과할 수 있음.

1. 식품 또는 식품첨가물에 관한 기준 및 규격(제7조제4항), 기구 및 용기·포장에 관한 기준 및 규격(제9조제4항) 또는 인정받지 않은 재생원료의 기구 및 용기·포장에의 사용 등 금지(제9조의3)를 위반한 자

2의2. 식품 또는 식품첨가물의 제조업, 가공업, 운반업, 판매업 및 보존업, 기구 또는 용기·포장의 제조업, 식품접객업 등 영업허가 사항의 등록 또는 변경(제37조제5항)을 위반한 자

3. 제43조에 따른 영업 제한을 위반한 자

3의2. 위해식품등의 회수 등(제45조제1항)을 위반한 자

4. 폐기처분(제72조제1항·제3항) 또는 (제73조제1항)에 따른 명령을 위반한 자
5. 허가취소(제75조제1항)에 따른 영업정지 명령을 위반하여 영업을 계속한 자(제37조제1항에 따른 영업허가를 받은 자만 해당)

제96조(벌칙) 조리사(제51조) 또는 영양사(제52조)를 위반한 자는 3년 이하의 징역 또는 3천만원 이하의 벌금에 처하거나 이를 병과할 수 있음.

제97조(벌칙) 다음 각 호의 어느 하나에 해당하는 자는 3년 이하의 징역 또는 3천만원 이하의 벌금에 처함.

1. 유전자변형식품등은 표시가 없으면 판매하거나 판매할 목적으로 수입·진열·운반하거나 영업에 사용하면 안됨(제12조의2제2항), 위해식품등에 대하여는 제조·판매등을 하여서는 안됨(제17조제4항), 자가품질검사 의무 (제31조제1항·제3항), 영업허가를 받은자의 폐업신고 또는 영업신고사항(제37조제3항·제4항), 영업승계신고(제39조제3항), 식품안전관리인증기준·위탁하여 제조·가공(제48조제2항·제10항), 영유아식의 식품이력추적관리 등록(제49조제1항 단서) 또는 조리사 명칭사용(제55조)를 위반한 자
2. 검사·출입·수거·압류·폐기를 거부·방해 또는 기피한 자(제22조제1항, 제72조제1항·제2항)
4. 식품 또는 식품첨가물의 제조업, 가공업, 운반업, 판매업 및 보존업, 기구 또는 용기·포장의 제조업, 식품접객업의 시설기준(제36조)을 갖추지 못한 영업자
5. 영업허가(제37조제2항)에 따른 조건을 갖추지 못한 영업자
6. 영업자 등의 준수사항(제44조제1항)등 영업자가 지켜야 할 사항을 지키지 아니한 자. 다만, 총리령으로 정하는 경미한 사항을 위반한 자는 제외.
7. 허가취소 등(제75조제1항)에 따른 영업정지 명령을 위반하여 계속 영업한 자(제37조제4항 또는 제5항에 따라 영업신고 또는 등록을 한 자만 해당) 또는 영업소 폐쇄명령을 위반하여 영업을 계속한 자
8. 품목 제조정지(제76조제1항)에 따른 제조정지 명령을 위반한 자
9. 폐쇄조치 등(제79조제1항)에 따라 관계 공무원이 부착한 봉인 또는 게시문 등을 함부로 제거하거나 손상시킨 자
10. 식중독 원인조사를 거부·방해 또는 기피한 자(제86조제2항·제3항)

제98조(벌칙) 다음 각 호의 어느 하나에 해당하는 자는 1년 이하의 징역 또는 1천만원 이하의 벌금에 처함.

1. 손님과 함께 술을 마시거나 노래 또는 춤으로 손님의 유흥을 돋우는 접객행위를 하거나 다른 사람에게 그 행위를 알선한 자(제44조제3항)
2. 식품 등의 이물 발견보고 등(제46조제1항)을 위반하여 소비자로부터 이물 발견의 신고를 접수하고 이를 거짓으로 보고한 자
3. 이물의 발견을 거짓으로 신고한 자
4. 위해식품등의 회수(제45조제1항) 후단을 위반하여 보고를 하지 아니하거나 거짓으로 보고한 자

제101조(과태료) ① 다음 각 호의 어느 하나에 해당하는 자에게는 1천만원 이하의 과태료를 부과.

1. 식품등의 오염사고의 보고등(제46조의2제2항)에 따른 현장조사를 거부하거나 방해한 자
2. 식중독에 관한 조사보고(제86조제1항)를 위반한 자
3. 집단급식소의 설치·운영(제88조제1항) 규정을 위반하여 신고를 아니하거나 허위의 보고를 한 자
4. 집단급식소 시설의 유지·관리(제88조제2항)를 위반한 자

② 다음 각 호의 어느 하나에 해당하는 자에게는 500만원 이하의 과태료를 부과.

1. 식품 등의 취급(제3조)을 위반한 자

1의3. 검사명령을 받고 검사기한 내에 검사를 받지 아니하거나 자료 등을 제출하지 아니한 영업자(제19조의4제2항)

3. 식품 또는 식품첨가물의 제조업 · 가공업의 허가를 받거나 신고 또는 등록한 사실 보고(제37조제6항)를 위반하여 보고를 하지 아니하거나 허위의 보고를 한 자

5의2. 소비자로부터 이물 발견신고를 받고 보고하지 아니한 자(제46조제1항)

6. 위해요소중점관리기준적용업소라는 명칭 사용 금지를 위반한 자(제48조제9항)

8. 시설 개수명령 등(제74조제1항)에 따른 명령에 위반한 자

③ 다음 각 호의 어느 하나에 해당하는 자에게는 300만원 이하의 과태료를 부과.

1. 건강진단(제40조제1항 및 제3항)을 위반한자

4. 식품이력추적관리 등록사항이 변경된 경우 변경사유가 발생한 날부터 1개월 이내에 신고하지 아니한 자 (제49조제3항)

5. 식품이력추적관리정보(제49조의3제4항)를 목적 외에 사용한 자

④ 다음 각 호의 어느 하나에 해당하는 자에게는 100만원 이하의 과태료를 부과.

1. 식품위생교육(제41조제1항 및 제5항)을 위반한자

2. 식품 및 식품첨가물을 생산한 실적 등(제42조제2항)을 위반하여 보고를 하지 아니하거나 허위의 보고를 한 자

3. 영업자 등의 준수사항(제44조제1항)에 따라 영업자가 지켜야 할 사항 중 총리령으로 정하는 경미한 사항을 지키지 아니한자

4. 교육을 받지 아니한 조리사와 영양사(56조제1항)

(**tip.** 위생사의 명칭을 사용한 자에게는 100만원 이하의 과태료)

⑤ 제1항부터 제4항까지의 규정에 따른 과태료는 대통령령으로 정하는 바에 따라 식품의약품안전처장, 시·도지사 또는 시장·군수·구청장이 부과·징수.

감염병의 예방 및 관리에 관한 법률(약칭: 감염병예방법)

[시행 2026. 1. 2.] [법률 제21065호, 2025. 10. 1., 타법개정]

제1조(목적) 이 법은 국민 건강에 위해(危)가 되는 감염병의 발생과 유행을 방지하고, 그 예방 및 관리를 위하여 필요한 사항을 규정함으로써 국민 건강의 증진 및 유지에 이바지함을 목적.

제2조(정의)

1. "감염병"이란 제1급감염병, 제2급감염병, 제3급감염병, 제4급감염병, 기생충감염병, 세계보건기구 감시대상 감염병, 생물테러감염병, 성매개감염병, 인수공통감염병 및 의료관련감염병을 말함.
2. "제1급감염병"이란 생물테러감염병 또는 치명률이 높거나 집단 발생의 우려가 커서 발생 또는 유행 즉시 신고하여야 하고, 음압격리와 같은 높은 수준의 격리가 필요한 감염병으로서 다음 각 목의 감염병을 말함. 다만, 갑작스러운 국내 유입 또는 유행이 예견되어 긴급한 예방·관리가 필요하여 질병관리청장이 보건복지부장관과 협의하여 지정하는 감염병을 포함.
   가. 에볼라바이러스병
   나. 마버그열
   다. 라싸열
   라. 크리미안콩고출혈열
   마. 남아메리카출혈열
   바. 리프트밸리열
   사. 두창
   아. 페스트
   자. 탄저
   차. 보툴리눔독소증
   카. 야토병
   타. 신종감염병증후군
   파. 중증급성호흡기증후군(SARS)
   하. 중동호흡기증후군(MERS)
   거. 동물인플루엔자 인체감염증
   너. 신종인플루엔자
   더. 디프테리아
3. "제2급감염병"이란 전파가능성을 고려하여 발생 또는 유행 시 24시간 이내에 신고하여야 하고, 격리가 필요한 다음 각 목의 감염병을 말함. 다만, 갑작스러운 국내 유입 또는 유행이 예견되어 긴급한 예방·관리가 필요하여 질병관리청장이 보건복지부장관과 협의하여 지정하는 감염병을 포함.

가. 결핵(結核)
나. 수두(水痘)
다. 홍역(紅疫)
라. 콜레라
마. 장티푸스
바. 파라티푸스
사. 세균성이질
아. 장출혈성대장균감염증
자. A형간염
차. 백일해(百日咳)
카. 유행성이하선염(流行性耳下腺炎)
타. 풍진(風疹)
파. 폴리오
하. 수막구균 감염증
거. b형 헤모필루스 인플루엔자
너. 폐렴구균 감염증
더. 한센병
러. 성홍열
머. 반코마이신내성황색포도알균(VRSA) 감염증
버. 카바페넴내성장내세균속균종(CRE) 감염증
서. E형간염

4. "제3급감염병"이란 그 발생을 계속 감시할 필요가 있어 발생 또는 유행 시 24시간 이내에 신고하여야 하는 다음 각 목의 감염병을 말함. 다만, 갑작스러운 국내 유입 또는 유행이 예견되어 긴급한 예방·관리가 필요하여 질병관리청장이 보건복지부장관과 협의하여 지정하는 감염병을 포함.
   가. 파상풍(破傷風)
   나. B형간염
   다. 일본뇌염
   라. C형간염
   마. 말라리아
   바. 레지오넬라증
   사. 비브리오패혈증
   아. 발진티푸스
   자. 발진열(發疹熱)

차. 쯔쯔가무시증

카. 렙토스피라증

타. 브루셀라증

파, 공수병(恐水病)

하. 신증후군출혈열(腎症侯群出血熱)

거. 후천성면역결핍증(AIDS)

너. 크로이츠펠트-야콥병(CJD) 및 변종크로이츠펠트-야콥병(vCJD)

더. 황열

러. 뎅기열

머. 큐열(Q熱)

버. 웨스트나일열

서. 라임병

어. 진드기매개뇌염

저. 유비저(類鼻疽)

처. 치쿤구니야열

커. 중증열성혈소판감소증후군(SFTS)

터. 지카바이러스 감염증

퍼. 매독(梅毒)

5. "제4급감염병"이란 제1급감염병부터 제3급감염병까지의 감염병 외에 유행 여부를 조사하기 위하여 표본감시 활동이 필요한 다음 각 목의 감염병을 말함.

가. 인플루엔자

다. 회충증

라. 편충증

마. 요충증

바. 간흡충증

사. 폐흡충증

아. 장흡충증

자. 수족구병

차. 임질

카. 클라미디아감염증

타. 연성하감

파. 성기단순포진

하. 첨규콘딜롬

거. 반코마이신내성장알균(VRE) 감염증

너. 메티실린내성황색포도알균(MRSA) 감염증

더. 다제내성녹농균(MRPA) 감염증

러. 다제내성아시네토박터바우마니균(MRAB) 감염증

머. 장관감염증

버. 급성호흡기감염증

서. 해외유입기생충감염증

어. 엔테로바이러스감염증

저. 사람유두종바이러스 감염증

6. "기생충감염병"이란 기생충에 감염되어 발생하는 감염병 중 질병관리청장이 고시하는 감염병을 말함.

부칙

4. 「감염병의 예방 및 관리에 관한 법률」 제2조제6호에 따른 기생충감염병의 종류는 다음 각 목과 같음.

가. 회충증

나. 편충증

다. 요충증

라. 간흡충증

마. 폐흡충증

바. 장흡충증

사. 해외유입기생충감염증

8. "세계보건기구 감시대상 감염병"이란 세계보건기구가 국제공중보건의 비상사태에 대비하기 위하여 감시대상으로 정한 질환으로서 질병관리청장이 고시하는 감염병을 말함.

9. "생물테러감염병"이란 고의 또는 테러 등을 목적으로 이용된 병원체에 의하여 발생된 감염병 중 질병관리청장이 고시하는 감염병을 말함.

11. "인수공통감염병"이란 동물과 사람 간에 서로 전파되는 병원체에 의하여 발생되는 감염병 중 질병관리청장이 고시하는 감염병을 말함.

제7조(감염병 예방 및 관리 계획의 수립 등) ① 질병관리청장은 보건복지부장관과 협의하여 감염병의 예방 및 관리에 관한 기본계획(이하 "기본계획")을 5년마다 수립·시행하여야 함.

제8조의3(내성균 관리대책) ① 보건복지부장관은 내성균 발생 예방 및 확산 방지 등을 위하여 제9조에 따른 감염병관리위원회의 심의를 거쳐 내성균 관리대책을 5년마다 수립·추진하여야 함.

제9조(감염병관리위원회) ② 위원회는 다음 각 호의 사항을 심의함.

1. 기본계획의 수립

2. 감염병 관련 의료 제공

3. 감염병에 관한 조사 및 연구

4. 감염병의 예방·관리 등에 관한 지식 보급 및 감염병환자등의 인권 증진

제11조(의사 등의 신고) ① 의사, 치과의사 또는 한의사는 다음 각 호의 어느 하나에 해당하는 사실(제16조제6항에 따라 표본감시 대상이 되는 제4급감염병으로 인한 경우는 제외)이 있으면 소속 의료기관의 장에게 보고하여야 하고, 해당 환자와 그 동거인에게 질병관리청장이 정하는 감염 방지 방법 등을 지도하여야 함. 다만, 의료기관에 소속되지 아니한 의사, 치과의사 또는 한의사는 그 사실을 관할보건소장에게 신고하여야 함.

1. 감염병환자등을 진단하거나 그 사체를 검안(檢案)한 경우
2. 예방접종 후 이상반응자를 진단하거나 그 사체를 검안한 경우
3. 감염병환자등이 제1급감염병부터 제3급감염병까지에 해당하는 감염병으로 사망한 경우
4. 감염병환자로 의심되는 사람이 감염병병원체 검사를 거부하는 경우

② 제16조의2에 따른 감염병병원체 확인기관의 소속 직원은 실험실 검사 등을 통하여 보건복지부령으로 정하는 감염병환자등을 발견한 경우 그 사실을 그 기관의 장에게 보고하여야 함.

③ 제1항 및 제2항에 따라 보고를 받은 의료기관의 장 및 제16조의2에 따른 감염병병원체 확인기관의 장은 제1급감염병의 경우에는 **즉시**, 제2급감염병 및 제3급감염병의 경우에는 **24시간 이내**에, 제4급감염병의 경우에는 **7일 이내**에 질병관리청장 또는 관할 보건소장에게 신고하여야 함.

④ 육군, 해군, 공군 또는 국방부 직할 부대에 소속된 군의관은 제1항 각 호의 어느 하나에 해당하는 사실(제16조제6항에 따라 표본감시 대상이 되는 제4급감염병으로 인한 경우는 제외)이 있으면 소속 부대장에게 보고하여야 하고, 보고를 받은 소속 부대장은 제1급감염병의 경우에는 즉시, 제2급감염병 및 제3급감염병의 경우에는 24시간 이내에 관할 보건소장에게 신고하여야 함.

제12조(그 밖의 신고의무자) ① 다음 각 호의 어느 하나에 해당하는 사람은 제1급감염병부터 제3급감염병까지에 해당하는 감염병 중 보건복지부령으로 정하는 감염병이 발생한 경우에는 의사, 치과의사 또는 한의사의 진단이나 검안을 요구하거나 해당 주소지를 관할하는 보건소장에게 신고하여야 함.

1. 일반가정에서는 세대를 같이하는 세대주. 다만, 세대주가 부재 중인 경우에는 그 세대원
2. 학교, 사회복지시설, 병원, 관공서, 회사, 공연장, 예배장소, 선박·항공기·열차 등 운송수단, 각종 사무소·사업소, 음식점, 숙박업소 또는 그 밖에 여러 사람이 모이는 장소로서 보건복지부령으로 정하는 장소의 관리인, 경영자 또는 대표자

② 제1항에 따른 신고의무자가 아니더라도 감염병환자등 또는 감염병으로 인한 사망자로 의심되는 사람을 발견하면 보건소장에게 알려야 함.

시행규칙

제9조(그 밖의 신고의무자의 신고) 법 제12조제1항 및 제2항에 따라 그 밖의 신고의무자(제1급감염병부터 제3급감염병에 해당하는 감염병의 발생을 발견한 자)는 다음 각 호의 사항을 서면, 구두, 전보, 전화 또는 컴퓨터 통신의 방법으로 보건소장에게 지체 없이 신고하거나 알려야 함.

1. 신고인의 성명, 주소와 감염병환자등 또는 사망자와의 관계
2. 감염병환자등 또는 사망자의 성명, 주소 및 직업
3. 감염병환자등 또는 사망자의 주요 증상 및 발병일

제8조(그 밖의 신고대상 감염병) ① 법 제12조제1항 각 호 외의 부분 중에서 **"보건복지부령으로 정하는 감염병"** 이란 다음 각 호의 감염병을 말함.

1. 결핵
2. 홍역
3. 콜레라
4. 장티푸스
5. 파라티푸스
6. 세균성이질
7. 장출혈성대장균감염증
8. A형간염

② 법 제12조제1항제2호에서 "보건복지부령으로 정하는 장소"란 다음 각 호의 장소를 말함.

1. 「모자보건법」 제2조제10호에 따른 산후조리원
2. 「공중위생관리법」 제2조에 따른 목욕장업소, 이용업소, 미용업소

제13조(보건소장 등의 보고 등) ① 제11조 및 제12조에 따라 신고를 받은 보건소장은 그 내용을 관할 특별자치시장·특별자치도지사 또는 시장·군수·구청장에게 보고하여야 하며, 보고를 받은 **특별자치시장·특별자치도지사**는 질병관리청장에게, **시장·군수·구청장**은 질병관리청장 및 시·도지사에게 이를 각각 보고하여야 함.

② 제1항에 따라 보고를 받은 질병관리청장, 시·도지사 또는 시장·군수·구청장은 제11조제1항제4호에 해당하는 사람(제1급감염병 환자로 의심되는 경우에 한정)에 대하여 감염병병원체 검사를 하게 할 수 있음.

③ 제1항에 따른 보고의 방법 및 절차 등에 관하여 필요한 사항은 보건복지부령으로 정함.

제14조(인수공통감염병의 통보) ① 「가축전염병예방법」 제11조제1항제2호에 따라 신고를 받은 국립가축방역기관장, 신고대상 가축의 소재지를 관할하는 시장·군수·구청장 또는 시·도 가축방역기관의 장은 같은 법에 따른 가축전염병 중 다음 각 호의 어느 하나에 해당하는 감염병의 경우에는 즉시 질병관리청장에게 통보하여야 함.

1. **탄저**
2. 고병원성조류인플루엔자
3. 광견병
4. 그 밖에 대통령령으로 정하는 인수공통감염병

부칙 **질병관리청장이 지정하는 감염병의 종류 고시**

8. 「감염병의 예방 및 관리에 관한 법률」 제2조제11호에 따른 인수공통감염병의 종류는 다음 각 목과 같음.
   가. 장출혈성대장균감염증
   나. 일본뇌염
   다. 브루셀라증
   라. 탄저
   마. 공수병
   바. 동물인플루엔자 인체감염증
   사. 중증급성호흡기증후군(SARS)
   아. 변종크로이츠펠트-야콥병(vCJD)
   자. 큐열
   차. 결핵
   카. 중증열성혈소판감소증후군(SFTS)
   타. 장관감염증
      1) 살모넬라균 감염증
      2) 캄필로박터균 감염증
   파. 니파바이러스감염증

시행령

제14조(역학조사의 방법) 법 제18조제1항 및 제29조에 따른 역학조사의 방법은 별표 1의3과 같음.

다. 환경검체 채취 및 시험 2)

시험 종류	검체 대상
레지오넬라균 검출 시험	상수도, 지하수, 공중시설의 물
장출혈성대장균 검출 시험	수영장, 냉·온수기의 물
노로바이러스 검출 시험	상수도, 지하수, 보존식(保存食)
「먹는 물 관리법」에 따른 먹는물 검사	상수도, 지하수, 냉·온수기의 물
식품공전(食品公典)에 따른 식품 규격 시험	장관감염증 집단발생 시 보존식
식품공전이 따른 조리기구 규격 시험	장관감염증 집단발생 시 조리도구(도마, 칼, 행주, 식기, 수족관 물 등을 말함)
수인성(水因性) 원충 검출 시험	상수도, 지하수, 수영장

시행규칙

제15조(실태조사의 방법 및 절차 등) ① 법 제17조제1항에 따른 실태조사(이하 "실태조사")에 포함되어야 할 사항은 다음 각 호와 같음.

1. 감염병 실태조사
   가. 감염병환자등의 연령별·성별·지역별 분포 등에 관한 사항
   나. 감염병환자등의 임상적 증상 및 경과 등에 관한 사항

다. 감염병환자등의 진단·검사·처방 등 진료정보에 관한 사항
라. 감염병의 진료 및 연구와 관련된 인력·시설 및 장비 등에 관한 사항
마. 감염병에 대한 각종 문헌 및 자료 등의 조사에 관한 사항
바. 그 밖에 감염병의 관리를 위하여 질병관리청장이 특히 필요하다고 인정하는 사항

② 실태조사의 실시 주기는 다음 각 호의 구분에 따름.

1. 감염병 실태조사: 3년

제18조(역학조사) ① 질병관리청장, 시·도지사 또는 시장·군수·구청장은 감염병이 발생하여 유행할 우려가 있거나, 감염병 여부가 불분명하나 발병원인을 조사할 필요가 있다고 인정하면 지체 없이 역학조사를 하여야 하고, 그 결과에 관한 정보를 필요한 범위 에서 해당 의료기관에 제공하여야 함. 다만, 지역확산 방지 등을 위하여 필요한 경우 다른 의료기관에 제공하여야 함.

제21조(고위험병원체의 분리, 분양·이동 및 이동신고) ① 감염병환자, 식품, 동식물, 그 밖의 환경 등으로부터 고위험병원체를 분리한 자는 지체 없이 고위험병원체의 명칭, 분리된 검체명, 분리 일자 등을 질병관리청장에게 신고(고위험병원체 분리신고서 제출)하여야 함.

시행령

제12조(역학조사의 내용) ① 법 제18조제1항에 따른 역학조사에 포함되어야 하는 내용은 다음 각 호와 같음.

1. 감염병환자등 및 감염병의심자의 인적 사항
2. 감염병환자등의 발병일 및 발병 장소
3. 감염병의 감염원인 및 감염경로
4. 감염병환자등 및 감염병의심자에 관한 진료기록
5. 그 밖에 감염병의 원인 규명과 관련된 사항

제15조(역학조사반의 구성) ① 법 제18조제1항 및 제29조에 따른 역학조사를 하기 위하여 질병관리청에 중앙역학조사반을 두고, 시·도에 시·도역학조사반을 두며, 시·군·구(자치구를 말함. 이하 같음)에 시·군·구역학조사반을 둠

제24조(필수예방접종) ① 특별자치시장·특별자치도지사 또는 시장·군수·구청장은 다음 각 호의 질병에 대하여 관할 보건소를 통하여 필수예방접종을 실시하여야 함.

1. 디프테리아
2. 폴리오
3. 백일해
4. 홍역
5. 파상풍
6. 결핵
7. B형간염

8. 유행성이하선염
9. 풍진
10. 수두
11. 일본뇌염
12. b형헤모필루스인플루엔자
13. 폐렴구균
14. 인플루엔자
15. A형간염
16. 사람유두종바이러스 감염증
17. 그룹 A형 로타바이러스 감염증
18. 그 밖에 질병관리청장이 감염병의 예방을 위하여 필요하다고 인정하여 지정하는 감염병

② 특별자치시장·특별자치도지사 또는 시장·군수·구청장은 제1항에 따른 필수예방접종업무를 대통령령으로 정하는 바에 따라 관할구역 안에 있는 「의료법」에 따른 의료기관에 위탁할 수 있음.

③ 특별자치시장·특별자치도지사 또는 시장·군수·구청장은 필수예방접종 대상 아동 부모(아동의 법정대리인을 포함)에게 보건복지부령으로 정하는 바에 따라 필수예방접종을 사전에 알려야 함.

시행령

제20조(예방접종업무의 위탁) ① 특별자치시장·특별자치도지사(관할 구역 안에 지방자치단체인 시·군이 있는 특별자치도의 도지사는 제외. 이하 같음) 또는 시장·군수·구청장은 법 제24조제2항 및 제25조제2항에 따라 보건소에서 시행하기 어렵거나 보건소를 이용하기 불편한 주민 등에 대한 예방접종업무를 다음 각 호에 해당하는 의료기관 중에서 특별자치시장·특별자치도지사 또는 시장·군수·구청장이 지정하는 의료기관에 위탁할 수 있음. 이 경우 특별자치시장·특별자치도지사 또는 시장·군수·구청장은 위탁한 기관을 공고해야 함.

시행규칙

제23조(예방접종에 관한 기록의 작성 및 보고) ① 법 제28조제1항에 따라 특별자치시장·특별자치도지사 또는 시장·군수·구청장은 필수예방접종 및 임시예방접종을 한 경우 별지 제17호서식의 예방접종 실시 기록 및 보고서(전자문서를 포함. 이하 이 조에서 같음)에 예방접종에 관한 기록을 작성하여야 함.

② 법 제28조제2항에 따라 특별자치시장·특별자치도지사 또는 시장·군수·구청장이 아닌 자가 예방접종을 실시하면 별지 제17호서식의 예방접종 실시 기록 및 보고서에 예방접종에 관한 기록을 작성하고, 예방접종 실시 기록 및 보고서를 특별자치시장·특별자치도지사 또는 시장·군수·구청장에게 제출하여야 함.

③ 특별자치시장·특별자치도지사 또는 시장·군수·구청장은 제1항에 따라 예방접종에 관한 기록을 작성하거나 제2항에 따라 제출받은 예방접종 실시 기록 및 보고서를 시·도지사 및 질병관리청장에게 각각 제출하여야 함.

제26조(예방접종의 공고) 특별자치시장·특별자치도지사 또는 시장·군수·구청장은 임시예방접종을 할 경우에는 예방접종의 일시 및 장소, 예방접종의 종류, 예방접종을 받을 사람의 범위를 정하여 미리 인터넷 홈페이지에 공고하여야 함. 다만, 제32조제3항에 따른 예방접종의 실시기준 등이 변경될 경우에는 그 변경 사항을 미리 인터넷 홈페이지에 공고하여야 함.

제27조(예방접종증명서) ① 질병관리청장, 특별자치시장·특별자치도지사 또는 시장·군수·구청장은 필수예방접종 또는 임시예방접종을 받은 사람 본인 또는 법정대리인에게 보건복지부령으로 정하는 바에 따라 예방접종증명서를 발급하여야 함.

시행령

제24조(소독을 해야 하는 시설) 법 제51조제3항에 따라 감염병 예방에 필요한 소독을 해야 하는 시설은 다음 각 호와 같음.

1. 「공중위생관리법」에 따른 숙박업소(객실 수 20실 이상인 경우만 해당), 「관광진흥법」에 따른 관광숙박업소
2. 「식품위생법 시행령」에 따른 식품접객업 업소(이하 "식품접객업소") 중 연면적 300제곱미터 이상의 업소
3. 「여객자동차 운수사업법」에 따른 시내버스·농어촌버스·마을버스·시외버스·전세버스·장의자동차, 「항공안전법」에 따른 항공기 및 「공항시설법」에 따른 공항시설, 「해운법」에 따른 여객선, 「항만법」에 따른 연면적 300제곱미터 이상의 대합실, 「철도사업법」 및 「도시철도법」에 따른 여객운송 철도차량과 역사(驛舍) 및 역 시설
4. 「유통산업발전법」에 따른 대형마트, 전문점, 백화점, 쇼핑센터, 복합쇼핑몰, 그 밖의 대규모 점포와 「전통시장 및 상점가 육성을 위한 특별법」에 따른 전통시장
5. 「의료법」따른 병원급 의료기관(병원, 치과병원, 한방병원, 요양병원, 정신병원, 종합병원)
6. 「식품위생법」 제2조제12호에 따른 집단급식소(한 번에 100명 이상에게 계속적으로 식사를 공급하는 경우만 해당)

6의2. 「식품위생법 시행령」 제21조제8호마목에 따른 위탁급식영업을 하는 식품접객업소 중 연면적 300제곱미터 이상의 업소

7. 「건축법 시행령」 별표 1 제2호라목에 따른 기숙사

7의2. 「소방시설 설치 및 관리에 관한 법률 시행령」 별표 2 제8호가목에 따른 합숙소(50명 이상을 수용할 수 있는 경우만 해당)

8. 「공연법」에 따른 공연장(객석 수 300석 이상인 경우만 해당)
9. 「초·중등교육법」 제2조 및 「고등교육법」 제2조에 따른 학교
10. 「학원의 설립·운영 및 과외교습에 관한 법률」에 따른 연면적 1천제곱미터 이상의 학원
11. 연면적 2천제곱미터 이상의 사무실용 건축물 및 복합용도의 건축물
12. 「영유아보육법」에 따른 어린이집 및 「유아교육법」에 따른 유치원(50명 이상을 수용하는 어린이집 및 유치원만 해당)
13. 「공동주택관리법」에 따른 공동주택(300세대 이상인 경우만 해당)

제52조(소독업의 신고 등) ① 소독을 업으로 하려는 자(제51조제4항 단서에 따른 주택관리업자는 제외)는 보건복지부령으로 정하는 시설·장비 및 인력을 갖추어 **특별자치시장·특별자치도지사 또는 시장·군수·구청장**에게 신고하여야 함. 신고한 사항을 변경하려는 경우에도 또한 같음.

시행규칙

제35조(소독의 기준 및 방법) ① 법 제48조제2항에 따른 소독 등 조치의 기준은 별표 5와 같음.

1. 콜레라, 장티푸스, 파라티푸스, 세균성이질, 장출혈성대장균, A형간염의 경우
   가. 분뇨, 토사물(吐瀉物) 및 이의 처치에 사용한 기구·천·종이 등
   나. 시체
   다. 감염병환자 또는 시체에 사용한 의류, 침구, 운반기구 등
   라. 간호인 또는 감염병환자와 접촉한 사람 및 이들이 사용한 의류, 침구 등
   마. 감염병환자의 음식물찌꺼기, 감염병환자가 사용한 식기, 기구, 서적 등
   바. 병실의 바닥 등
   사. 우물, 주방, 주방기구, 물통 등
   아. 화장실, 수세변기구, 쓰레기통, 하수구 등 불결한 장소
   자. 옥내 및 옥외에 대한 청소
   차. 고인 물이나 습기가 찬 장소에 대한 매몰 또는 배수
   카. 실내의 충분한 채광 및 환기
2. 성홍열, 디프테리아, 수막구균성수막염의 경우
   가. 콧물, 가래침, 고름, 부스럼딱지 및 이의 처치에 사용한 기구, 천, 종이 등
   나. 시체
   다. 감염병환자 또는 시체에 사용한 의류, 침구, 운반기구 등
   라. 간호인 또는 감염병환자와 접촉한 사람 및 이들이 사용한 의류, 침구 등
   마. 감염병환자의 음식물찌꺼기, 감염병환자가 사용한 식기, 기구, 서적 등
   바. 병실의 바닥, 기구, 벽 등
   사. 옥내 및 옥외에 대한 청소
   아. 고인 물이나 습기가 찬 장소에 대한 매몰 또는 배수
   자. 실내의 충분한 채광 및 환기
3. 발진티푸스의 경우
   가. 콧물, 가래침 및 이의 처치에 사용한 기구·천·종이 등
   나. 시체
   다. 감염병환자 또는 시체에 사용한 의류, 침구, 운반기구 등
   라. 간호인 또는 감염병환자와 접촉한 사람 및 이들이 사용한 의류, 침구 등
   마. 병실의 바닥 등
   바. 이가 서식하기 쉬운 물건
   사. 옥내 및 옥외에 대한 청소

아. 고인 물이나 습기가 찬 장소에 대한 매몰 또는 배수

자. 실내의 충분한 채광 및 환기

4. 페스트의 경우

가. 혈액, 콧물, 가래침, 고름 및 이의 처치에 사용한 기구·천·종이 등

나. 시체

다. 감염병환자 또는 시체에 사용한 의류, 침구, 운반기구 등

라. 간호인 또는 감염병환자와 접촉한 사람 및 이들이 사용한 의류, 침구 등

마. 감염병환자가 사용한 식기, 기구, 서적 등

바. 병실의 바닥, 기구, 벽 등

사. 쥐가 서식하거나 지나다니는 장소

아. 이가 서식하기 쉬운 물건 또는 장소

자. 옥내 및 옥외에 대한 청소

차. 고인 물이나 습기가 찬 장소에 대한 매몰 또는 배수

카. 실내의 충분한 채광 및 환기

5. 일본뇌염, 말라리아의 경우

가. 하수구, 고인 물, 집초, 농수로 등

나. 모기가 발생하고 서식하기 쉬운 장소

다. 옥내 및 옥외에 대한 청소

라. 고인 물이나 습기가 찬 장소에 대한 매몰 또는 배수

마. 실내의 충분한 채광 및 환기

② 법 제48조제2항에 따른 소독 등 조치의 방법은 별표 6과 같음.

2. 소독

라. 약물소독

다음의 약품을 소독상 물건에 뿌려야 함.

1) 석탄산수(석탄산 3% 수용액)

2) 크레졸수(크레졸액 3% 수용액)

3) 승홍수(승홍 0.1%, 식염수 0.1%, 물 99.8% 혼합액)

4) 생석회(대한약전 규격품)

5) 크롤칼키수(크롤칼키 5% 수용액)

6) 포르말린(대한약전 규격품)

7) 그 밖의 소독약을 사용하려는 경우에는 석탄산 3% 수용액에 해당하는 소독력이 있는 약제를 사용해야 함.

제36조(방역기동반의 운영 및 소독의 기준 등) ① 법 제51조제1항에 따라 특별자치시장·특별자치도지사 또는 시장·군수·구청장은 청소나 소독을 실시하거나 쥐, 위생해충 등의 구제조치(이하 "소독")를 실시하기 위하여 관할 보건소마다 방역기동반을 편성·운영할 수 있음.

제40조(소독의 기준 및 소독에 관한 사항의 기록 등) ③ 소독업자는 법 제54조제2항에 따라 별지 제29호서식의 소독실시대장에 소독에 관한 사항을 기록하고, 이를 2년간 보존하여야 함.

소독의 방법 (별표 6)

1. 청소
2. 소독(소각, 증기소독, 끓는 물 소독, 약물소독, 일광소독)
3. 질병매개곤충 방제(물리적·환경적 방법, 화학적 방법, 생물학적 방법)
4. 쥐의 방제
5. 소독약품의 사용

제31조(감염병관리시설 등의 설치 기준 등) ① 법 제36조제3항 및 법 제39조에 따른 감염병관리시설, 격리소·요양소 또는 진료소의 설치 기준은 다음 각 호와 같으며, 그 밖의 세부 사항은 질병관리청장이 정함.

제33조(업무 종사의 일시 제한) ① 법 제45조제1항에 따라 일시적으로 업무 종사의 제한을 받는 감염병환자등은 다음 각 호의 감염병에 해당하는 감염병환자등으로 하고, 그 제한 기간은 감염력이 소멸되는 날까지로 함.

1. 콜레라
2. 장티푸스
3. 파라티푸스
4. 세균성이질
5. 장출혈성대장균감염증
6. A형간염

② 법 제45조제1항에 따라 업무 종사의 제한을 받는 업종은 다음 각 호와 같음.

1. 「식품위생법」 제2조제12호에 따른 집단급식소
2. 「식품위생법」 제36제1항제3호 따른 식품접객업

제45조(업무 종사의 일시 제한) ① 감염병환자등은 보건복지부령으로 정하는 바에 따라 업무의 성질상 일반인과 접촉하는 일이 많은 직업에 종사할 수 없고, 누구든지 감염병환자등을 그러한 직업에 고용할 수 없음.

제76조(위임 및 위탁) ① 이 법에 따른 보건복지부장관의 권한 또는 업무는 대통령령으로 정하는 바에 따라 그 일부를 질병관리청장 또는 시·도지사에게 위임하거나 관련 기관 또는 관련 단체에 위탁할 수 있음.

참고1. 법정감염병의 분류 및 종류

구분	제1급감염병 (16종)	제2급감염병 (24종)	제3급감염병 (26종)	제4급감염병 (23종)
유형	생물테러감염병 또는 치명률이 높거나 집단 발생의 우려가 커서 발생 또는 유행 즉시 신고하여야 하고, 음압격리와 같은 높은 수준의 격리가 필요한 감염병으로서 다음 각 목의 감염병	전파가능성을 고려하여 발생 또는 유행 시 24시간 이내에 신고하여야 하고, 격리가 필요한 다음 각 목의 감염병	발생을 계속 감시할 필요가 있어 발생 또는 유행 시 24시간 이내에 신고하여야 하는 다음 각 목의 감염병	유행 여부를 조사하기 위하여 표본감시 활동이 필요한 다음 각 목의 감염병

구분	제1급감염병 (16종)	제2급감염병 (24종)	제3급감염병 (26종)	제4급감염병 (23종)
종류	가. 에볼라바이러스병 나. 마버그열 다. 라싸열 라. 크리미안콩고출혈열 마. 남아메리카출혈열 바. 리프트밸리열 사. 두창 아. 페스트 자. 탄저 차. 보툴리눔독소증 카. 야토병 타. 신종감염병증후군 파. 중증급성호흡기증후군 SARS 하. 중동호흡기증후군MERS 거. 동물인플루엔자인체감염증 너. 신종인플루엔자 더. 디프테리아	가. 결핵 나. 수두 다. 홍역 라. 콜레라 마. 장티푸스 바. 파라티푸스 사. 세균성이질 아. 장출혈성대장균감염증 자. A형간염 차. 백일해 카. 유행성이하선염 타. 풍진 파. 폴리오 하. 수막구균 감염증 거. b형 헤모필루스인플루엔자 너. 폐렴구균 감염증 더. 한센병 러. 성홍열 머. 반코마이신내성황색포도알균VRSA 감염증 버. 카바페넴내성장내세균속균종CRE 감염증 서. E형간염	가. 파상풍 나. B형간염 다. 일본뇌염 라. C형간염 마. 말라리아 바. 레지오넬라증 사. 비브리오패혈증 아. 발진티푸스 자. 발진열 차. 쯔쯔가무시증 카. 렙토스피라증 타. 브루셀라증 파, 공수병 하. 신증후군출혈열 거. 후천성면역결핍증AIDS 너. 크로이츠펠트-야콥병CJD 및 변종크로이츠펠트-야콥병vCJD 더. 황열 러. 뎅기열 머. 큐열 버. 웨스트나일열 서. 라임병 어. 진드기매개뇌염 저. 유비저 저. 치쿤구니아열 커. 중증열성혈소판감소증후군 SFTS 터. 지카바이러스 감염증 퍼. 매독	가. 인플루엔자 다. 회충증 라. 편충증 마. 요충증 바. 간흡충증 사. 폐흡충증 아. 장흡충증 자. 수족구병 차. 임질 카. 클라미디아감염증 타. 연성하감 파. 성기단순포진 하. 첨규콘딜롬 거. 반코마이신내성장알균VRE 감염증 너. 메티실린내성황색포도알균 MRSA 감염증 더. 다제내성녹농균MRPA감염증 러. 다제내성아시네토박터바우마니균MRAB 감염증 머. 장관감염증[1] 버. 급성호흡기감염증[2] 서. 해외유입기생충감염증[3] 어. 엔테로바이러스감염증 저. 사람유두종바이러스감염증
감시	전수감시[6]	전수감시	전수감시	표본감시[7]
신고[4]	즉시	24시간 이내	24시간 이내	7일 이내
보고[5]	즉시	24시간 이내	24시간 이내	7일 이내

1) 장관감염증 : 살모넬라균 감염증, 장염비브리오균 감염증, 장독소성대장균(ETEC) 감염증, 장침습성대장균(EIEC) 감염증, 장병원성대장균(EPEC) 감염증, 캄필로박터균 감염증, 클로스트리듐 퍼프린젠스 감염증, 황색포도알균 감염증, 바실루스 세레우스균 감염증, 예르시니아 엔테로콜리티카 감염증, 리스테리아 모노사이토제네스 감염증, 그룹 A형 로타바이러스 감염증, 아스트로바이러스 감염증, 장내 아데노바이러스 감염증, 노로바이러스 감염증, 사포바이러스 감염증, 이질아메바 감염증, 람블편모충 감염증, 작은와포자충 감염증, 원포자충 감염증

2) 급성호흡기감염증 : 아데노바이러스 감염증, 사람 보카바이러스 감염증, 파라인플루엔자바이러스 감염증, 호흡기세포융합바이러스 감염증, 리노바이러스 감염증, 사람 메타뉴모바이러스 감염증, 사람 코로나바이러스 감염증, 마이코플라스마 폐렴균 감염증, 클라미디아 폐렴균 감염증

3) 해외유입기생충감염증 : 리슈만편모충증, 바베스열원충증, 아프리카수면병, 샤가스병, 주혈흡충증, 광동주혈선충증, 악구충증, 사상충증, 포충증, 톡소포자충증, 메디나충증

4) 신고 : 소속이 없는 의사, 치과의사, 한의사 → 관할보건소 / 보고를 받은 소속 의료기관의 장 → 관할보건소장, 질병관리청장

5) 보고 : 소속이 있는 의사, 치과의사, 한의사 → 소속 의료기관의 장 / 보건소장 → 관할 특별자치시장·특별자치도지사 또는 시장·군수·구청장 → 질병관리청장 및 시·도지사

6) 전수감시 : 「감염병의 예방 및 관리에 관한 법률」 제11조에 의하여 모든 의사, 치과의사, 한의사, 의료기관의 장, 부대장(군의관), 감염병병원체 확인기관의 장이 신고 의무를 갖는 감시체계

7) 표본감시 : 「감염병의 예방 및 관리에 관한 법률」 제16조에 따라 감염병 표본감시기관을 지정하고, 지정된 기관의 신고를 받아 운영하는 감시체계

출처: 질병관리청, 2025

공중위생관리법

[시행 2025. 7. 31.] [법률 제20171호, 2024. 1. 30., 타법개정]

제1조(목적) 이 법은 공중이 이용하는 영업의 위생관리등에 관한 사항을 규정함으로써 위생수준을 향상시켜 국민의 건강증진에 기여함을 목적.

제2조(정의) ①이 법에서 사용하는 용어의 정의는 다음과 같음.

1. "공중위생영업"이라 함은 다수인을 대상으로 위생관리서비스를 제공하는 영업으로서 숙박업·목욕장업·이용업·미용업·세탁업·건물위생관리업을 말함.
2. "숙박업"이라 함은 손님이 잠을 자고 머물 수 있도록 시설 및 설비등의 서비스를 제공하는 영업을 말함. 다만, 농어촌에 소재하는 민박등 대통령령이 정하는 경우를 제외.
3. "목욕장업"이라 함은 다음 각목의 어느 하나에 해당하는 서비스를 손님에게 제공하는 영업을 말함. 다만, 숙박업 영업소에 부설된 욕실 등 대통령령이 정하는 경우를 제외.
4. "이용업"이라 함은 손님의 머리카락 또는 수염을 깎거나 다듬는 등의 방법으로 손님의 용모를 단정하게 하는 영업을 말함.
5. "미용업"이라 함은 손님의 얼굴, 머리, 피부 및 손톱·발톱 등을 손질하여 손님의 외모를 아름답게 꾸미는 다음 각 목의 영업을 말함.
   나. 피부미용업: 의료기기나 의약품을 사용하지 아니하는 피부상태분석·피부관리·제모(除毛)·눈썹손질을 하는 영업
6. "세탁업"이라 함은 의류 기타 섬유제품이나 피혁제품등을 세탁하는 영업을 말함.
7. "건물위생관리업"이라 함은 공중이 이용하는 건축물·시설물등의 청결유지와 실내공기정화를 위한 청소등을 대행하는 영업을 말함.

시행령

제2조(적용제외 대상) ①「공중위생관리법」(이하 "법") 제2조제1항제2호 단서에 따라 숙박업에서 제외되는 시설은 다음 각 호와 같음.

1. 「농어촌정비법」에 따른 농어촌민박사업용 시설
2. 「산림문화·휴양에 관한 법률」에 따라 자연휴양림 안에 설치된 시설
3. 「청소년활동 진흥법」 제10조제1호에 따른 청소년수련시설
4. 「관광진흥법」 제4조에 따라 등록한 외국인관광 도시민박업용 시설 및 한옥체험업용 시설

② 법 제2조제1항제3호 단서에 따라 목욕장업에서 제외되는 시설은 다음 각 호와 같음.

1. 숙박업 영업소에 부설된 욕실
2. 「체육시설의 설치·이용에 관한 법률」에 따른 종합체육시설업의 체온 관리실
3. 제1항 각 호의 어느 하나에 해당하는 시설에 부설된 욕실

제6조의2(위생사의 면허 등) ① 위생사가 되려는 사람은 다음 각 호의 어느 하나에 해당하는 사람으로서 위생사 국가시험에 합격한 후 보건복지부장관의 면허를 받아야 함.

1. 전문대학이나 이와 같은 수준 이상에 해당된다고 교육부장관이 인정하는 학교(보건복지부장관이 정하여 고시하는 인정기준에 해당하는 외국의 학교를 포함. 이하 같음)에서 보건 또는 위생에 관한 교육과정을 이수한 사람
2. 「학점인정 등에 관한 법률」 제8조에 따라 전문대학을 졸업한 사람과 같은 수준 이상의 학력이 있는 것으로 인정되어 같은 법 제9조에 따라 보건 또는 위생에 관한 학위를 취득한 사람
3. 외국의 위생사 면허 또는 자격(보건복지부장관이 정하여 고시하는 인정기준에 해당하는 면허 또는 자격을 말함)을 가진 사람

② 제1항에 따른 위생사 국가시험은 매년 1회 이상 보건복지부장관이 실시하며, 시험과목·시험방법·합격기준과 그 밖에 시험에 필요한 사항은 대통령령으로 정함.

③ 보건복지부장관은 위생사 국가시험의 실시에 관한 업무를 「한국보건의료인국가시험원법」에 따른 한국보건의료인국가시험원에 위탁할 수 있음.

④ 위생사 국가시험에서 대통령령으로 정하는 부정행위를 한 사람에 대하여는 그 시험을 정지시키거나 합격을 무효로 함.

⑤ 제4항에 따라 시험이 정지되거나 합격이 무효가 된 사람은 해당 위생사 국가시험 후에 치러지는 위생사 국가시험에 2회 응시할 수 없음.

⑥ 보건복지부장관은 위생사 면허를 부여하는 경우에는 보건복지부령으로 정하는 바에 따라 면허대장에 등록하고 면허증을 발급하여야 함. 다만, 면허 발급 신청일 기준으로 제7항에 따른 결격사유에 해당하는 사람에게는 면허 등록 및 면허증 발급을 하여서는 안 됨.

⑦ 다음 각 호의 어느 하나에 해당하는 사람은 위생사 면허를 받을 수 없음.

1. 「정신건강증진 및 정신질환자 복지서비스 지원에 관한 법률」 제3조제1호에 따른 정신질환자. 다만, 전문의가 위생사로서 적합하다고 인정하는 사람은 그러하지 아니함.
2. 「마약류 관리에 관한 법률」에 따른 마약류 중독자
3. 이 법, 「감염병의 예방 및 관리에 관한 법률」, 「검역법」, 「식품위생법」, 「의료법」, 「약사법」, 「마약류 관리에 관한 법률」 또는 「보건범죄 단속에 관한 특별조치법」을 위반하여 금고 이상의 실형을 선고받고 그 집행이 끝나지 아니하거나 그 집행을 받지 아니하기로 확정되지 아니한 사람

⑧ 제6항에 따른 면허의 등록, 수수료 및 면허증에 필요한 사항은 보건복지부령으로 정함.

시행규칙

제11조의2(위생사 면허증의 발급) ② 보건복지부장관은 제1항에 따른 면허증의 발급 신청이 적합하다고 인정하는 경우에는 다음 각 호의 사항이 포함된 면허대장에 해당 사항을 등록

1. 면허번호 및 면허연월일
2. 성명·주소 및 주민등록번호

3. 위생사 국가시험 합격연월일
4. 면허취소 사유 및 취소연월일
5. 면허증 재교부 사유 및 재교부연월일

시행령

제6조의2(위생사 국가시험의 시험방법 등) ① 보건복지부장관은 법 제6조의2제1항에 따른 위생사 국가시험(이하 "위생사 국가시험")을 실시하려는 경우에는 시험일시, 시험장소 및 시험과목 등 위생사 국가시험 시행계획을 **시험실시 90일 전까지 공고**하여야 함. 다만, 시험장소의 경우에는 시험실시 30일 전까지 공고할 수 있음.
② 위생사 국가시험은 다음 각 호의 구분에 따라 필기시험과 실기시험으로 실시함.
 1. 필기시험: 다음 각 목의 시험과목에 대한 검정(檢定)
  가. 공중보건학
  나. 환경위생학
  다. 식품위생학
  라. 위생곤충학
  마. 위생 관계 법령(「공중위생관리법」, 「식품위생법」, 「감염병의 예방 및 관리에 관한 법률」, 「먹는물관리법」, 「폐기물관리법」 및 「하수도법」과 그 하위법령)
 2. 실기시험: 위생사 업무 수행에 필요한 지식 및 기술 등의 실기 방법에 따른 검정
③ 위생사 국가시험의 합격자 결정기준은 다음 각 호의 구분에 따름.
 1. 필기시험: 각 과목 총점의 40퍼센트 이상, 전 과목 총점의 60퍼센트 이상 득점한 사람
 2. 실기시험: 실기시험 총점의 60퍼센트 이상 득점한 사람
④ 보건복지부장관은 위생사 국가시험을 실시할 때마다 시험과목에 대한 전문지식 또는 위생사 업무에 대한 풍부한 경험을 갖춘 사람 중에서 시험위원을 임명하거나 위촉함. 이 경우 해당 시험위원에 대해서는 예산의 범위에서 수당과 여비를 지급할 수 있음.
⑤ 보건복지부장관은 법 제6조의2제3항에 따라 위생사 국가시험의 실시에 관한 업무를 「한국보건의료인국가시험원법」에 따른 한국보건의료인국가시험원에 위탁함.
⑥ 법 제6조의2제4항에서 "대통령령으로 정하는 부정행위"란 다음 각 호의 어느 하나에 해당하는 행위를 말함.
 1. 대리시험을 의뢰하거나 대리로 시험에 응시하는 행위
 2. 다른 수험생의 답안지를 보거나 본인의 답안지를 보여 주는 행위
 3. 정보통신기기나 그 밖의 신호 등을 이용하여 해당 시험내용에 관하여 다른 사람과 의사소통하는 행위
 4. 부정한 자료를 가지고 있거나 이용하는 행위
 5. 그 밖의 부정한 수단으로 본인 또는 다른 사람의 시험 결과에 영향을 미치는 행위로서 보건복지부령으로 정하는 행위
⑦ 제1항부터 제6항까지에서 규정한 사항 외에 위생사 국가시험의 실시절차, 실시방법, 실시비용 및 업무위탁 등에 필요한 사항은 보건복지부장관이 정하여 고시함.

제7조의2(위생사 면허의 취소 등) ① 보건복지부장관은 위생사가 다음 각 호의 어느 하나에 해당하는 경우에는 그 면허를 취소함.

1. 제6조의2제7항 각 호(정신질환자, 마약류중독자, 금고이상의 실형을 선고받은 자)의 어느 하나에 해당하게 된 경우
2. 면허증을 대여한 경우

② 위생사가 제1항제1호에 따라 면허가 취소된 후 그 처분의 원인이 된 사유가 소멸된 때에는 보건복지부장관은 그 사람에 대하여 다시 면허를 부여할 수 있음.

제8조의2(위생사의 업무범위) 위생사의 업무범위는 다음 각 호와 같음.

1. 공중위생영업소, 공중이용시설 및 위생용품의 위생관리
2. 음료수의 처리 및 위생관리
3. 쓰레기, 분뇨, 하수, 그 밖의 폐기물의 처리
4. 식품·식품첨가물과 이에 관련된 기구·용기 및 포장의 제조와 가공에 관한 위생관리
5. 유해 곤충·설치류 및 매개체 관리
6. 그 밖에 보건위생에 영향을 미치는 것으로서 대통령령으로 정하는 업무

시행령

제6조의3(위생사의 업무) 법 제8조의2제6호에서 "대통령령으로 정하는 업무"란 다음 각 호의 업무를 말함.

1. 소독업무
2. 보건관리업무

제9조(보고 및 출입·검사) ① 특별시장·광역시장·도지사(이하 "시·도지사") 또는 시장·군수·구청장은 공중위생관리상 필요하다고 인정하는 때에는 공중위생영업자에 대하여 필요한 보고를 하게 하거나 소속공무원으로 하여금 영업소·사무소 등에 출입하여 공중위생영업자의 위생관리의무이행 등에 대하여 검사하게 하거나 필요에 따라 공중위생영업장부나 서류를 열람하게 할 수 있음.

⑤ 제1항 및 제2항의 경우에 관계공무원은 그 권한을 표시하는 증표를 지녀야 하며, 관계인에게 이를 내보여야 함.

제10조(위생지도 및 개선명령) 시·도지사 또는 시장·군수·구청장은 다음 각 호의 어느 하나에 해당하는 자에 대하여 보건복지부령으로 정하는 바에 따라 기간을 정하여 그 개선을 명할 수 있음.

1. 제3조제1항의 규정에 의한 공중위생영업의 종류별 시설 및 설비기준을 위반한 공중위생영업자
2. 제4조의 규정에 의한 준수사항을 위반한 공중위생영업자

제12조(청문) 보건복지부장관 또는 시장·군수·구청장은 다음 각 호의 어느 하나에 해당하는 처분을 하려면 청문을 하여야 함.

2. 이용사와 미용사의 면허취소 또는 면허정지
3. 위생사의 면허취소

4. 영업정지명령, 일부 시설의 사용중지명령 또는 영업소 폐쇄명령

제14조(위생관리등급 공표등) ① **시장·군수·구청장**은 보건복지부령이 정하는 바에 의하여 위생서비스평가의 결과에 따른 위생관리등급을 해당공중위생영업자에게 통보하고 이를 공표하여야 함.

② 공중위생영업자는 제1항의 규정에 의하여 시장·군수·구청장으로부터 통보받은 위생관리등급의 표지를 영업소의 명칭과 함께 영업소의 출입구에 부착할 수 있음.

③ 시·도지사 또는 시장·군수·구청장은 위생서비스평가의 결과 위생서비스의 수준이 우수하다고 인정되는 영업소에 대하여 포상을 실시할 수 있음.

④ 시·도지사 또는 시장·군수·구청장은 위생서비스평가의 결과에 따른 위생관리등급별로 영업소에 대한 위생감시를 실시하여야 함. 이 경우 영업소에 대한 출입·검사와 위생감시의 실시주기 및 횟수등 위생관리등급별 위생감시기준은 보건복지부령으로 정함.

시행규칙

제21조(위생관리등급의 구분 등) ① 법 제13조제4항의 규정에 의한 위생관리등급의 구분은 다음 각호와 같음.

1. 최우수업소 : 녹색등급
2. 우수업소 : 황색등급
3. 일반관리대상 업소 : 백색등급

제15조(공중위생감시원) ① 제3조, 제3조의2, 제4조 또는 제8조 내지 제11조의 규정에 의한 관계공무원의 업무를 행하게 하기 위하여 특별시·광역시·도 및 시·군·구(자치구에 한함)에 공중위생감시원을 둠.

② 제1항의 규정에 의한 공중위생감시원의 자격·임명·업무범위 기타 필요한 사항은 대통령령으로 정함.

시행령

제8조(공중위생감시원의 자격 및 임명) ① 법 제15조에 따라 특별시장·광역시장·도지사(이하 "시·도지사") 또는 시장·군수·구청장은 다음 각 호의 어느 하나에 해당하는 소속 공무원 중에서 공중위생감시원을 임명함.

1. 위생사 또는 환경기사 2급 이상의 자격증이 있는 사람
2. 「고등교육법」에 따른 대학에서 화학·화공학·환경공학 또는 위생학 분야를 전공하고 졸업한 사람 또는 법령에 따라 이와 같은 수준 이상의 학력이 있다고 인정되는 사람
3. 외국에서 위생사 또는 환경기사의 면허를 받은 사람
4. 1년 이상 공중위생 행정에 종사한 경력이 있는 사람

제9조(공중위생감시원의 업무범위) 법 제15조에 따른 공중위생감시원의 업무는 다음 각호와 같음.

1. 공중위생영업의 종류별로 보건복지부령이 정하는 시설 및 설비의 확인
2. 공중위생영업 관련 시설 및 설비의 위생상태 확인·검사, 공중위생영업자의 위생관리의무 및 영업자준수사항 이행여부의 확인
4. 위생지도 및 개선명령 이행여부의 확인
5. 공중위생영업소의 영업의 정지, 일부 시설의 사용중지 또는 영업소 폐쇄명령 이행여부의 확인
6. 위생교육 이행여부의 확인 - 시행령 (신고 및 자료제공 X, 감시원의 업무는 확인뿐)

제17조(위생교육) ①공중위생영업자는 매년 위생교육을 받아야 함.

② 제3조제1항 전단의 규정에 의하여 신고를 하고자 하는 자는 미리 위생교육을 받아야 함. 다만, 보건복지부령으로 정하는 부득이한 사유로 미리 교육을 받을 수 없는 경우에는 영업개시 후 6개월 이내에 위생교육을 받을 수 있음.

③ 제1항 및 제2항의 규정에 따른 위생교육을 받아야 하는 자 중 영업에 직접 종사하지 아니하거나 2 이상의 장소에서 영업을 하는 자는 종업원 중 영업장별로 공중위생에 관한 책임자를 지정하고 그 책임자로 하여금 위생교육을 받게 하여야 함.

④ 제1항부터 제3항까지의 규정에 따른 위생교육은 보건복지부장관이 허가한 단체 또는 제16조에 따른 단체가 실시할 수 있음.

⑤ 제1항부터 제4항까지의 규정에 따른 위생교육의 방법·절차 등에 관하여 필요한 사항은 보건복지부령으로 정함.

시행규칙

제23조(위생교육) ① 법 제17조에 따른 위생교육은 집합교육과 온라인 교육을 병행하여 실시하되, 교육시간은 3시간으로 함.

⑧ 법 제17조제4항에 따른 위생교육을 실시하는 단체(이하 "위생교육 실시단체")는 보건복지부장관이 고시함.

⑨ 위생교육 실시단체는 교육교재를 편찬하여 교육대상자에게 제공하여야 함.

⑩ 위생교육 실시단체의 장은 위생교육을 수료한 자에게 수료증을 교부하고, 교육실시 결과를 교육 후 1개월 이내에 시장·군수·구청장에게 통보하여야 하며, 수료증 교부대장 등 교육에 관한 기록을 2년 이상 보관·관리하여야 함.

제18조(위임 및 위탁) ①보건복지부장관은 이 법에 의한 권한의 일부를 대통령령이 정하는 바에 의하여 시·도지사 또는 시장·군수·구청장에게 위임할 수 있음.

② 보건복지부장관은 대통령령이 정하는 바에 의하여 관계 전문기관에 그 업무의 일부를 위탁할 수 있음.

제19조의3(같은 명칭의 사용금지) 위생사가 아니면 위생사라는 명칭을 사용하지 못함. -제22조(과태료)3항

제20조(벌칙) ② 다음 각호의 1에 해당하는 자는 1년 이하의 징역 또는 1천만원 이하의 벌금에 처함.

1. 시장·군수·구청장에게 신고를 하지 아니하고 공중위생영업(숙박업은 제외)을 한 자
2. 영업정지명령 또는 일부 시설의 사용중지명령을 받고도 그 기간중에 영업을 하거나 그 시설을 사용한 자 또는 영업소 폐쇄명령을 받고도 계속하여 영업을 한 자

③ 다음 각호의 1에 해당하는 자는 6월 이하의 징역 또는 500만원 이하의 벌금에 처함.

1. 변경신고를 하지 아니한 자
2. 공중위생영업자의 지위를 승계한 자로서 동조제4항의 규정에 의한 신고를 하지 아니한 자
3. 건전한 영업질서를 위하여 공중위생영업자가 준수하여야 할 사항을 준수하지 아니한 자

제22조(과태료) ① 다음 각호의 1에 해당하는 자는 300만원 이하의 과태료에 처함.

1의2. 목욕장의 수질기준 또는 위생기준을 준수하지 아니한 자로서 위생지도 및 개선명령에 따르지 아니한 자
2. 숙박업소의 시설 및 설비를 위생적이고 안전하게 관리하지 아니한 자
3. 목욕장업소의 시설 및 설비를 위생적이고 안전하게 관리하지 아니한 자
4. 공중위생영업자에 대하여 필요한 보고를 하지 아니하거나 관계공무원의 출입·검사 기타 조치를 거부·방해 또는 기피한 자
5. 공중위생영업의 종류별 시설 및 설비기준을 위반하거나 위생관리의무를 위반하여 개선명령에 위반한 자
6. 시·군·구에 이용업 신고를 하지 아니하고 이용업소표시등을 설치한 자

② 다음 각호의 1에 해당하는 자는 200만원 이하의 과태료에 처함.
1. 이용업소의 위생관리 의무를 지키지 아니한 자
2. 미용업소의 위생관리 의무를 지키지 아니한 자
3. 세탁업소의 위생관리 의무를 지키지 아니한 자
4. 건물위생관리업소의 위생관리 의무를 지키지 아니한 자
5. 영업소외의 장소에서 이용 또는 미용업무를 행한 자
6. 위생교육을 받지 아니한 자

③ 제19조의3을 위반하여 위생사가 아님에도 위생사의 명칭을 사용한 자에게는 100만원 이하의 과태료를 부과함.

시행규칙

제4조(목욕장 목욕물의 수질기준 등) 법 제4조제2항제1호에 따른 목욕장 목욕물의 수질기준과 수질검사방법 등은 별표 2와 같음.

목욕장 목욕물의 수질기준과 수질검사방법 등(제4조관련)

I. 목욕물의 수질기준
1. 원 수
가. 색도는 5도 이하로 하여야 함.
나. 탁도는 1NTU(Nephelometric Turbidity Unit) 이하로 하여야 함.
다. 수소이온농도는 5.8 이상 8.6 이하로 하여야 함.
라. 과망간산칼륨 소비량은 10mg/l 이하가 되어야 함.
마. 총대장균군은 100ml 중에서 검출되지 아니하여야 함.

먹는물관리법

[시행 2025. 10. 1.] [법률 제21065호, 2025. 10. 1., 타법개정]

제1조(목적) 이 법은 먹는물의 수질과 위생을 합리적으로 관리하여 국민건강을 증진하는 데 이바지하는 것을 목적.

제2조(책무) ① 국가와 지방자치단체는 모든 국민이 질 좋은 먹는물을 공급받을 수 있도록 합리적인 시책을 마련하고, 먹는물관련영업자에 대하여 알맞은 지도와 관리를 하여야 함.

제3조(정의) 이 법에서 사용하는 용어의 뜻은 다음과 같음.

1. "먹는물"이란 먹는 데에 일반적으로 사용하는 자연 상태의 물, 자연 상태의 물을 먹기에 적합하도록 처리한 수돗물, 먹는샘물, 먹는염지하수(鹽地下水), 먹는해양심층수(海洋深層水)등을 말함.
2. "샘물"이란 암반대수층(岩盤帶水層) 안의 지하수 또는 용천수 등 수질의 안전성을 계속 유지할 수 있는 자연 상태의 깨끗한 물을 먹는 용도로 사용할 원수(原水)를 말함.
3. "먹는샘물"이란 샘물을 먹기에 적합하도록 물리적으로 처리하는 등의 방법으로 제조한 물을 말함.
5. "수처리제(水處理劑)"란 자연 상태의 물을 정수(淨水) 또는 소독하거나 먹는물 공급시설의 산화방지 등을 위하여 첨가하는 제제를 말함.
6. "먹는물공동시설"이란 여러 사람에게 먹는물을 공급할 목적으로 개발했거나 저절로 형성된 약수터, 샘터, 우물 등을 말함. **(tip. 먹는물공동시설 : 상시 이용인구가 50인 이상으로 시장, 군수, 구청장이 지정한 시설)**

6의2. "냉·온수기"란 용기(容器)에 담긴 먹는샘물 또는 먹는염지하수를 냉수·온수로 변환시켜 취수(取水)꼭지를 통하여 공급하는 기능을 가진 것을 말함.

7. "정수기"란 물리적·화학적 또는 생물학적 과정을 거치거나 이들을 결합한 과정을 거쳐 먹는물을 제5조 제3항에 따른 먹는물의 수질기준에 맞게 취수 꼭지를 통하여 공급하도록 제조된 기구[해당 기구에 냉수·온수 장치, 제빙(製氷) 장치 등 기후에너지환경부장관이 정하여 고시하는 장치가 결합되어 냉수·온수, 얼음 등을 함께 공급할 수 있도록 제조된 기구를 포함]로서, 유입수(流入水) 중에 들어있는 오염물질을 감소시키는 기능을 가진 것을 말함.
9. "먹는물관련영업"이란 먹는샘물·먹는염지하수 제조업·수입판매업·유통전문판매업, 수처리제 제조업 및 정수기의 제조업·수입판매업을 말함. **(tip. 먹는물관련영업중 기후에너지환경부장관의 허가를 받지 않아도 되는 것 : 정수기판매업)**

제5조(먹는물 등의 수질 관리) ① 기후에너지환경부장관은 먹는물, 샘물 및 염지하수의 수질 기준을 정하여 보급하는 등 먹는물, 샘물 및 염지하수의 수질 관리를 위하여 필요한 시책을 마련하여야 함.

시행령

제2조(먹는물 수질 감시원) ① 「먹는물관리법」(이하 "법") 제7조제1항에 따른 먹는물 수질 감시원은 기후에너지환경부장관, 특별시장·광역시장·특별자치시장·도지사·특별자치도지사(이하 "시·도지사") 또는 시장·군수·구청장(자치구의 구청장을 말함. 이하 같음)이 다음 각 호의 어느 하나에 해당하는 소속 공무원 중에서 임명함.

1. 수질환경기사 또는 위생사의 자격증이 있는 사람
2. 대학(「고등교육법」 제2조에 따른 학교를 말함. 이하 같음)에서 상수도공학, 환경공학, 화학, 미생물학, 위생학 또는 식품학 등 관련분야의 학과·학부를 졸업한 사람이거나 법령에 따라 이와 같은 수준 이상의 학력이 있다고 인정되는 사람
3. 1년 이상 환경행정 또는 식품위생행정 분야의 사무에 종사한 사람

② 먹는물 수질 감시원의 직무 범위는 다음 각 호와 같음.

1. 먹는물의 수질관리에 관한 조사·지도 및 감시
2. 먹는물 관련 영업에 대한 조사·지도 및 감시

제8조(먹는물공동시설의 관리) ① 먹는물공동시설 소재지의 특별자치시장·특별자치도지사·시장·군수·구청장(구청장은 자치구의 구청장을 말하며, 이하 "시장·군수·구청장")은 국민들에게 양질의 먹는물을 공급하기 위하여 먹는물공동시설을 개선하고, 먹는물공동시설의 수질을 정기적으로 검사하며, 수질검사 결과 먹는물공동시설로 이용하기에 부적합한 경우에는 사용금지 또는 폐쇄조치를 하는 등 먹는물공동시설의 알맞은 관리를 위하여 기후에너지환경부령으로 정하는 바에 따라 필요한 조치를 하여야 함.

③ 먹는물공동시설의 관리대상, 관리방법, 그 밖에 필요한 사항은 기후에너지환경부령으로 정함.

⑥ 시장·군수·구청장은 제1항에 따른 먹는물공동시설의 수질검사 결과를 기후에너지환경부령으로 정하는 바에 따라 기후에너지환경부장관에게 보고하여야 함.

⑦ 기후에너지환경부장관은 시장·군수·구청장에게 제1항에 따른 먹는물공동시설의 정기검사, 사용금지, 폐쇄조치 및 먹는물공동시설의 개선에 필요한 조치를 명할 수 있음.

제8조의2(냉·온수기 또는 정수기의 설치·관리) ① 냉·온수기 설치·관리자 또는 정수기 설치·관리자는 기후에너지환경부령으로 정하는 바에 따라 냉·온수기 또는 정수기의 설치 장소, 설치 대수 등을 시장·군수·구청장에게 신고하여야 함. 신고한 사항 중 기후에너지환경부령으로 정하는 중요한 사항을 변경하려는 때에도 또한 같음.

제8조의3(샘물보전구역의 지정) ① 시·도지사는 샘물의 수질보전을 위하여 다음 각 호의 어느 하나에 해당하는 지역 및 그 주변지역을 샘물보전구역으로 지정할 수 있음.

제9조(샘물 또는 염지하수의 개발허가 등) ① 대통령령으로 정하는 규모 이상의 샘물 또는 염지하수(이하 "샘물등")를 개발하려는 자는 기후에너지환경부령으로 정하는 바에 따라 시·도지사의 허가를 받아야 함.

제11조(샘물등의 개발허가의 제한 등) ① 시·도지사는 제18조에 따른 환경영향심사 결과 다른 공공의 지하수자원 개발 또는 지표수의 수질 등에 영향을 미칠 우려가 있다고 인정하면 제9조의 샘물등의 개발허가를 하

지 아니할 수 있음.

② 시·도지사는 제9조에 따라 샘물등의 개발을 허가할 때에는 제18조에 따른 조사서의 심사결과에 따라 1일 취수량(取水量)을 제한하는 등의 필요한 조건을 붙일 수 있음.

시행령

제3조(샘물 또는 염지하수의 개발허가 대상) ①법 제9조제1항에서 "대통령령으로 정하는 규모 이상의 샘물 또는 염지하수(이하 "샘물등")를 개발하려는 자"란 다음 각 호의 자를 말함.(tip.먹는샘물등의 개발허가는 시·도지사에게 받음)

1. 법 제21조제1항에 따라 먹는샘물 또는 먹는염지하수(이하 "먹는샘물등")의 제조업을 하려는 자
2. 1일 취수능력 300톤 이상의 샘물등[원수(原水)의 일부를 음료류·주류 등의 원료로 사용하는 샘물등을 말함. 이하 "기타샘물"]을 개발하려는 자

제12조(샘물등의 개발허가의 유효기간) ① 제9조의 샘물등의 개발허가의 유효기간은 5년으로 함.

② 시·도지사는 샘물등의 개발허가를 받은 자가 유효기간의 연장을 신청하면 허가할 수 있음. 이 경우 매 회의 연장기간은 5년으로 함.

제15조(한경영향조사 대행자의 등록) 환경영향조사의 실시를 대행하려는 자는 기후에너지환경부령으로 정하는 바에 따라 기술능력, 시설, 장비를 갖추어 시·도지사에게 등록하여야 함. 등록한 사항 중 기후에너지환경부령으로 정하는 중요한 사항을 변경하려는 때에도 또한 같음.

제19조(판매 등의 금지) 누구든지 먹는 데 제공할 목적으로 다음 각 호의 어느 하나에 해당하는 것을 판매하거나 판매할 목적으로 채취, 제조, 수입, 저장, 운반 또는 진열하지 못함.

1. 먹는샘물등 외의 물이나 그 물을 용기에 넣은 것
2. 시·도지사의 허가를 받지 아니한 먹는샘물등이나 그 물을 용기에 넣은 것
3. 시·도지사에게 수입신고를 하지 아니한 먹는샘물등이나 그 물을 용기에 넣은 것

제21조(영업의 허가 등) ① 먹는샘물등의 제조업을 하려는 자는 기후에너지환경부령으로 정하는 바에 따라 시·도지사의 허가를 받아야 함. 기후에너지환경부령으로 정하는 중요한 사항을 변경하려는 때에도 또한 같음.

② 수처리제 제조업을 하려는 자는 기후에너지환경부령으로 정하는 바에 따라 시·도지사에게 등록하여야 함. 기후에너지환경부령으로 정하는 중요한 사항을 변경하려는 때에도 또한 같음.

⑥ 먹는샘물등의 유통전문판매업을 하려는 자는 기후에너지환경부령으로 정하는 바에 따라 시·도지사에게 신고하여야 함. 기후에너지환경부령으로 정하는 중요한 사항을 변경하려는 때에도 또한 같음.

⑦ 정수기의 제조업 또는 수입판매업을 하려는 자는 제43조제1항에 따라 기후에너지환경부장관이 지정한 기관의 검사를 받고 기후에너지환경부령으로 정하는 바에 따라 시·도지사에게 신고하여야 함. 기후에너지환경부령으로 정하는 중요한 사항을 변경하려는 때에도 또한 같음.

제24조(영업허가 등의 제한) 다음 각 호의 어느 하나에 해당하면 제21조제1항부터 제3항까지 및 제6항에 따른

허가를 받거나 등록 또는 신고를 할 수 없음.

1. 영업을 하려는 자(법인인 경우에는 임원을 포함. 이하 이 조에서 같음)가 피성년후견인이거나 피한정후견인일 때

> **피한정후견인** 질병, 장애, 노령, 그밖의 사유로 인한 정신적 제약으로 사무를 처리할 능력이 부족하여 가정법원이 한정후견개시의 심판을 한 사람

2. 영업을 하려는 자가 파산선고를 받고 복권되지 아니한 자일 때
3. 영업을 하려는 자가 이 법을 위반하여 징역의 실형을 선고받고 그 집행이 종료(집행이 종료된 것으로 보는 경우를 포함)되거나 집행이 면제되지 아니한 자일 때
4. 제48조제1항부터 제3항까지의 규정에 따라 영업의 허가나 등록이 취소된 후 1년이 지나지 아니한 자(법인인 경우에는 그 대표자를 포함)가 다시 같은 업종의 영업을 하려 할 때
5. 제48조제1항부터 제3항까지의 규정에 따라 영업의 허가나 등록이 취소된 후 1년이 지나지 아니하였는데도 같은 장소에서 먹는샘물등의 제조업이나 수처리제 제조업을 하려 할 때
6. 지반침하, 수자원의 고갈 등 환경에 심각한 피해나 위해를 끼치거나 끼칠 우려가 있어 기후에너지환경부령으로 정하는 기준에 해당될 때(먹는샘물등의 제조업의 경우만 해당)

제27조(품질관리인) ① 먹는샘물등의 제조업자, 수처리제 제조업자, 정수기 제조업자는 품질관리인을 두어야 함. 다만, 개인인 먹는샘물등의 제조업자, 수처리제 제조업자 또는 정수기 제조업자가 제4항에 따른 품질관리인의 자격을 갖추고 제2항에 따른 업무를 직접 수행하는 경우에는 품질관리인을 따로 두지 아니할 수 있음. (제조업자인게 중요)

제36조(기준과 규격) ① 기후에너지환경부장관은 먹는샘물등, 수처리제, 정수기 또는 그 용기의 종류, 성능, 제조방법, 보존방법, 유통기한(그 기한의 연장에 관한 사항을 포함), 사후관리 등에 관한 기준과 성분에 관한 규격을 정하여 고시할 수 있음.

제42조(출입·검사·수거 등) ① 기후에너지환경부장관, 시·도지사 또는 시장·군수·구청장은 샘물등의 개발에 따른 환경영향 조사를 하거나 먹는물관련영업 또는 냉·온수기나 정수기의 설치·관리로 인한 국민건강상의 위해를 방지하고 검사기관의 적정 운영 여부를 확인하기 위하여 필요하다고 인정되면 다음 각 호의 조치를 할 수 있음.

1. 샘물등의 개발허가를 받은 자, 먹는물관련영업자, 냉·온수기 설치·관리자, 정수기 설치·관리자 및 제43조에 따라 지정된 검사기관이나 그 밖의 관계인에게 필요한 보고를 명하는 것
2. 관계 공무원에게 영업장소·사무소·창고·제조소·저장소·판매소(이하 "사업장") 또는 이와 유사한 장소에 출입하여 판매를 목적으로 하거나 영업상 사용하는 원재료·제품·용기·포장 또는 제조·영업시설 등이나 냉·온수기 또는 정수기를 검사하도록 하는 것

제43조(검사기관의 지정) ① 기후에너지환경부장관은 제42조제1항제3호에 따라 거두어들인 원재료, 제품, 용기 등의 검사와 제5조제2항에 따른 먹는물의 수질검사를 위한 기관을 지정할 수 있음. 지정받은 기관(이하

"검사기관")이 지정받은 사항 중 기후에너지환경부령으로 정하는 중요 사항을 변경하려는 경우에는 기후에너지환경부장관에게 신고하여야 함.

제48조(허가의 취소 등) ② 시 · 도지사는 먹는물관련영업자가 제1항에 따른 영업정지명령을 위반하여 계속 영업행위를 하면 그 영업의 허가 또는 등록을 취소하거나 영업장의 폐쇄를 명할 수 있음.

제50조(청문) 기후에너지환경부장관이나 시 · 도지사는 다음 각 호의 어느 하나에 해당하는 처분을 하려면 청문을 하여야 함.

1. 제12조의2에 따른 샘물등의 개발허가의 취소
2. 제17조제1항에 따른 조사대행자 등록의 취소 또는 제43조제8항에 따른 검사기관의 지정취소

3의2. 제43조제8항에 따른 검사기관의 지정취소

4. 제48조제1항부터 제3항까지의 규정에 따른 영업허가나 등록의 취소 또는 영업장의 폐쇄

시행규칙

제8조(조사대행자의 등록) ① 법 제15조 전단에 따라 환경영향조사 대행자(이하 "조사대행자")로 등록하려는 자는 환경영향조사 대행자 등록 신청서에 다음 각 호의 서류를 첨부하여 시 · 도지사에게 제출하여야 함.

제51조(과징금 처분) ① 기후에너지환경부장관 또는 시 · 도지사는 검사기관이 제43조제8항에 해당하거나 먹는물관련영업자가 제48조제1항에 해당하면 대통령령으로 정하는 바에 따라 업무정지 또는 영업정지를 갈음하여 2억원 이하의 과징금을 부과할 수 있음.

② 제1항에 따른 과징금을 부과하는 위반행위의 종류 · 정도 등에 따른 과징금의 금액이나 그 밖에 필요한 사항은 대통령령으로 정함.

③ 제1항에 따른 과징금을 내야 하는 자가 납부기한까지 내지 아니하면 국세 체납처분의 예 또는 「지방행정제재 · 부과금의 징수 등에 관한 법률」에 따라 징수함.

제57조(벌칙) 다음 각 호의 어느 하나에 해당하는 자는 5년 이하의 징역이나 5천만원 이하의 벌금에 처함. 이 경우 징역과 벌금을 병과(併科)할 수 있음.

1. 누구든지 먹는 데 제공할 목적으로 먹는샘물등 외의 물을 판매한 자(제19조제1호 또는 제2호)

시행규칙

제17조(품질관리교육) ① 법 제28조제1항 및 제2항에 따른 품질관리교육은 다음 각 호의 구분에 따름.

1. 신규교육: 품질관리인의 업무를 수행하기 전에 1회. 다만, 특별한 사정 등 부득이한 사유로 미리 교육을 받을 수 없는 경우에는 다음 각 목의 구분에 따른 기간 내에 신규교육을 받아야 함.
   가. 정수기 제조업자가 두는 품질관리인: 품질관리인의 업무를 수행한 날부터 2년 이내
   나. 품질관리인을 두지 않는 개인인 정수기 제조업자: 품질관리인의 업무를 수행한 날부터 2년 이내
   다. 가목 및 나목 외의 경우: 품질관리인의 업무를 수행한 날부터 1년 이내
2. 정기교육: 신규교육 또는 직전의 정기교육을 수료한 날(제2항에 따라 신규교육이 면제된 경우에는 해당 품질관리교육을 수료한 날)부터 3년이 되는 날이 속하는 해의 1월 1일부터 12월 31일까지

[별표 6] 먹는샘물등 제조업자의 자가 품질 검사 기준

구분	검사항목	검사주기
1. 먹는샘물 · 먹는염지하수	냄새, 맛, 색도, 탁도, 수소이온농도(5개 항목) (오답 : 질산성질소)	매일 1회 이상
	일반세균(저온균 · 중온균), 총대장균군, 녹농균(4개 항목)	매주 2회 이상 3~4일 간격으로 실시
2. 샘물 · 염지하수	일반세균(저온균 · 중온균), 총대장균군, 분원성연쇄상구균, 녹농균, 아황산환원혐기성포자형성균(6개 항목) (일반세균은 1mL 중 100CFU 이하, 대장균 100ml 중 미검출)	매주 1회 이상

제33조(자가 품질 검사) ② (먹는샘물등, 수처리제, 정수기 또는 그 용기의 제조업자의 자가품질검사)제1항에 따른 검사성적서는 2년간 보존하여야 함.

제35조(검사기관의 지정 등) ⑥ 다음 각 호의 어느 하나에 해당하는 기관은 먹는물 수질검사기관(바이러스 및 원생동물검사 분야는 제외) 및 수처리제 검사기관으로 지정된 것으로 봄. 이 경우 법 제36조제2항에 따른 자가기준과 자가규격에 관한 검사는 제1호의 기관에서만 할 수 있음.

1. 국립환경과학원
2. 유역환경청 또는 지방환경청
3. 시 · 도 보건환경연구원
4. 특별시 · 광역시의 상수도연구소 · 수질검사소

먹는물 수질기준 및 검사 등에 관한 규칙 (약칭: 먹는물검사규칙)

[시행 2025. 10. 1.] [기후에너지환경부령 제1호, 2025. 10. 1., 타법개정]

제2조(수질기준)

[별표 1] 수질기준 표

1. 미생물에 관한 기준	일반세균은 1mL 중 100CFU 이하 샘물 및 염지하수의 경우에는 저온일반세균은 20CFU/mL, 중온일반세균은 5CFU/mL 이하 총 대장균군은 100mL (샘물·먹는샘물, 염지하수·먹는염지하수 및 먹는해양심층수의 경우에는 250mL)에서 미검출 대장균·분원성 대장균군은 100mL 미검출 분원성 연쇄상구균·녹농균·살모넬라 및 쉬겔라는 250mL에서 미검출
2. 건강상 유해영향 무기물질에 관한 기준	납은 0.01mg/L 이하 불소는 1.5mg/L 이하 비소는 0.01mg/L 이하 셀레늄은 0.01mg/L 이하 수은은 0.001mg/L 이하 암모니아성 질소는 0.5mg/L 이하 질산성 질소는 10mg/L 이하 카드뮴은 0.005mg/L 이하
3. 소독제 및 소독부산물질에 관한 기준	잔류염소(유리잔류염소를 말함)는 4.0mg/L 이하
4. 심미적 영향물질에 관한 기준	과망간산칼륨 소비량은 10mg/L 이하

제4조(수질검사의 횟수) (tip. 문서 3년 보관)

1. 광역상수도 및 지방상수도의 경우
   가. 정수장에서의 검사
   (1) 별표 1 중 냄새, 맛, 색도, 탁도(濁度), 수소이온 농도 및 잔류염소에 관한 검사 : 매일 1회 이상
   (2) 별표 1 중 일반세균, 총 대장균군, 대장균 또는 분원성 대장균군, 암모니아성 질소, 질산성 질소, 과망간산칼륨 소비량 및 증발잔류물에 관한 검사 : 매주 1회 이상
2. 마을상수도·전용상수도 및 소규모급수시설의 경우
   가. 별표 1 중 일반세균, 총 대장균군, 대장균 또는 분원성 대장균군, 불소, 암모니아성 질소, 질산성 질소, 냄새, 맛, 색도, 망간, 탁도, 알루미늄, 잔류염소, 붕소 및 염소이온에 관한 검사 : 매 분기 1회 이상.
   나. 별표 1 중 우라늄에 관한 검사: 매 분기 1회 이상. 다만, 지난 3년간 수질검사를 실시한 결과 별표 1에 따른 수질기준의 10퍼센트를 초과한 적이 없는 경우에는 매년 1회 이상
   다. 별표 1 중 제1호부터 제5호까지의 전항목 검사 : 매년 1회 이상.

제5조(건강진단) ①「먹는물관리법」 제29조제1항 및 「수도법」 제32조제1항(같은 법 제53조에 따라 준용되는

경우를 포함)에 따라 건강진단을 받아야 하는 자는 다음 각 호의 구분에 따라 장티푸스, 파라티푸스 및 세균성 이질 병원체의 감염 여부에 관하여 건강진단을 받아야 함.

1. 「먹는물관리법」 제29조제1항에 따라 먹는샘물등의 취수 · 제조 · 가공 · 저장 · 이송시설에서 종사하는 자와 「수도법」 제32조제1항에 따라 취수 · 정수 또는 배수시설에서 종사하는 자 : 6개월마다 1회

② 제1항에 따른 건강진단은 관할 보건소 또는 특별시장 · 광역시장 또는 도지사(이하 "시 · 도지사")가 지정하는 지정의료기관에서 실시함.

③ 「먹는물관리법」 제29조제3항에 따라 영업에 종사하지 못하는 질병의 종류는 장티푸스, 파라티푸스, 세균성 이질 병원체의 감염 및 소화기계통 전염병으로 함.

폐기물관리법

[시행 2025. 11. 11.] [법률 제21129호, 2025. 11. 11., 일부개정]

제1조(목적) 이 법은 폐기물의 발생을 최대한 억제하고 발생한 폐기물을 친환경적으로 처리함으로써 환경보전과 국민생활의 질적 향상에 이바지하는 것을 목적

제2조(정의) 이 법에서 사용하는 용어의 뜻은 다음과 같음.

1. "폐기물"이란 쓰레기, 연소재(燃燒滓), 오니(汚泥), 폐유(廢油), 폐산(廢酸), 폐알칼리 및 동물의 사체(死體) 등으로서 사람의 생활이나 사업활동에 필요하지 아니하게 된 물질을 말함.
2. "생활폐기물"이란 사업장폐기물 외의 폐기물을 말함.
3. "사업장폐기물"이란 「대기환경보전법」, 「물환경보전법」 또는 「소음·진동관리법」에 따라 배출시설을 설치·운영하는 사업장이나 그 밖에 대통령령으로 정하는 사업장에서 발생하는 폐기물을 말함.
4. "지정폐기물"이란 사업장폐기물 중 폐유·폐산 등 주변 환경을 오염시킬 수 있거나 의료폐기물(醫療廢棄物) 등 인체에 위해(危害)를 줄 수 있는 해로운 물질로서 대통령령으로 정하는 폐기물을 말함.
   [**tip. 지정폐기물의 종류** : 폐합성고분자화합물(폐합성수지, 폐합성고무), 오니류(폐수처리오니, 공정오니), 폐농약, 부식성폐기물(폐산, 폐알칼리), 유해물질함유 폐기물(광재, 분진, 폐주물사, 샌드블라스트폐사, 폐내화물, 소각재, 폐흡착제, 폐흡수제), 폐유기용제, 폐페인트 및 폐래커, 폐유, 폐석면, 폐유독물]
5. "의료폐기물"이란 보건·의료기관, 동물병원, 시험·검사기관 등에서 배출되는 폐기물 중 인체에 감염 등 위해를 줄 우려가 있는 폐기물과 인체 조직 등 적출물(摘出物), 실험 동물의 사체 등 보건·환경보호상 특별한 관리가 필요하다고 인정되는 폐기물로서 대통령령으로 정하는 폐기물을 말함. (**tip. 의료폐기물 배출자는 기후에너지환경부장관에게 신고**)
7. "재활용"이란 다음 각 목의 어느 하나에 해당하는 활동을 말함.
   가. 폐기물을 재사용·재생이용하거나 재사용·재생이용할 수 있는 상태로 만드는 활동
   나. 폐기물로부터 「에너지법」 제2조제1호에 따른 에너지를 회수하거나 회수할 수 있는 상태로 만들거나 폐기물을 연료로 사용하는 활동으로서 기후에너지환경부령으로 정하는 활동 (**tip. 재활용폐기물** : 폐지, 고철, 폐타이어, 폐가전제품, 음식물류 폐기물, 왕겨, 쌀겨, 폐포장재 등)

제4조(국가와 지방자치단체의 책무) ① 특별자치시장, 특별자치도지사, 시장·군수·구청장(자치구의 구청장을 말함. 이하 같음)은 관할 구역의 폐기물의 배출 및 처리상황을 파악하여 폐기물이 적정하게 처리될 수 있도록 폐기물처리시설을 설치·운영하여야 하며, 폐기물의 처리방법의 개선 및 관계인의 자질 향상으로 폐기물 처리사업을 능률적으로 수행하는 한편, 주민과 사업자의 청소 의식 함양과 폐기물 발생 억제를 위하여 노력하여야 함. (**tip. 폐기물 처리 수수료에 관여**)

② 특별시장·광역시장·도지사는 시장·군수·구청장이 제1항에 따른 책무를 충실하게 하도록 기술적·재정적 지원을 하고, 그 관할 구역의 폐기물 처리사업에 대한 조정을 하여야 함. (**tip. 생활폐기물의 지역관리등을**

하고자할 때 허가를 받아야 함)

제17조의2(폐기물분석전문기관의 지정) ① 기후에너지환경부장관은 폐기물에 관한 시험·분석 업무를 전문적으로 수행하기 위하여 다음 각 호의 기관을 폐기물 시험·분석 전문기관(이하 "폐기물분석전문기관")으로 지정할 수 있음.

1. 「한국환경공단법」에 따른 한국환경공단(이하 "한국환경공단")

제25조(폐기물처리업) ① 폐기물의 수집·운반, 재활용 또는 처분을 업(이하 "폐기물처리업")으로 하려는 자(음식물류 폐기물을 제외한 생활폐기물을 재활용하려는 자와 폐기물처리 신고자는 제외)는 기후에너지환경부령으로 정하는 바에 따라 지정폐기물을 대상으로 하는 경우에는 폐기물 처리 사업계획서를 기후에너지환경부장관에게 제출 (**tip. 폐기물 처리시 기후에너지환경부장관에게 허가받아야 함**)하고, 그 밖의 폐기물을 대상으로 하는 경우에는 시·도지사에게 제출하여야 함. 기후에너지환경부령으로 정하는 중요 사항을 변경하려는 때에도 또한 같음.

⑤ 폐기물처리업의 업종 구분과 영업 내용은 다음과 같음.

2. 폐기물 중간처분업: 폐기물 중간처분시설을 갖추고 폐기물을 소각 처분, 기계적 처분, 화학적 처분, 생물학적 처분, 그 밖에 기후에너지환경부장관이 폐기물을 안전하게 중간처분할 수 있다고 인정하여 고시하는 방법으로 중간처분하는 영업
3. 폐기물 최종처분업: 폐기물 최종처분시설을 갖추고 폐기물을 매립 등(해역 배출은 제외)의 방법으로 최종처분하는 영업(**tip. 폐기물 최종시설 : 매립**)

제36조(장부 등의 기록과 보존) ①다음 각 호의 어느 하나에 해당하는 자는 기후에너지환경부령으로 정하는 바에 따라 장부를 갖추어 두고 폐기물의 발생·배출·처리상황 등(제1호의2에 해당하는 자의 경우에는 폐기물의 발생량·재활용상황·처리실적 등을, 제4호의2에 해당하는 자의 경우에는 전용용기의 생산·판매량·품질검사 실적 등을, 제7호에 해당하는 자의 경우에는 제품과 용기 등의 생산·수입·판매량과 회수·처리량 등을 말함)을 기록하고, 마지막으로 기록한 날부터 3년(제1호의 경우에는 2년)간 보존하여야 함. 다만, 제45조 제2항에 따른 전자정보처리프로그램을 이용하는 경우에는 그러하지 않음.

4. 폐기물처리업자

시행령

제4조(의료폐기물의 종류) 법 제2조제5호에 따른 의료폐기물은 별표 2와 같음.

2. 위해의료폐기물
   가. 조직물류폐기물 : 인체 또는 동물의 조직·장기·기관·신체의 일부, 동물의 사체, 혈액·고름 및 혈액생성물
   나. 병리계폐기물 : 시험·검사 등에 사용된 배양액, 배양용기, 보관균주, 폐시험관, 슬라이드, 커버글라스, 폐배지, 폐장갑
   다. 손상성폐기물
   라. 생물·화학폐기물
   마. 혈액오염폐기물

하수도법

[시행 2025. 10. 1.] [법률 제21065호, 2025. 10. 1., 타법개정]

제2조(정의) 이 법에서 사용하는 용어의 뜻은 다음과 같음.

2. "분뇨"라 함은 수거식 화장실에서 수거되는 액체성 또는 고체성의 오염물질(개인하수처리시설의 청소 과정에서 발생하는 찌꺼기를 포함)을 말함.

11. "분뇨처리시설"이라 함은 분뇨를 침전·분해 등의 방법으로 처리하는 시설을 말함.

제4조(국가하수도종합계획의 수립) ① 기후에너지환경부장관은 국가 하수도정책의 체계적 발전을 위하여 10년 단위의 국가하수도종합계획(이하 "종합계획")을 수립하여야 함.

시행령

제23조(특정공산품의 종류) "대통령령이 정하는 특정공산품"이란 주방에서 발생하는 음식물 찌꺼기 등을 분쇄하여 오수와 함께 배출하는 주방용 오물분쇄기를 말함.

제24조(개인하수처리시설의 설치)

② 개인하수처리시설의 설치기준은 다음 각 호의 구분에 따름.

2. 하수처리구역 안(합류식하수관로 설치지역만 해당): 수세식 변기를 설치하려는 자는 정화조를 설치할 것(**tip.** 단독정화조)

시행규칙

제3조(방류수의 수질기준 등) ① 법 제7조제1항에 따른 방류수수질기준은 다음 각 호와 같음.

2. 분뇨처리시설의 방류수수질기준은 별표 2와 같음. 다만, 공공하수처리시설로 유입하여 처리하는 분뇨처리시설은 분뇨처리시설의 방류수수질기준을 적용하지 않음.

2. 2021년 1월 1일부터 적용되는 기준

구분 \ 항목	생물화학적 산소요구량 (BOD)(mg/L)	총유기탄소량 (TOC)(mg/L)	부유물질 (SS)(mg/L)	총대장균군수 (개수/mL)	총질소 (T-N)(mg/L)	총인 (T-P)(mg/L)
분뇨처리시설	30 이하	30 이하	30 이하	3,000 이하	60 이하	8 이하

제4조(엄격한 방류수수질기준 적용지역) 법 제7조제1항제1호에서 "대통령령으로 정하는 지역"이란 다음 각 호의 어느 하나에 해당하는 구역 또는 지역을 말한다.

1. 「수도법」에 따른 상수원보호구역
2. 「환경정책기본법」에 따른 특별대책지역
4. 「자연공원법」에 따른 자연공원
5. 「지하수법」에 따른 지하수보전구역

6. 「습지보전법」에 따른 습지보호지역
7. 「해양생태계의 보전 및 관리에 관한 법률」에 따른 해양보호구역
9. 「국토의 계획 및 이용에 관한 법률」에 따른 수산자원보호구역

시행규칙

제30조(개인하수처리시설 준공검사의 신청 및 검사방법 등) ① 법 제37조에 따라 개인하수처리시설의 설치공사 또는 변경공사를 마치고 준공검사를 받으려는 자는 별지 제15호서식의 신청서를 관할 특별자치시장·특별자치도지사·시장·군수·구청장에게 제출하여야 함.

제20조(기술진단 등) ① 공공하수도관리청은 5년마다 소관 공공하수도에 대한 기술진단을 실시하여 공공하수도의 관리상태를 점검하여야 함.

제44조(분뇨의 재활용) ① 기후에너지환경부령으로 정하는 양 이상의 분뇨를 재활용하려는 자는 특별자치시장·특별자치도지사·시장·군수·구청장에게 신고하여야 함.(재활용 시작 7일 전까지)

제45조(분뇨수집·운반업) ① 분뇨를 수집(개인하수처리시설 및 분류식하수관로 중 오수가 흐르는 하수관로의 내부청소를 포함)·운반하는 영업(이하 "분뇨수집·운반업")을 하려는 자는 대통령령으로 정하는 기준에 따른 시설·장비 및 기술인력 등의 요건을 갖추어 특별자치시장·특별자치도지사·시장·군수·구청장의 허가를 받아야 하며, 허가받은 사항 중 기후에너지환경부령으로 정하는 중요한 사항을 변경하려는 경우에는 특별자치시장·특별자치도지사·시장·군수·구청장에게 변경신고를 하여야 함.

학교급식법

[시행 2022. 6. 29.] [법률 제18639호, 2021. 12. 28., 일부개정]

제1조(목적) 이 법은 학교급식 등에 관한 사항을 규정함으로써 학교급식의 질을 향상시키고 학생의 건전한 심신의 발달과 국민 식생활 개선에 기여함을 목적으로 한다.

제2조(정의) 이 법에서 사용하는 용어의 정의는 다음과 같다.

1. "학교급식"이라 함은 제1조의 목적을 달성하기 위하여 제4조의 규정에 따른 학교 또는 학급의 학생을 대상으로 학교의 장이 실시하는 급식을 말한다.
2. "학교급식공급업자"라 함은 제15조의 규정에 따라 학교의 장과 계약에 의하여 학교급식에 관한 업무를 위탁받아 행하는 자를 말한다.
3. "급식에 관한 경비"라 함은 학교급식을 위한 식품비, 급식운영비 및 급식시설·설비비를 말한다.

제4조(학교급식 대상) 학교급식은 대통령령으로 정하는 바에 따라 다음 각 호의 어느 하나에 해당하는 학교 또는 학급에 재학하는 학생을 대상으로 실시한다.

1. 「유아교육법」 제2조제2호에 따른 유치원. 다만, 대통령령으로 정하는 규모 이하의 유치원은 제외한다.
2. 「초·중등교육법」 제2조제1호부터 제4호까지의 어느 하나에 해당하는 학교
3. 「초·중등교육법」 제52조의 규정에 따른 근로청소년을 위한 특별학급 및 산업체부설 중·고등학교
4. 「초·중등교육법」 제60조의3에 따른 대안학교
5. 그 밖에 교육감이 필요하다고 인정하는 학교

제5조(학교급식위원회 등) ①교육감은 학교급식에 관한 다음 각 호의 사항을 심의하기 위하여 그 소속하에 학교급식위원회를 둔다.

1. 제3조제2항의 규정에 따른 학교급식에 관한 계획
2. 제9조의 규정에 따른 급식에 관한 경비 및 식재료 등의 지원
3. 그 밖에 학교급식의 운영 및 지원에 관한 사항으로서 교육감이 필요하다고 인정하는 사항

② 제1항의 규정에 따른 학교급식위원회의 구성·운영 등에 관하여 필요한 사항은 대통령령으로 정한다.

③ 특별시장·광역시장·도지사·특별자치도지사 및 시장·군수·자치구의 구청장은 제8조제4항의 규정에 따른 학교급식 지원에 관한 중요사항을 심의하기 위하여 그 소속하에 학교급식지원심의위원회를 둘 수 있다.

④ 특별자치도지사·시장·군수·자치구의 구청장은 우수한 식자재 공급 등 학교급식을 지원하기 위하여 그 소속하에 학교급식지원센터를 설치·운영할 수 있다.

⑤ 제3항의 규정에 따른 학교급식지원심의위원회의 구성·운영과 제4항의 규정에 따른 학교급식지원센터의 설치·운영에 관하여 필요한 사항은 해당지방자치단체의 조례로 정한다.

제6조(급식시설·설비) ① 학교급식을 실시할 학교는 학교급식을 위하여 필요한 시설과 설비를 갖추어야 한다. 다만, 2이상의 학교가 인접하여 있는 경우에는 학교급식을 위한 시설과 설비를 공동으로 할 수 있다.

시행령

제7조(시설·설비의 종류와 기준) ① 법 제6조제2항에 따라 학교급식시설에서 갖추어야할 시설·설비의 종류와 기준은 다음 각 호와 같다.

1. 조리장 : 교실과 떨어지거나 차단되어 학생의 학습에 지장을 주지 않는 시설로 하되, 식품의 운반과 배식이 편리한 곳에 두어야 하며, 능률적이고 안전한 조리기기, 냉장·냉동시설, 세척·소독시설 등을 갖추어야 한다.
2. 식품보관실 : 환기·방습이 용이하며, 식품과 식재료를 위생적으로 보관하는데 적합한 위치에 두되, 방충 및 쥐막기시설을 갖추어야 한다.
3. 급식관리실 : 조리장과 인접한 위치에 두되, 컴퓨터 등 사무장비를 갖추어야 한다.
4. 편의시설 : 조리장과 인접한 위치에 두되, 조리종사자의 수에 따라 필요한 옷장과 샤워시설 등을 갖추어야 한다.

②제1항에 따른 시설에서 갖추어야 할 시설과 그 부대시설의 세부적인 기준은 교육부령으로 정한다.

② 제1항의 규정에 따른 시설·설비의 종류와 기준은 대통령령으로 정한다.

제7조(영양교사의 배치 등) ① 제6조의 규정에 따라 학교급식을 위한 시설과 설비를 갖춘 학교는 「초·중등교육법」 제21조제2항의 규정에 따른 영양교사와 「식품위생법」 제53조제1항에 따른 조리사를 둔다. 다만, 제4조제1호에 따른 유치원에 두는 영양교사의 배치기준 등에 관하여 필요한 사항은 대통령령으로 정한다.

② 교육감은 학교급식에 관한 업무를 전담하게 하기 위하여 그 소속하에 학교급식에 관한 전문지식이 있는 직원을 둘 수 있다.

시행령

제8조(영양교사의 직무) 법 제7조제1항에 따른 영양교사는 학교의 장을 보좌하여 다음 각 호의 직무를 수행한다.

1. 식단작성, 식재료의 선정 및 검수
2. 위생·안전·작업관리 및 검식
3. 식생활 지도, 정보 제공 및 영양상담
4. 조리실 종사자의 지도·감독
5. 그 밖에 학교급식에 관한 사항

제8조(경비부담 등) ① 학교급식의 실시에 필요한 급식시설·설비비는 해당 학교의 설립·경영자가 부담하되, 국가 또는 지방자치단체가 지원할 수 있다.

② 급식운영비는 당해 학교의 설립·경영자가 부담하는 것을 원칙으로 하되, 대통령령이 정하는 바에 따라 보호자(친권자, 후견인 그 밖에 법률에 따라 학생을 부양할 의무가 있는 자를 말한다. 이하 같다)가 그 경비의 일부를 부담할 수 있다.

③ 학교급식을 위한 식품비는 보호자가 부담하는 것을 원칙으로 한다.

④ 특별시장·광역시장·도지사·특별자치도지사 및 시장·군수·자치구의 구청장은 학교급식에 품질이 우수한 농수산물 사용 등 급식의 질 향상과 급식시설·설비의 확충을 위하여 식품비 및 시설·설비비 등 급식에 관한 경비를 지원할 수 있다.

시행령

제9조(급식운영비 부담) ① 법 제8조제2항에 따른 급식운영비는 다음 각 호와 같다.

1. 급식시설·설비의 유지비
2. 종사자의 인건비
3. 연료비, 소모품비 등의 경비

② 제1항제2호와 제3호에 따른 경비는 학교운영위원회의 심의를 거쳐 그 경비의 일부를 보호자로 하여금 부담하게 할 수 있다.

③ 학교의 설립·경영자는 제2항에 따른 보호자의 부담이 경감되도록 노력하여야 한다.

제10조(급식비 지원기준 등) ① 법 제9조제1항에 따라 보호자가 부담할 경비를 지원하는 경우 그 지원액 및 지원대상은 학교급식위원회의 심의를 거쳐 교육감이 정한다.

② 법 제9조제2항제2호와 제3호에서 "대통령령이 정하는 지역의 학교"라 함은 각각 다음 각 호의 학교를 말한다.

1. 법 제9조제2항제2호 : 「도서·벽지 교육진흥법」 제2조에 따른 도서벽지에 준하는 지역에 소재하는 학교로서 7할 이상에 해당하는 학생의 학부모가 도서벽지의 학부모와 유사한 생활여건에 처하여 있다고 교육감이 인정하는 학교
2. 법 제9조제2항제3호 : 「농어업인 삶의 질 향상 및 농어촌지역 개발촉진에 관한 특별법」 제3조제1호에 따른 농어촌에 준하는 지역에 소재하는 학교로서 7할 이상에 해당하는 학생의 학부모가 농어촌의 학부모와 유사한 생활여건에 처하여 있다고 교육감이 인정하는 학교

제10조(식재료) ① 학교급식에는 품질이 우수하고 안전한 식재료를 사용하여야 한다.

② 식재료의 품질관리기준 그 밖에 식재료에 관하여 필요한 사항은 교육부령으로 정한다.

시행규칙

제4조(학교급식 식재료의 품질관리기준 등) ① 「학교급식법」(이하 "법"이라 한다) 제10조제2항에 따른 식재료의 품질관리기준은 별표 2와 같다.

② 학교급식의 질 제고 및 안전성 확보를 위하여 품질을 우선적으로 고려하여야 하는 경우 식재료의 구매에 관한 계약은 「국가를 당사자로 하는 계약에 관한 법률 시행령」 제43조 또는 「지방자치단체를 당사자로 하는 계약에 관한 법률 시행령」 제43조에 따른 협상에 의한 계약체결방법을 활용할 수 있다.

(**tip.** 학교급식 공급업자는 식품제조, 가공업 또는 위탁급식영업의 신고를 한 자)

(**tip.** 학교급식에서 쌀은 수확년도로부터 1년 이내의 것을 사용함)

제11조(영양관리) ① 학교급식은 학생의 발육과 건강에 필요한 영양을 충족하고, 올바른 식생활습관 형성에

도움을 줄 수 있도록 식품으로 구성되어야 한다.

② 학교급식의 영양관리기준은 교육부령으로 정한다.

시행규칙

제5조(학교급식의 영양관리기준 등) ① 법 제11조제2항에 따른 학교급식의 영양관리기준은 별표 3과 같다.

② 제1항의 기준에 따라 식단작성시 고려하여야 할 사항은 다음 각 호와 같다.

1. 전통 식문화(食文化)의 계승·발전을 고려할 것
2. 곡류 및 전분류, 채소류 및 과일류, 어육류 및 콩류, 우유 및 유제품 등 다양한 종류의 식품을 사용할 것
3. 염분·유지류·단순당류 또는 식품첨가물 등을 과다하게 사용하지 않을 것
4. 가급적 자연식품과 계절식품을 사용할 것
5. 다양한 조리방법을 활용할 것

제12조(위생·안전관리) ① 학교급식은 식단작성, 식재료 구매·검수·보관·세척·조리, 운반, 배식, 급식기구 세척 및 소독 등 모든 과정에서 위해한 물질이 식품에 혼입되거나 식품이 오염되지 아니하도록 위생과 안전관리에 철저를 기하여야 한다.

② 학교급식의 위생·안전관리기준은 교육부령으로 정한다.

제13조(식생활 지도 등) 학교의 장은 올바른 식생활습관의 형성, 식량생산 및 소비에 관한 이해 증진 및 전통 식문화의 계승·발전을 위하여 학생에게 식생활 관련 교육 및 지도를 하며, 보호자에게는 관련 정보를 제공한다.

제14조(영양상담) 학교의 장은 식생활에서 기인하는 영양불균형을 시정하고 질병을 사전에 예방하기 위하여 저체중 및 성장부진, 빈혈, 과체중 및 비만학생 등을 대상으로 영양상담과 필요한 지도를 실시한다.

제16조(품질 및 안전을 위한 준수사항) ① 학교의 장과 그 학교의 학교급식 관련 업무를 담당하는 관계 교직원(이하 "학교급식관계교직원"이라 한다) 및 학교급식공급업자는 학교급식의 품질 및 안전을 위하여 다음 각 호의 어느 하나에 해당하는 식재료를 사용하여서는 아니된다.

시행규칙

제7조(품질 및 안전을 위한 준수사항) ① 법 제16조제2항제2호에서 "그 밖에 학교급식의 품질 및 안전을 위하여 필요한 사항"이라 함은 다음 각 호의 사항을 말한다. 〈개정 2013.11.22〉

1. 매 학기별 보호자부담 급식비 중 식품비 사용비율의 공개
2. 학교급식관련 서류의 비치 및 보관(보존연한은 3년)
   가. 급식인원, 식단, 영양 공급량 등이 기재된 학교급식일지
   나. 식재료 검수일지 및 거래명세표

② 법 제16조제3항에 따라 학교의 장과 그 소속 학교급식관계교직원 및 학교급식공급업자는 학교급식에 「식품등의 표시·광고에 관한 법률 시행규칙」 제5조제1항 및 별표 2에 따라 알레르기 유발물질 표시 대상이 되는 식품을 사용하는 경우 다음 각 호의 방법으로 알리고 표시하여야 한다. 다만, 해당 식품으로부터 추출 등의 방

법으로 얻은 성분을 함유하고 있는 식품에 대해서는 다음 각 호의 방법에 따를 수 있다.

1. 공지방법: 알레르기를 유발할 수 있는 식재료가 표시된 월간 식단표를 가정통신문으로 안내하고 학교 인터넷 홈페이지에 게재할 것
2. 표시방법: 알레르기를 유발할 수 있는 식재료가 표시된 주간 식단표를 식당 및 교실에 게시할 것

국민건강증진법

[시행 2026. 1. 1.] [법률 제20813호, 2025. 3. 18., 일부개정]

제1조(목적) 이 법은 국민에게 건강에 대한 가치와 책임의식을 함양하도록 건강에 관한 바른 지식을 보급하고 스스로 건강생활을 실천할 수 있는 여건을 조성함으로써 국민의 건강을 증진함을 목적으로 한다.

제2조(정의) 이 법에서 사용하는 용어의 정의는 다음과 같다. 〈개정 2016. 3. 2., 2019. 12. 3.〉

1. "국민건강증진사업"이라 함은 보건교육, 질병예방, 영양개선, 신체활동장려, 건강관리 및 건강생활의 실천등을 통하여 국민의 건강을 증진시키는 사업을 말한다.
2. "보건교육"이라 함은 개인 또는 집단으로 하여금 건강에 유익한 행위를 자발적으로 수행하도록 하는 교육을 말한다.
3. "영양개선"이라 함은 개인 또는 집단이 균형된 식생활을 통하여 건강을 개선시키는 것을 말한다.
4. "신체활동장려"란 개인 또는 집단이 일상생활 중 신체의 근육을 활용하여 에너지를 소비하는 모든 활동을 자발적으로 적극 수행하도록 장려하는 것을 말한다.
5. "건강관리"란 개인 또는 집단이 건강에 유익한 행위를 지속적으로 수행함으로써 건강한 상태를 유지하는 것을 말한다.
6. "건강친화제도"란 근로자의 건강증진을 위하여 직장 내 문화 및 환경을 건강친화적으로 조성하고, 근로자가 자신의 건강관리를 적극적으로 수행할 수 있도록 교육, 상담 프로그램 등을 지원하는 것을 말한다.

제3조(책임) ① 국가 및 지방자치단체는 건강에 관한 국민의 관심을 높이고 국민건강을 증진할 책임을 진다.

②모든 국민은 자신 및 가족의 건강을 증진하도록 노력하여야 하며, 타인의 건강에 해를 끼치는 행위를 하여서는 아니된다.

제3조의2(보건의 날) ① 보건에 대한 국민의 이해와 관심을 높이기 위하여 매년 4월 7일을 보건의 날로 정하며, 보건의 날부터 1주간을 건강주간으로 한다.

② 국가와 지방자치단체는 보건의 날의 취지에 맞는 행사 등 사업을 시행하도록 노력하여야 한다.

제4조(국민건강증진종합계획의 수립) ① 보건복지부장관은 제5조의 규정에 따른 국민건강증진정책심의위원회의 심의를 거쳐 국민건강증진종합계획(이하 "종합계획"이라 한다)을 5년마다 수립하여야 한다. 이 경우 미리 관계중앙행정기관의 장과 협의를 거쳐야 한다.

② 종합계획에 포함되어야 할 사항은 다음과 같다.

1. 국민건강증진의 기본목표 및 추진방향
2. 국민건강증진을 위한 주요 추진과제 및 추진방법
3. 국민건강증진에 관한 인력의 관리 및 소요재원의 조달방안
4. 제22조의 규정에 따른 국민건강증진기금의 운용방안

4의2. 아동·여성·노인·장애인 등 건강취약 집단이나 계층에 대한 건강증진 지원방안

5. 국민건강증진 관련 통계 및 정보의 관리 방안

6. 그 밖에 국민건강증진을 위하여 필요한 사항

제6조(건강친화 환경 조성 및 건강생활의 지원 등) ①국가 및 지방자치단체는 건강친화 환경을 조성하고, 국민이 건강생활을 실천할 수 있도록 지원하여야 한다.

② 국가는 혼인과 가정생활을 보호하기 위하여 혼인전에 혼인 당사자의 건강을 확인하도록 권장하여야 한다.

③ 제2항의 규정에 의한 건강확인의 내용 및 절차에 관하여 필요한 사항은 보건복지부령으로 정한다.

제6조의2(건강친화기업 인증) ① 보건복지부장관은 건강친화 환경의 조성을 촉진하기 위하여 건강친화제도를 모범적으로 운영하고 있는 기업에 대하여 건강친화인증(이하 "인증"이라 한다)을 할 수 있다.

② 인증을 받고자 하는 자는 대통령령으로 정하는 바에 따라 보건복지부장관에게 신청하여야 한다.

③ 인증을 받은 기업은 보건복지부령으로 정하는 바에 따라 인증의 표시를 할 수 있다.

④ 인증을 받지 아니한 기업은 인증표시 또는 이와 유사한 표시를 하여서는 아니 된다.

⑤ 국가 및 지방자치단체는 인증을 받은 기업에 대하여 대통령령으로 정하는 바에 따라 행정적·재정적 지원을 할 수 있다.

⑥ 인증의 기준 및 절차는 대통령령으로 정한다.

제6조의3(인증의 유효기간) ① 인증의 유효기간은 인증을 받은 날부터 3년으로 하되, 대통령령으로 정하는 바에 따라 그 기간을 연장할 수 있다.

② 제1항에 따른 인증의 연장신청에 필요한 사항은 보건복지부령으로 정한다.

제6조의4(인증의 취소) ① 보건복지부장관은 인증을 받은 기업이 다음 각 호의 어느 하나에 해당하면 보건복지부령으로 정하는 바에 따라 그 인증을 취소할 수 있다. 다만, 제1호에 해당하는 경우에는 인증을 취소하여야 한다.

1. 거짓이나 그 밖의 부정한 방법으로 인증을 받은 경우
2. 제6조의2제6항에 따른 인증기준에 적합하지 아니하게 된 경우

② 보건복지부장관은 제1항제1호에 따라 인증이 취소된 기업에 대해서는 그 취소된 날부터 3년이 지나지 아니한 경우에는 인증을 하여서는 아니 된다.

③ 보건복지부장관은 제1항에 따라 인증을 취소하고자 하는 경우에는 청문을 실시하여야 한다.

제7조(광고의 금지 등) ① 보건복지부장관은 국민건강의식을 잘못 이끄는 광고를 한 자에 대하여 그 내용의 변경 등 시정을 요구하거나 금지를 명할 수 있다.

② 제1항의 규정에 따라 보건복지부장관이 광고내용의 변경 또는 광고의 금지를 명할 수 있는 광고는 다음 각 호와 같다.

1. 「주세법」에 따른 주류의 광고
2. 의학 또는 과학적으로 검증되지 아니한 건강비법 또는 심령술의 광고
3. 그 밖에 건강에 관한 잘못된 정보를 전하는 광고로서 대통령령이 정하는 광고

④제1항의 규정에 의한 광고내용의 기준, 변경 또는 금지절차 기타 필요한 사항은 대통령령으로 정한다.

시행령

제13조(경고문구의 표기대상 주류) 법 제8조제4항의규정에 의하여 그 판매용 용기에 과다한 음주는 건강에 해롭다는 내용의 경고문구를 표기하여야 하는 주류는 국내에 판매되는 「주세법」에 의한 주류중 알콜뷰 1도이상의 음료를 말한다.

제8조(금연 및 절주운동등) ① 국가 및 지방자치단체는 국민에게 담배의 직접흡연 또는 간접흡연과 과다한 음주가 국민건강에 해롭다는 것을 교육·홍보하여야 한다.

②국가 및 지방자치단체는 금연 및 절주에 관한 조사·연구를 하는 법인 또는 단체를 지원할 수 있다.

④주세법에 의하여 주류제조의 면허를 받은 자 또는 주류를 수입하여 판매하는 자는 대통령령이 정하는 주류의 판매용 용기에 과다한 음주는 건강에 해롭다는 내용과 임신 중 음주는 태아의 건강을 해칠 수 있다는 내용의 경고문구를 표기하여야 한다.

⑥제4항에 따른 경고문구의 표시내용, 방법 등에 관하여 필요한 사항은 보건복지부령으로 정한다.

제9조(금연을 위한 조치)

②담배사업법에 의한 지정소매인 기타 담배를 판매하는 자는 대통령령이 정하는 장소외에서 담배자동판매기를 설치하여 담배를 판매하여서는 아니된다.

③제2항의 규정에 따라 대통령령이 정하는 장소에 담배자동판매기를 설치하여 담배를 판매하는 자는 보건복지부령이 정하는 바에 따라 성인인증장치를 부착하여야 한다.

④ 다음 각 호의 공중이 이용하는 시설의 소유자·점유자 또는 관리자는 해당 시설의 전체를 금연구역으로 지정하고 금연구역을 알리는 표지를 설치하여야 한다. 이 경우 흡연자를 위한 흡연실을 설치할 수 있으며, 금연구역을 알리는 표지와 흡연실을 설치하는 기준·방법 등은 보건복지부령으로 정한다.

1. 국회의 청사
2. 정부 및 지방자치단체의 청사
3. 「법원조직법」에 따른 법원과 그 소속 기관의 청사
4. 「공공기관의 운영에 관한 법률」에 따른 공공기관의 청사
5. 「지방공기업법」에 따른 지방공기업의 청사
6. 「유아교육법」·「초·중등교육법」에 따른 학교[교사(校舍)와 운동장 등 모든 구역을 포함한다]
7. 「고등교육법」에 따른 학교의 교사
8. 「의료법」에 따른 의료기관, 「지역보건법」에 따른 보건소·보건의료원·보건지소
9. 「영유아보육법」에 따른 어린이집
10. 「청소년활동 진흥법」에 따른 청소년수련관, 청소년수련원, 청소년문화의집, 청소년특화시설, 청소년야영장, 유스호스텔, 청소년이용시설 등 청소년활동시설
11. 「도서관법」에 따른 도서관

12. 「어린이놀이시설 안전관리법」에 따른 어린이놀이시설
13. 「학원의 설립·운영 및 과외교습에 관한 법률」에 따른 학원 중 학교교과교습학원과 연면적 1천제곱미터 이상의 학원
14. 공항·여객부두·철도역·여객자동차터미널 등 교통 관련 시설의 대합실·승강장, 지하보도 및 16인승 이상의 교통수단으로서 여객 또는 화물을 유상으로 운송하는 것
15. 「자동차관리법」에 따른 어린이운송용 승합자동차
16. 연면적 1천제곱미터 이상의 사무용건축물, 공장 및 복합용도의 건축물
17. 「공연법」에 따른 공연장으로서 객석 수 300석 이상의 공연장
18. 「유통산업발전법」에 따라 개설등록된 대규모점포와 같은 법에 따른 상점가 중 지하도에 있는 상점가
19. 「관광진흥법」에 따른 관광숙박업소
20. 「체육시설의 설치·이용에 관한 법률」에 따른 체육시설로서 1천명 이상의 관객을 수용할 수 있는 체육시설
21. 「사회복지사업법」에 따른 사회복지시설
22. 「공중위생관리법」에 따른 목욕장
23. 「게임산업진흥에 관한 법률」에 따른 청소년게임제공업소, 일반게임제공업소, 인터넷컴퓨터게임시설제공업소 및 복합유통게임제공업소
24. 「식품위생법」에 따른 식품접객업 중 영업장의 넓이가 보건복지부령으로 정하는 넓이 이상인 휴게음식점영업소, 일반음식점영업소 및 제과점영업소와 같은 법에 따른 식품소분·판매업 중 보건복지부령으로 정하는 넓이 이상인 실내휴게공간을 마련하여 운영하는 식품자동판매기 영업소
25. 「청소년보호법」에 따른 만화대여업소
26. 그 밖에 보건복지부령으로 정하는 시설 또는 기관

⑤ 특별자치시장·특별자치도지사·시장·군수·구청장은 「주택법」 제2조제3호에 따른 공동주택의 거주 세대 중 2분의 1 이상이 그 공동주택의 복도, 계단, 엘리베이터 및 지하주차장의 전부 또는 일부를 금연구역으로 지정하여 줄 것을 신청하면 그 구역을 금연구역으로 지정하고, 금연구역임을 알리는 안내표지를 설치하여야 한다. 이 경우 금연구역 지정 절차 및 금연구역 안내표지 설치 방법 등은 보건복지부령으로 정한다.

⑥ 특별자치시장·특별자치도지사·시장·군수·구청장은 흡연으로 인한 피해 방지와 주민의 건강 증진을 위하여 다음 각 호에 해당하는 장소를 금연구역으로 지정하고, 금연구역임을 알리는 안내표지를 설치하여야 한다. 이 경우 금연구역 안내표지 설치 방법 등에 필요한 사항은 보건복지부령으로 정한다.

1. 「유아교육법」에 따른 유치원 시설의 경계선으로부터 10미터 이내의 구역(일반 공중의 통행·이용 등에 제공된 구역을 말한다)
2. 「영유아보육법」에 따른 어린이집 시설의 경계선으로부터 10미터 이내의 구역(일반 공중의 통행·이용 등에 제공된 구역을 말한다)

⑦ 지방자치단체는 흡연으로 인한 피해 방지와 주민의 건강 증진을 위하여 필요하다고 인정하는 경우 조례로 다수인이 모이거나 오고가는 관할 구역 안의 일정한 장소를 금연구역으로 지정할 수 있다.

⑧ 누구든지 제4항 및 제7항에 따라 지정된 금연구역에서 흡연하여서는 아니 된다.

시행령

제15조(담배자동판매기의 설치장소) ① 법 제9조제2항에 따라 담배자동판매기의 설치가 허용되는 장소는 다음 각 호와 같다. 〈개정 2012.12.7.〉

1. 미성년자등을 보호하는 법령에서 19세 미만의 자의 출입이 금지되어 있는 장소
2. 지정소매인 기타 담배를 판매하는 자가 운영하는 점포 및 영업장의 내부
3. 법 제9조제4항 각 호 외의 부분 후단에 따라 공중이 이용하는 시설 중 흡연자를 위해 설치한 흡연실. 다만, 담배자동판매기를 설치하는 자가 19세 미만의 자에게 담배자동판매기를 이용하지 못하게 할 수 있는 흡연실로 한정한다.

②제1항의 규정에 불구하고 미성년자등을 보호하는 법령에서 담배자동판매기의 설치를 금지하고 있는 장소에 대하여는 담배자동판매기의 설치를 허용하지 아니한다.

제16조의3(담배광고에 대한 경고문구 등의 표기내용 및 표기방법) 법 제9조의2제1항 각 호 외의 부분에서 "대통령령으로 정하는 광고"란 다음 각 호의 광고(판매촉진 활동을 포함한다. 이하 같다)를 말한다.

1. 법 제9조의4제1항제1호에 따라 지정소매인의 영업소 내부에 전시(展示) 또는 부착하는 표지판, 포스터, 스티커 및 보건복지부령으로 정하는 광고물에 의한 광고

시행규칙

제6조(금연구역 등) ① 법 제9조제4항제24호에 따라 해당 시설의 전체를 금연구역으로 지정하여야 하는 휴게음식점영업소, 일반음식점영업소 및 제과점영업소는 다음 각 호의 구분에 따른 영업소로 한다.

1. 2013년 12월 31일까지: 150제곱미터 이상인 영업소
2. 2014년 1월 1일부터 2014년 12월 31일까지: 100제곱미터 이상인 영업소
3. 2015년 1월 1일부터: 모든 영업소

② 법 제9조제4항제24호에 따라 해당 시설의 전체를 금연구역으로 지정하여야 하는 식품자동판매기 영업소는 다음 각 호의 구분에 따른 영업소로 한다.

1. 2018년 12월 31일까지: 실내 휴게공간의 넓이가 75제곱미터 이상인 영업소
2. 2019년 1월 1일부터: 실내 휴게공간이 있는 모든 영업소

③ 법 제9조제4항제26호에서 "보건복지부령으로 정하는 시설 또는 기관"이란 「도로법」 제2조제2호 가목에 따른 휴게시설 중 고속국도에 설치한 휴게시설(주유소, 충전소 및 교통·관광안내소를 포함한다) 및 그 부속시설(지붕이 없는 건물 복도나 통로, 계단을 포함한다)을 말한다.

④ 법 제9조제4항 후단 및 제6항 후단에 따른 금연구역을 알리는 표지와 흡연실을 설치하는 기준·방법은 별표 2와 같다.

제12조(보건교육의 실시등) ① 국가 및 지방자치단체는 모든 국민이 건강생활을 실천할 수 있도록 그 대상이 되는 개인 또는 집단의 특성·건강상태·건강의식 수준등에 따라 적절한 보건교육을 실시한다.

시행령

제17조(보건교육의 내용) 법 제12조의 규정에 의한 보건교육에는 다음 각호의 사항이 포함되어야 한다.

1. 금연·절주등 건강생활의 실천에 관한 사항
2. 만성퇴행성질환등 질병의 예방에 관한 사항
3. 영양 및 식생활에 관한 사항
4. 구강건강에 관한 사항
5. 공중위생에 관한 사항
6. 건강증진을 위한 체육활동에 관한 사항
7. 기타 건강증진사업에 관한 사항

제21조(조사항목) ① 영양조사는 건강상태조사·식품섭취조사 및 식생활조사로 구분하여 행한다.

②건강상태조사는 다음 각호의 사항에 대하여 행한다.

1. 신체상태
2. 영양관계 증후
3. 기타 건강상태에 관한 사항

③식품섭취조사는 다음 각호의 사항에 대하여 행한다.

1. 조사가구의 일반사항
2. 일정한 기간의 식사상황
3. 일정한 기간의 식품섭취상황

④식생활조사는 다음 각호의 사항에 대하여 행한다.

1. 가구원의 식사 일반사항
2. 조사가구의 조리시설과 환경
3. 일정한 기간에 사용한 식품의 가격 및 조달방법

⑤제2항 내지 제4항의 조사사항의 세부내용은 보건복지부령으로 정한다.

제15조(영양개선) ① 국가 및 지방자치단체는 국민의 영양상태를 조사하여 국민의 영양개선방안을 강구하고 영양에 관한 지도를 실시하여야 한다.

②국가 및 지방자치단체는 국민의 영양개선을 위하여 다음 각호의 사업을 행한다.

1. 영양교육사업
2. 영양개선에 관한 조사·연구사업
3. 기타 영양개선에 관하여 보건복지부령이 정하는 사업

시행규칙

제9조(영양개선사업) 법 제15조제2항제3호에서 "보건복지부령이 정하는 사업"이라 함은 다음 각호의 사업을 말한다.

1. 국민의 영양상태에 관한 평가사업
2. 지역사회의 영양개선사업

제16조(국민영양조사등) ①질병관리청장은 보건복지부장관과 협의하여 국민의 건강상태·식품섭취·식생활 조사등 국민의 영양에 관한 조사(이하 "국민영양조사"라 한다)를 정기적으로 실시한다.

②특별시·광역시 및 도에는 국민영양조사와 영양에 관한 지도업무를 행하게 하기 위한 공무원을 두어야 한다.

③국민영양조사를 행하는 공무원은 그 권한을 나타내는 증표를 관계인에게 내보여야 한다.

④국민영양조사의 내용 및 방법 기타 국민영양조사와 영양에 관한 지도에 관하여 필요한 사항은 대통령령으로 정한다.

제16조의2(신체활동장려사업의 계획 수립·시행) 국가 및 지방자치단체는 신체활동장려에 관한 사업 계획을 수립·시행하여야 한다.

제16조의3(신체활동장려사업) ① 국가 및 지방자치단체는 국민의 건강증진을 위하여 신체활동을 장려할 수 있도록 다음 각 호의 사업을 한다.

1. 신체활동장려에 관한 교육사업
2. 신체활동장려에 관한 조사·연구사업
3. 그 밖에 신체활동장려를 위하여 대통령령으로 정하는 사업

② 제1항 각 호의 사업 내용·기준 및 방법은 보건복지부령으로 정한다.

제19조(건강증진사업 등) ①국가 및 지방자치단체는 국민건강증진사업에 필요한 요원 및 시설을 확보하고, 그 시설의 이용에 필요한 시책을 강구하여야 한다.

② 특별자치시장·특별자치도지사·시장·군수·구청장은 지역주민의 건강증진을 위하여 보건복지부령이 정하는 바에 의하여 보건소장으로 하여금 다음 각호의 사업을 하게 할 수 있다.

1. 보건교육 및 건강상담
2. 영양관리
3. 신체활동장려
4. 구강건강의 관리

5. 질병의 조기발견을 위한 검진 및 처방
6. 지역사회의 보건문제에 관한 조사ㆍ연구
7. 기타 건강교실의 운영등 건강증진사업에 관한 사항

③ 보건소장이 제2항의 규정에 의하여 제2항제1호 내지 제5호의 업무를 행한 때에는 이용자의 개인별 건강상태를 기록하여 유지·관리하여야 한다.

④ 건강증진사업에 필요한 시설·운영에 관하여는 보건복지부령으로 정한다.

시행령

제19조(국민영양조사의 주기) 법 제16조제1항에 따른 국민영양조사(이하 "영양조사"라 한다)는 매년 실시한다.

제22조(영양조사원 및 영양지도원) ① 영양조사를 담당하는 자(이하 "영양조사원"이라 한다)는 질병관리청장 또는 시·도지사가 다음 각호의 1에 해당하는 자 중에서 임명 또는 위촉한다.

1. 의사·치과의사(구강상태에 대한 조사만 해당)·영양사 또는 간호사의 자격을 가진 자
2. 전문대학이상의 학교에서 식품학 또는 영양학의 과정을 이수한 자

②시장·군수·구청장은 법 제15조 및 법 제16조의 영양개선사업을 수행하기 위한 국민영양지도를 담당하는 자(이하 "영양지도원"이라 한다)를 두어야 하며 그 영양지도원은 영양사의 자격을 가진 자로 임명한다. 다만, 영양사의 자격을 가진 자가 없는 경우에는 의사 또는 간호사의 자격을 가진 자 중 에서 임명할 수 있다.

③영양조사원 및 영양지도원의 직무에 관하여 필요한 사항은 보건복지부령으로 정한다.

시행규칙

제13조(영양조사원) ①영 제22조제1항에 따른 영양조사원(이하 "영양조사원" 이라 한다)은 건강상태조사원·식품섭취조사원 및 식생활조사원으로 구분하되, 각 조사원의 직무는 다음 각호와 같다. 다만, 보건복지부장관 또는 시·도지사는 필요하다고 인정할 때에는 식품섭취조사원으로 하여금 식생활조사원의 직무를 행하게 할 수 있다.

1. 건강상태조사원 : 제12조제1호의 규정에 의한 건강상태에 관한 조사사항의 조사·기록
2. 식품섭취조사원 : 제12조제2호의 규정에 의한 식품섭취에 관한 조사사항의 조사·기록
3. 식생활조사원 : 제12조제3호의 규정에 의한 식생활에 관한 조사사항의 조사·기록

제17조(영양지도원) 영 제22조제2항에 따른 영양지도원의 업무는 다음 각 호와 같다.

1. 영양지도의 기획·분석 및 평가
2. 지역주민에 대한 영양상담·영양교육 및 영양평가
3. 지역주민의 건강상태 및 식생활 개선을 위한 세부 방안 마련
4. 집단급식시설에 대한 현황 파악 및 급식업무 지도
5. 영양교육자료의 개발·보급 및 홍보
6. 그 밖에 제1호부터 제5호까지의 규정에 준하는 업무로서 지역주민의 영양관리 및 영양개선을 위하여 특히 필요한 업무

보건범죄 단속에 관한 특별조치법

[시행 2025. 10. 1.] [법률 제21065호, 2025. 10. 1., 타법개정]

제1조(목적) 이 법은 부정식품 및 첨가물, 부정의약품 및 부정유독물의 제조나 무면허 의료행위 등의 범죄에 대하여 가중처벌 등을 함으로써 국민보건 향상에 이바지함을 목적으로 한다.

제2조(부정식품 제조 등의 처벌) ① 「식품위생법」 제37조제1항, 제4항 및 제5항의 허가를 받지 아니하거나 신고 또는 등록을 하지 아니하고 제조·가공한 사람, 「건강기능식품에 관한 법률」 제5조에 따른 허가를 받지 아니하고 건강기능식품을 제조·가공한 사람, 이미 허가받거나 신고된 식품, 식품첨가물 또는 건강기능식품과 유사하게 위조하거나 변조한 사람, 그 사실을 알고 판매하거나 판매할 목적으로 취득한 사람 및 판매를 알선한 사람, 「식품위생법」 제6조, 제7조제4항 또는 「건강기능식품에 관한 법률」 제24조제1항을 위반하여 제조·가공한 사람, 그 정황을 알고 판매하거나 판매할 목적으로 취득한 사람 및 판매를 알선한 사람은 다음 각 호의 구분에 따라 처벌한다.

1. 식품, 식품첨가물 또는 건강기능식품이 인체에 현저히 유해한 경우: 무기 또는 5년 이상의 징역에 처한다.
2. 식품, 식품첨가물 또는 건강기능식품의 가액(價額)이 소매가격으로 연간 5천만원 이상인 경우: 무기 또는 3년 이상의 징역에 처한다.
3. 제1호의 죄를 범하여 사람을 사상(死傷)에 이르게 한 경우: 사형, 무기 또는 5년 이상의 징역에 처한다.

② 제1항의 경우에는 제조, 가공, 위조, 변조, 취득, 판매하거나 판매를 알선한 제품의 소매가격의 2배 이상 5배 이하에 상당하는 벌금을 병과(併科)한다.

시행령

제4조(부정식품의 유해기준) ① 법 제2조제1항제1호의 규정에 의한 "인체에 현저한 유해"의 기준은 다음 각호와 같다.

1. 다류
   허용외의 착색료가 함유된 경우
2. 과자류
   허용외의 착색료나 방부제가 함유되거나, 비소가 2ppm이상 또는 납이 3ppm이상 함유된 경우
3. 빵류
   허용외의 방부제가 함유된 경우
4. 엿류
   허용외의 방부제가 함유된 경우
5. 시유
   허용외의 방부제가 함유되거나, 포스파타아제가 검출된 경우
6. 식육 및 어육제품
   허용외의 방부제가 함유되거나, 납이 3ppm이상 함유된 경우

7. 청량음료수

허용외의 착색료나 방부제가 함유되거나, 비소가 0.3ppm이상 또는 납이 0.5ppm이상 함유된 경우

8. 장류

허용외의 착색료나 방부제가 함유되거나, 비소가 5ppm이상 함유된 경우

9. 주류

허용외의 착색료나 방부제가 함유되거나, 메칠알코올이 1ml당 1mg이상 함유된 경우

10. 분말 청량음료

허용외의 착색료나 방부제가 함유되거나, 수용상태에서 비소가 0.3ppm이상 또는 납이 0.5ppm이상 함유된 경우

국민영양관리법

[시행 2024. 7. 3.] [법률 제19886호, 2024. 1. 2., 일부개정]

제2조(정의) 이 법에서 사용하는 용어의 정의는 다음과 같다.

1. "식생활"이란 식문화, 식습관, 식품의 선택 및 소비 등 식품의 섭취와 관련된 모든 양식화된 행위를 말한다.
2. "영양관리"란 적절한 영양의 공급과 올바른 식생활 개선을 통하여 국민이 질병을 예방하고 건강한 상태를 유지하도록 하는 것을 말한다.
3. "영양관리사업"이란 국민의 영양관리를 위하여 생애주기 등 영양관리 특성을 고려하여 실시하는 교육·상담 등의 사업을 말한다.

제4조(영양사 등의 책임) ① 영양사는 지속적으로 영양지식과 기술의 습득으로 전문능력을 향상시켜 국민영양개선 및 건강증진을 위하여 노력하여야 한다.

② 식품·영양 및 식생활 관련 단체와 그 종사자, 영양관리사업 참여자는 자발적 참여와 연대를 통하여 국민의 건강증진을 위하여 노력하여야 한다.

제7조(국민영양관리기본계획) ① 보건복지부장관은 관계 중앙행정기관의 장과 협의하고 「국민건강증진법」 제5조에 따른 국민건강증진 정책 심의 위원회(이하 "위원회"라 한다)의 심의를 거쳐 국민영양관리기본계획(이하 "기본계획"이라 한다)을 5년마다 수립하여야 한다.

② 기본계획에는 다음 각 호의 사항이 포함되어야 한다.

1. 기본계획의 중장기적 목표와 추진방향
2. 다음 각 목의 영양관리사업 추진계획
   가. 제10조에 따른 영양·식생활 교육사업
   나. 제11조에 따른 영양취약계층(영유아, 임산부, 아동, 노인, 노숙인, 장애인 및 사회복지시설 수용자 등) 등의 영양관리사업
   다. 제13조에 따른 영양관리를 위한 영양 및 식생활 조사
   라. 그 밖에 대통령령으로 정하는 영양관리사업
3. 연도별 주요 추진과제와 그 추진방법
4. 필요한 재원의 규모와 조달 및 관리 방안
5. 그 밖에 영양관리정책수립에 필요한 사항

③ 보건복지부장관은 제1항에 따라 기본계획을 수립한 경우에는 관계 중앙행정기관의 장, 특별시장·광역시장·도지사·특별자치도지사(이하 "시·도지사"라 한다) 및 시장·군수·구청장(자치구의 구청장을 말한다. 이하 같다)에게 통보하여야 한다.

④ 제1항의 기본계획 수립에 따른 협의절차, 제3항의 통보방법 등에 관하여 필요한 사항은 보건복지부령으로 정한다.

시행령

제2조 (영양관리사업의 유형) 「국민영양관리법」(이하 "법"이라 한다) 제7조제2항제2호라목에 따른 영양관리사업은 다음 각호와 같다.

1. 법 제14조에 따른 영양소 섭취기준 및 식생활 지침의 제정·개정·보급 사업
2. 영양취약계층을 조기에 발견하여 관리할 수 있는 국가영양관리감시체계 구축 사업
3. 국민의 영양 및 식생활 관리를 위한 홍보 사업
4. 고위험군·만성질환자 등에게 영양관리식 등을 제공하는 영양관리서비스산업의 육성을 위한 사업
5. 그 밖에 국민의 영양관리를 위하여 보건복지부장관이 필요하다고 인정하는 사업

제13조(영양관리를 위한 영양 및 식생활 조사) ① 국가 및 지방자치단체는 지역사회의 영양문제에 관한 연구를 위하여 다음 각 호의 조사를 실시할 수 있다.

1. 식품 및 영양소 섭취조사
2. 식생활 행태 조사
3. 영양상태 조사
4. 그 밖에 영양문제에 필요한 조사로서 대통령령으로 정하는 사항

② 질병관리청장은 보건복지부장관과 협의하여 국민의 식품섭취·식생활 등에 관한 국민 영양 및 식생활 조사를 매년 실시하고 그 결과를 공표하여야 한다.

③ 보건복지부장관은 제2항에 따른 조사를 위하여 관련 기관·법인 또는 단체의 장에게 필요한 자료의 제출 또는 의견의 진술을 요청할 수 있다. 이 경우 요청을 받은 자는 정당한 사유가 없으면 이에 협조하여야 한다.

④ 제1항 및 제2항에 따른 조사의 방법과 그 밖에 필요한 사항은 대통령령으로 정한다.

제15조(영양사의 면허) ① 영양사가 되고자 하는 사람은 다음 각 호의 어느 하나에 해당하는 사람으로서 영양사 국가시험에 합격한 후 보건복지부장관의 면허를 받아야 한다.

1. 「고등교육법」에 따른 대학, 산업대학, 전문대학 또는 방송통신대학에서 식품학 또는 영양학을 전공한 자로서 교과목 및 학점이수 등에 관하여 보건복지부령으로 정하는 요건을 갖춘 사람
2. 외국에서 영양사면허를 받은 사람
3. 외국의 영양사 양성학교 중 보건복지부장관이 인정하는 학교를 졸업한 사람

② 보건복지부장관은 제1항에 따른 국가시험의 관리를 보건복지부령으로 정하는 바에 따라 시험 관리능력이 있다고 인정되는 관계 전문기관에 위탁할 수 있다.

③ 영양사 면허와 국가시험 등에 필요한 사항은 보건복지부령으로 정한다.

시행규칙

제7조(영양사 면허 자격 요건) ① 법 제15조제1항제1호에서 "교과목 및 학점이수 등에 관하여 보건복지부령으로 정하는 요건을 갖춘 사람"이란 별표 1에 따른 교과목 및 학점을 이수하고 졸업한 사람 및 제8조에 따른 영양사 국가시험의 응시일로부터 3개월 이내에 졸업이 예정된 사람을 말한다. 이 경우 졸업이 예정된 사람은 그

졸업예정시기에 별표 1에 따른 교과목 및 학점을 이수하고 별표1의2에 따른 학과 또는 학부(전공)를 졸업하여야 한다.

② 법 제15조제1항제2호 및 제3호에서 "외국"이란 다음 각 호의 어느 하나에 해당하는 국가를 말한다.

1. 대한민국과 국교(國交)를 맺은 국가
2. 대한민국과 국교를 맺지 아니한 국가 중 보건복지부장관이 외교부장관과 협의하여 정하는 국가

[별표 1] 교과목 및 학점이수 기준(제7조제1항 관련)

다음 교과목 중 각 영역별 최소이수 과목(총 18과목) 및 학점(총 52학점) 이상을 전공과목(필수 또는 선택)으로 이수해야 한다.

영역	교과목	유사인정과목	최소이수과목 및 학점
기초	생리학	인체생리학, 영양생리학	총 2과목 이상 (6학점 이상)
	생화학	영양생화학	
	공중보건학	환경위생학, 보건학	
영양	기초영양학	영양학, 영양과 현대사회, 영양과 건강, 인체영양학	총 6과목 이상 (19학점 이상)
	고급영양학	영양화학, 고급인체영양학, 영양소 대사	
	생애주기영양학	특수영양학, 생활주기영양학, 가족영양학, 영양과 (성장)발달	
	식사요법	식이요법, 질병과 식사요법	
	영양교육	영양상담, 영양교육 및 상담, 영양정보관리 및 상담	
	임상영양학	영양병리학	
	지역사회영양학	보건영양학, 지역사회 영양 및 정책	
	영양판정	영양(상태)평가	
식품 및 조리	식품학	식품과 현대사회, 식품재료학	총 5과목 이상 (14학점 이상)
	식품화학	고급식품학, 식품(영양)분석	
	식품미생물학	발효식품학, 발효(미생물)학	
	식품가공 및 저장학	식품가공학, 식품저장학, 식품제조 및 관리	
	조리원리	한국음식연구, 외국음식연구, 한국조리, 서양조리	
	실험조리	조리과학, 실험조리 및 관능검사, 실험조리 및 식품평가, 실험조리 및 식품개발	

영역	교과목	유사인정과목	최소이수과목 및 학점
급식 및 위생	단체급식관리	급식관리, 다량조리, 외식산업과 다량조리	총 4과목 이상 (11학점 이상)
	급식경영학	급식경영 및 인사관리, 급식경영 및 회계, 급식경영 및 마케팅 전략	
	식생활관리	식생활계획, 식생활(과)문화, 식문화사	
	식품위생학	식품위생 및 (관계) 법규	
	식품위생 관계 법규	식품위생법규	
실습	영양사 현장실습	영양사 실무	총 1과목 이상 (2학점 이상)

비고: 위의 교과목명이나 유사인정과목명에 "~ 및 실험", "~ 및 실습", "~실험", "~실습", "~학", "~연습", "~ I 과 II", "~관리", "~개론"을 붙여도 해당 교과목으로 인정할 수 있다.

제9조(영양사 국가시험 과목 등) ① 영양사 국가시험의 과목은 다음 각 호와 같다.

1. 영양학 및 생화학(기초영양학 · 고급영양학 · 생애주기영양학 등을 포함한다)
2. 영양교육, 식사요법 및 생리학(임상영양학 · 영양상담 · 영양판정 및 지역사회영양학을 포함한다)
3. 식품학 및 조리원리(식품화학 · 식품미생물학 · 실험조리 · 식품가공 및 저장학을 포함한다)
4. 급식, 위생 및 관계 법규(단체급식관리 · 급식경영학 · 식생활관리 · 식품위생학 · 공중보건학과 영양 · 보건의료 · 식품위생 관계 법규를 포함한다)

② 영양사 국가시험은 필기시험으로 한다.

③ 영양사 국가시험의 합격자는 전 과목 총점의 60퍼센트 이상, 매 과목 만점의 40퍼센트 이상을 득점하여야 한다.

④ 영양사 국가시험의 출제방법, 배점비율, 그 밖에 시험 시행에 필요한 사항은 영양사 국가시험관리기관의 장이 정한다.

제16조(결격사유) 다음 각 호의 어느 하나에 해당하는 사람은 영양사의 면허를 받을 수 없다.

1. 「정신건강증진 및 정신질환자 복지서비스 지원에 관한 법률」 정신보건법(제3조제1호)에 따른 정신질환자. 다만, 전문의가 영양사로서 적합하다고 인정하는 사람은 그러하지 아니하다.
2. 「감염병의 예방 및 관리에 관한 법률」 제2조제13호에 따른 감염병환자 중 보건복지부령으로 정하는 사람
3. 마약 · 대마 또는 향정신성의약품 중독자
4. 영양사 면허의 취소처분을 받고 그 취소된 날부터 1년이 지나지 아니한 사람

제17조(영양사의 업무) 영양사는 다음 각 호의 업무를 수행한다.

1. 건강증진 및 환자를 위한 영양·식생활 교육 및 상담
2. 식품영양정보의 제공
3. 식단작성, 검식(檢食) 및 배식관리
4. 구매식품의 검수 및 관리
5. 급식시설의 위생적 관리
6. 집단급식소의 운영일지 작성
7. 종업원에 대한 영양지도 및 위생교육

제20조(보수교육) ① 보건기관·의료기관·집단급식소 등에서 각각 그 업무에 종사하는 영양사는 영양관리수준 및 자질 향상을 위하여 보수교육을 받아야 한다.

② 제1항에 따른 보수교육의 시기·대상·비용 및 방법 등에 관하여 필요한 사항은 보건복지부령으로 정한다.

제20조의2(실태 등의 신고) ① 영양사는 대통령령으로 정하는 바에 따라 최초로 면허를 받은 후부터 3년마다 그 실태와 취업상황 등을 보건복지부장관에게 신고하여야 한다.

② 보건복지부장관은 제20조제1항의 보수교육을 이수하지 아니한 영양사에 대하여 제1항에 따른 신고를 반려할 수 있다.

③ 보건복지부장관은 제1항에 따른 신고 수리 업무를 대통령령으로 정하는 바에 따라 관련 단체 등에 위탁할 수 있다.

제21조(면허취소 등) ① 보건복지부장관은 영양사가 다음 각 호의 어느 하나에 해당하는 경우 그 면허를 취소할 수 있다. 다만, 제1호에 해당하는 경우 면허를 취소하여야 한다. 〈개정 2012. 5. 23.〉

1. 제16조제1호부터 제3호까지의 어느 하나에 해당하는 경우(정신질환자, 감염병환자, 마약·대마 또는 향정신성의약품 중독자,영양사 면허의 취소처분을 받고 그 취소된 날부터 1년이 지나지 아니한 사람)
2. 제2항에 따른 면허정지처분 기간 중에 영양사의 업무를 하는 경우
3. 제2항에 따라 3회 이상 면허정지처분을 받은 경우

② 보건복지부장관은 영양사가 다음 각 호의 어느 하나에 해당하는 경우 6개월 이내의 기간을 정하여 그 면허의 정지를 명할 수 있다.

1. 영양사가 그 업무를 행함에 있어서 식중독이나 그 밖에 위생과 관련한 중대한 사고 발생에 직무상의 책임이 있는 경우
2. 면허를 타인에게 대여하여 이를 사용하게 한 경우

③ 제1항, 제2항 및 제5항에 따른 행정처분의 세부적인 기준은 그 위반행위의 유형과 위반의 정도 등을 참작하여 대통령령으로 정한다.

④ 보건복지부장관은 제1항의 면허취소처분 또는 제2항의 면허정지처분을 하고자 하는 경우에는 청문을 실시하여야 한다.

⑤ 보건복지부장관은 영양사가 제20조의2에 따른 신고를 하지 아니한 경우에는 신고할 때까지 면허의 효력을 정지할 수 있다.

제23조(임상영양사) ① 보건복지부장관은 건강관리를 위하여 영양판정, 영양상담, 영양소 모니터링 및 평가 등의 업무를 수행하는 영양사에게 영양사 면허 외에 임상영양사 자격을 인정할 수 있다.

② 제1항에 따른 임상영양사의 업무, 자격기준, 자격증 교부 등에 관하여 필요한 사항은 보건복지부령으로 정한다.

시행규칙

제22조(임상영양사의 업무) 법 제23조에 따른 임상영양사(이하 "임상영양사"라 한다)는 질병의 예방과 관리를 위하여 질병별로 전문화된 다음 각 호의 업무를 수행한다.

1. 영양문제 수집·분석 및 영양요구량 산정 등의 영양판정
2. 영양상담 및 교육
3. 영양관리상태 점검을 위한 영양모니터링 및 평가
4. 영양불량상태 개선을 위한 영양관리
5. 임상영양 자문 및 연구
6. 그 밖에 임상영양과 관련된 업무

제23조(임상영양사의 자격기준) 임상영양사가 되려는 사람은 다음 각 호의 어느 하나에 해당하는 사람으로서 보건복지부장관이 실시하는 임상영양사 자격시험에 합격하여야 한다.

1. 제24조에 따른 임상영양사 교육과정 수료와 보건소·보건지소, 의료기관, 집단급식소 등 보건복지부장관이 정하는 기관에서 1년 이상 영양사로서의 실무경력을 충족한 사람
2. 외국의 임상영양사 자격이 있는 사람 중 보건복지부장관이 인정하는 사람

제32조(임상영양사 자격증 교부) ① 보건복지부장관은 제31조제3항에 따라 임상영양사 자격시험관리기관의 장으로부터 서류를 제출받은 경우에는 임상영양사 자격인정대장에 다음 각 호의 사항을 적고, 합격자에게 별지 제15호서식의 임상영양사 자격증을 교부하여야 한다.

1. 성명 및 생년월일
2. 임상영양사 자격인정번호 및 자격인정 연월일
3. 임상영양사 자격시험 합격 연월일
4. 영양사 면허번호 및 면허 연월일

② 임상영양사의 자격증의 재발급에 관하여는 제16조를 준용한다. 이 경우 "영양사"는 "임상영양사"로, "면허증"은 "자격증"으로 본다.

제28조(벌칙) ① 제18조제2항을 위반하여 다른 사람에게 영양사 면허증을 대여한 사람은 1년 이하의 징역 또는 1천만원 이하의 벌금에 처한다.

② 제19조를 위반하여 영양사라는 명칭을 사용한 사람은 300만원 이하의 벌금에 처한다.

참고문헌

국내문헌

교육부, **학교급식 위생관리 지침서**, 2020.

곽노성, **식품안전, 소비자의 마음에 답이 있다**, 에세이, 2008.

구난숙 외 3인, **식품 위생학**, 파워북, 2010.

김덕웅 외 5인, **21C 식품위생학**, 수학사, 2012.

김양호, 생활속의 중금속 노출과 건강영향, **산업보건 242**: 24-31, 2008.

김용규, 유전자조작식품과 건강영향, **산업보건 243**: 36-41, 2008.

농림수산식품부, **LMO 국가통합정보망**, 2013.

문범수 · 김동환 · 김성환, **식품위생학**, 신광출판사, 2005.

박원종 · 박희용 · 이승기 · 이경행, **식품가공의 이해**, 효일출판사, 2006.

배기환 · 박완희 · 정경수 · 안병태 · 이준성, **한국의 독버섯 원색도감**, 교학사, 1997.

변명우 · 이주은, 식품의 위생안전성 확보를 위한 방사선 조사기술의 이용, **식품과학과 산업 36**(2): 25-41, 2003.

송형익, **현대 식품위생학**, 지구문화사, 2010.

식품의약품안전처, 식중독예방 대국민 홍보사이트, 2014.

식품의약품안전처, 식품공전, 2014.

식품의약품안전처, 식품의 방사능 오염이란, 2014.

식품의약품안전처, 식품첨가물 바로알기 홈페이지, 2014.

식품의약품안전처, 유전자변형식품정보 홈페이지, 2014.

식품의약품안전청, 방사선 조사식품 바로알기, 제43회 식품의약품안전열린포럼 보도자료, 2010.8.13.

이강숙, 내분비계 교란물질과 건강영향, **산업보건 241**: 28-37, 2008.

이기헌, 식품안전에 관한 소비자인식 조사 및 제도개선 방안 연구, 한국소비자보호원, 2006.

이철호, 우리나라 식품위생사건의 발생현황과 대응사례 분석, **식품과학과 산업 39**(3): 3-10, 2006.

이한일, **위생곤충학**, 고문사, 2012.

장동석 · 신동화 · 정덕화 · 우건조 · 이인선, **식품위생학**, 정문각, 2006.

주난영 외 5인, **식품위생과 HACCP실무**, 파워북, 2009.

지성규, 최신식품첨가물 이론과 실제, **식품저널**, 2000.

질병관리본부, 제8차 전국 장내기생충 감염실태조사 결과, **주간건강과 질병 7**(5): 89-111, 2014.

국외문헌

Food Code, Food and Drag Administration, U.S. Dept. of Human and Health Services, Washington D.C. 2001

Jonathan WD. Mary WT, Lauren SJ. *Mycotoxin and Food Safety*. Kluwer Academic Publishers, New York, USA. 2002

(cc) Sripa B., Kaewkes S., Sithithaworn P., Mairiang E., Laha T., et al. (2007). "Liver Fluke Induces Cholangiocarcinoma". *PLoS Medicine* 4(7): e201.

(cc) Universidad de Cordoba

웹사이트

국가법령정보센타 www.law.go.kr

국립농산물품질관리원 www.naqs.go.kr

네이버 캐스트_생물산책(서민 교수)
navercast.naver.com/author_contents_list.nhn?acknowledgeId=au59

농식품안전정보서비스 www.agros.go.kr

농식품안전정보서비스 이력추적 www.farm2table.kr/index.jsp

방사선조사식품 www.foodirradiation.co.kr/

보건복지부 www.mw.go.kr

수산물안전정보서비스 www.fsis.go.kr

식중독 통계시스템 www.mfds.go.kr/e-stat

식품나라 www. foodnara.go.kr

식품의약품안전처 www.mfds.go.kr

위키피디아 en.wikipedia.org/wiki

질병관리본부 www.cdc.go.kr

http://fungi.sakura.ne.jp/ajiwai_kinoko/dokusasako.htm

http://www.food-irradiation.com

찾아보기

{ㄱ}

{ㄴ}

{ㄷ}

{ㄹ}

{ㅁ}

{ㅂ}

저자 소개

최해연
숙명여자대학교 이학박사
현재 공주대학교 외식상품학과 교수

김학연
건국대학교 농학박사
현재 공주대학교 동물자원학과 교수

윤혜려
Texas Woman's University 이학박사
현재 공주대학교 외식상품학과 교수

성정민
숙명여자대학교 이학박사
현재 한국식품연구원 책임연구원

김옥선
숙명여자대학교 이학박사
현재 장안대학교 식품영양학과 교수

권수연
서울대학교 생활과학박사
현재 신구대학교 식품영양학과 교수

최진희
숙명여자대학교 이학박사
현재 대진대학교 식품영양학과 교수

개정판

식품위생학 및 법규

2017년 3월 5일 개 정 판 발행
2026년 3월 5일 개정5쇄 발행

지은이 | 최해연 · 김학연 · 윤혜려 · 성정민 · 김옥선 · 권수연 · 최진희

발행인 | 유제구
발행처 | 파워북
주 소 | 경기도 고양시 일산동구 호수로 358-25
동문타워 2차 529호
전 화 | (02) 730-1412
팩 스 | (031) 908-1410
등 록 | 1997. 1. 31. 제2014-000067호

정 가 25,000원
ISBN 978-89-8160-313-7 (93590)